应用型人才培养实用教材

普通高等院校土木工程"十三五"规划教材

多层框架结构设计实训教程

主　编　李　峥
副主编　王丽红　　陈海玉
　　　　秦　丽　　余　醒

西南交通大学出版社
·成　都·

图书在版编目（ＣＩＰ）数据

多层框架结构设计实训教程 / 李峥主编. —成都：
西南交通大学出版社，2017.10
　　应用型人才培养实用教材　普通高等院校土木工程"
十三五"规划教材
　　ISBN 978-7-5643-5728-3

　　Ⅰ.①多… Ⅱ.①李… Ⅲ.①多层结构 – 框架结构 –
结构设计 – 高等学校 – 教材 Ⅳ.①TU375.404

　　中国版本图书馆 CIP 数据核字（2017）第 220523 号

应用型人才培养实用教材
普通高等院校土木工程"十三五"规划教材

多层框架结构设计实训教程

主编　李　峥

责 任 编 辑	杨　勇
封 面 设 计	何东琳设计工作室
	西南交通大学出版社
出 版 发 行	（四川省成都市二环路北一段 111 号
	西南交通大学创新大厦 21 楼）
发行部电话	028-87600564　028-87600533
邮 政 编 码	610031
网　　　址	http://www.xnjdcbs.com
印　　　刷	四川森林印务有限责任公司
成 品 尺 寸	185 mm × 260 mm
印　　　张	19
插　　　页	12
字　　　数	548 千
版　　　次	2017 年 10 月第 1 版
印　　　次	2017 年 10 月第 1 次
书　　　号	ISBN 978-7-5643-5728-3
定　　　价	55.00 元

前　言

为了深入实施土木工程"卓越工程师计划"，以建设行业实施的执业资格注册制度的精神为导向，改革工程教育人才培养模式，提升学生的工程实践能力和创新能力，湖北文理学院建筑工程学院在土木工程专业实施了"双证通融"的应用型人才培养模式改革。对设计类专业课程改变了传统的教学模式，采用项目教学法开展教学实践。革新教学内容，拆分以往按不同结构、材料等划分课程，组建了完整的工程实训项目课程，将完成一个实际工程项目所需的材料、力学、设计理论、构造要求等知识和能力的培养整合在一个实训课程里开展教学。模拟一个工程项目按照"建筑设计→上部结构设计→基础设计"的实训流程进行，改变以往碎片化课程设置导致知识传授的零散化，能较好地提高学生的综合设计和实践动手能力。为配合教学模式和教学方法的改革需要，特编写该书。

本书编写依据的规范：《建筑结构可靠度设计统一标准》（GB50068—2001）、《建筑结构荷载规范》（GB50009—2012）、《混凝土结构设计规范》（GB50010—2010）、《建筑抗震设计规范》（GB50011—2010）、《建筑地基基础设计规范》（GB50007—2011）等。

本书由湖北文理学院建筑工程学院李峥担任主编，由湖北文理学院建筑工程学院王丽红、陈海玉、秦丽、余醒担任副主编。

具体编写分工：

本书共分为三篇，其中第一篇第1章至第4章由湖北文理学院陈鹏编写；第二篇第5章由湖北文理学院李峥、王丽红编写，第6章由秦丽编写，第7章至第13章由湖北文理学院余醒、龚田牛编写；第三篇第14章至第20章由湖北文理学院陈海玉、潘洪科编写。

本书从构思、组织编写到完成历经4年，由湖北文理学院建筑工程学院徐福卫副院长、郭声波院长亲自组织编写，其间经过建筑工程学院土木工程系全体老师多次开会讨论，论证选题及确定提纲，由编写人员编写完成。

本书的编写得到了湖北文理学院教务处苏顺强处长的帮助和悉心指导，同时得到湖北文理学院教务处"特色教材建设项目"立项资助。

建筑工程学院2014级土木工程专业李小雨和葛风同学在上部结构计算过程中做了大量复核工作。

在本书出版之际，编者在此对相关人员一并致以衷心的感谢。

限于作者水平和经验，教材可能存在不妥之处，敬请读者批评指正。

编　者

2017年6月

目　录

第三篇 多层框架基础设计实训

第 1 章　公共建筑设计基本内容

1.1　公共建筑的功能分区

1.1.1　公共建筑的空间构成及相互关系

公共建筑空间的使用性质与组成种类虽然繁多，但在结构组成及功能使用方面仍然存在着许多共同的特点。就其结构组成来讲，不同用途的各类型建筑都是由下列基本部分所组成。

（1）主要使用空间。

（2）次要使用空间（辅助空间）。

（3）交通空间。

主要使用空间是指直接为这种建筑物使用的生产、生活和工作房间，包括一般的工作房间及群众大厅。

在有些公共建筑物中，通常包含有各种不同的用途，因此也就有各种类型的房间。如文化中心，既有小型的活动室，图书室、阅览室、又常有较大的报告厅。旅馆建筑中既有居住的客房，又有公共活动用的多功能厅及各种文娱活动室等，它们都是主要使用房间。

次要使用空间（辅助空间）是为保证基本的使用目的而需要设置的辅助房间及设备用房。如影剧院中的售票室、放映室、化妆室、体育建筑中运动员的服务房间（更衣室、淋浴室、按摩室等）以及一般建筑物都共有的公共服务房间，如卫生间、盥洗室、管理间、贮藏室等。这些大多都是供使用者直接使用。此外，还包括一些内部工作人员使用的房间（如办公室、库房、工作人员厕所等）及设备用房，如锅炉房、通风机房及冷气间等。

交通空间是指为联系上述各个房间及供人流、货流来往联系的交通部分，包括门厅、走道及楼梯间、电梯间等。

公共建筑的空间组合主要是处理好上述三者之间的的关系。不同的组合方式可以形成不同特点的空间组合方式。

1.1.2　功能分区

功能分区的原则为：

（1）分区明确，联系方便，并按主次、内外、闹静关系合理安排，使其各得其所。

（2）根据实际需求（使用要求）按人流活动的顺序关系安排位置。

（3）空间组合划分时以主要使用空间为核心，次要使用空间的安排要有利于主要空间功能的发挥。

（4）对外联系的空间要靠近交通枢纽，内部使用空间要相对隐蔽。

（5）空间的联系与分隔要在深入分析的基础上恰当处理。

1.1.3 宿舍楼主要的功能组成

1. 居室

宿舍居室按其使用要求分为五类，各类居室的人均使用面积不宜小于表 1.1 的规定。

表 1.1 居室类型及相关指标

类 型		1 类	2 类	3 类	4 类	5 类
每层居住人数/人		1	2	3~4	6	≥8
人均使用面积	单层床、高架床	16	8	6	—	—
	双层床	—	—	—	5	4
储藏空间		立柜、壁柜、吊柜、书架				

居室床位布置应符合下列规定：

两个单床长边之间的距离不应小于 0.60 m，无障碍居室不应小于 0.80 m；两床床头之间的距离不应小于 0.10 m；两排床或床与墙之间的走道宽度不应小于 1.20 m，残疾人居室应留有轮椅回转空间。

居室应有储藏空间，每人净储藏空间宜为 0.50～0.80 m³；衣物的储藏空间净深不宜小于 0.55 m。设固定箱子架时，每格净空长度不宜小于 0.80 m，宽度不宜小于 0.60 m，高度不宜小于 0.45 m。书架的尺寸，其净深不应小于 0.25 m，每格净高不应小于 0.35 m。

居室不应布置在地下室。中小学宿舍居室不应布置在半地下室，其他宿舍居室不宜布置在半地下室。宿舍建筑的主要入口层应设置至少一间无障碍居室，并宜附设无障碍卫生间。

2. 辅助用房

公用厕所应设前室或经公用盥洗室进入，前室或公用盥洗室的门不宜与居室门相对。公用厕所、公用盥洗室不应布置在居室的上方。除附设卫生间的居室外，公用厕所及公用盥洗室与最远居室的距离不应大于 25 m。

楼层设有公共活动室和居室附设卫生间的宿舍建筑，宜在每层另设小型公用厕所，其中大便器、小便器及盥洗水龙头等卫生设备均不宜少于 2 个。居室内的附设卫生间，其使用面积不应小于 2 m²。设有淋浴设备或 2 个坐(蹲)便器的附设卫生间，其使用面积不宜小于 3.5 m²。4 人以下设 1 个坐(蹲)便器，5～7 人宜设置 2 个坐(蹲)便器，8 人以上不宜附设卫生间。3 人以上居室内附设卫生间的厕位和淋浴宜设隔断。

宿舍建筑内的主要出入口处宜设置附设卫生间的管理室，其使用面积不应小于 10 m²。

宿舍建筑内宜在主要出入口处设置会客空间，其使用面积不宜小于 12 m²；设有门禁系统的门厅，不宜小于 15 m²。宿舍建筑内的公共活动室(空间)宜每层设置，人均使用面积宜为 0.3 m²，公共活动室(空间)的最小使用面积不宜小于 30 m²。

宿舍建筑内宜设公用洗衣房，也可在公用盥洗室内设洗衣机位。

宿舍建筑应设置垃圾收集间，垃圾收集间宜设置在入口层或架空层。

宿舍建筑内每层宜设置清洁间。

1.1.4 建筑空间平面组合基本方式

1. 走道式

走道式组合主要是通过走道来联系各个房间，其最大特点是使用空间与交通联系空间明确分开，这样就可以保证各使用房间的安静和不受干扰。当一幢建筑包含的使用空间具有数量多、房间相似和重复的特点时就可以采用这种组合方式，如宿舍、办公楼、学校教学楼、医院等建筑。

由于使用要求、地区气候条件的不同，走道式建筑又可分为内廊式和外廊式（包括单外廊和双外廊）。

内廊式是沿走道两边均安排使用房间，这种组合方式的优点是走道使用率高，交通面积省，保温节能好，比较经济；其缺点是部分房间的朝向差，通风、采光条件相对也较差。内廊式组合较适合于北方建筑。

单外廊是沿走道一侧安排使用房间，这种组合方式的优点是大部分房间可以取得好的朝向，房间的采光通风条件也较好。其缺点是走廊使用率低，交通面积所占比例大，建筑热稳定性差，不利于保温节能，经济性差。

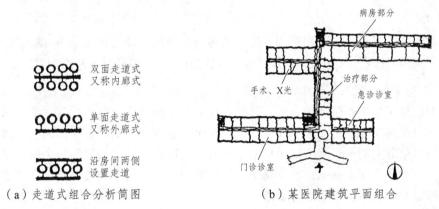

（a）走道式组合分析简图　　　　（b）某医院建筑平面组合

图示为某医院建筑，部分房间沿走道两侧布置；部分房间沿走道一侧布置。就整个建筑来讲综合地运用内廊和外廊两种布局形式，这样就可以使房间避免西晒。

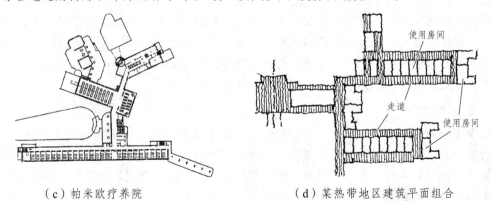

（c）帕米欧疗养院　　　　（d）某热带地区建筑平面组合

图示为某亚热带地区建筑，沿使用房间两侧设走道，既可以有方便的联系，又可以借走道以防止辐射影响室内气温变化。

图 1.1　平面组合的样式

双外廊是沿房间两侧均设置外走廊，这种方式常出现在南方低纬度地区，在这些地区通风、隔热、遮阳是建筑设计主要考虑的因素之一。

2. 单元式

以楼梯来联系各个使用房间，形成各基本单元，再由相同或不同的基本单元相接形成一幢建筑，各个单元之间既可以联系也可以完全隔离。这种组合方式的最大特点是空间集中、紧凑，易于保持安静和不受干扰，因而最适合于住宅建筑，在幼儿园、公寓式办公建筑中也经常使用。

3. 广厅式

广厅式指通过广厅（一种交通枢纽空间）形成空间的核心来联系各个房间。这种组合方式的特点是广厅成为大量人流的集散中心，通过它既可以把人流分散到各主要使用空间，又可以把各主要使用空间的人流汇集到这个中心，从而使广厅成为整个建筑的交通联系中枢。一幢建筑视其规模大小可以有一个或几个中枢。这种组合方式适合于有大量人流集散的公共建筑，如博物馆、火车站、图书馆、航站楼等。

4. 穿套式

在建筑中需要先穿过一个使用空间才能进入另一个使用空间的现象称为穿套。穿套式组合把各个使用空间直接衔接在一起而形成整体，从而省略了专供联系用的交通空间。

5. 以大空间为主，四周环绕小空间的组合方式

某些类型的建筑如影剧院或体育馆，虽然由很多个空间组成，但其中有一个空间－观众厅或比赛厅不仅是建筑物的主要功能所在，而且体量十分庞大，从而自然形成建筑物的主体与核心，其他各部分空间都环绕着这个中心来布置，这就形成了以大空间为主体的空间组合形式。其特点是主体空间十分突出，主从关系异常明确，另外由于辅助空间都直接依附于主体空间，因而与主体空间的关系极为紧密。

6. 庭园式组合方式

以室外庭院或室内中庭为中心，周边布置使用空间，这种组合方式称为庭园式。它吸收了中国传统建筑庭院组织空间与轴线转换的特点，在建筑中可大可小，可以是一个，也可以是多个，可用作绿化，也可用作活动场地，可以无顶盖，形成庭院，也可以装以玻璃网架，形成中庭。除以上的特点之外，庭院还有利于改善建筑采光、通风、防寒、隔热条件，所以这种组合方式常用于中低层建筑，在高层建筑中也不乏特例。

7. 混合式组合

由于建筑的复杂性和多样性，除少数建筑由于功能比较单一而只需要采用一种类型的空间组合形式外，绝大多数建筑都必须采用两种或两种以上类型的空间组合形式。但在使用混合式组合时一定要注意，必须突出某一种空间组合类型，以防空间组合混杂，不分主次，影响建筑的空间艺术性。

1.2　建筑剖面设计

剖面设计确定建筑物各部分高度、建筑层数、建筑空间的组合和利用，以及建筑剖面中

的结构、构造关系等。

1.2.1　房间的剖面形状

1. 基本类型

矩形：矩形剖面简单、规整，便于竖向空间的组合，容易获得简洁而完整的体型，同时，结构简单，有利于采用梁板式结构，节约空间，施工方便。

非矩形：常用于有特殊要求的房间，或是由于不同的结构形式而形成的。

2. 使用要求

一般功能及特殊功能（如视线、音质等）要求。

3. 结构、材料和施工的影响

除了大跨度的空间结构以及特殊的功能或艺术要求，一般采用矩形或方形。

4. 室内采光通风的要求

房间进深太大或有特殊要求时，采用天窗采光、通风。

5. 视线设计要求

视线无遮挡，视觉对象不变形失真，适宜的视距，舒适的姿态。

1.2.2　房屋高度的确定

1. 人体活动要求

一般房间净高应不低于 2.20 m。

宿舍楼居室采用单层床时，层高不宜低于 2.80 m，净高不应低于 2.60 m；采用双层床或高架床时，层高不宜低于 3.60 m，净高不应低于 3.40 m。辅助用房的净高不宜低于 2.50 m。

2. 家具设备的影响

演播室顶棚下装有若干灯具，为避免眩光，演播室的净高不应小于 4.5 m。

3. 采光、通风的卫生要求

单层房屋中进深较大的房间，常采用开天窗的方式，以利用顶部采光来提高室内采光质量。

4. 结构高度及其布置方式的影响

（1）在满足房间净高要求的前提下，其层高尺寸随结构层的高度而变化。结构层愈高，则层高愈大；结构层高度小，则层高相应也小。

（2）坡屋顶建筑的屋顶空间高，不做吊顶时可充分利用屋顶空间，房间高度可较平屋顶建筑低。

1.3　建筑立面设计

1.3.1　立面轮廓的推敲

立面轮廓是立面形式的外延，是体现建筑性格、风格的重要内容。如何处理立面轮廓线应综合考虑以下因素：

（1）空间内容　不同的空间内容，其空间形态大小也不同，反映在立面轮廓上自然会有起伏变化。在不违背空间内容的条件下，立面轮廓也可反作用于空间内容，创造新的立面轮廓形象。

（2）空间组合　一幢建筑若空间组合是向竖向发展，则立面轮廓呈高耸形象；若空间组合是向横向发展，则立面轮廓呈舒展形象；若两个方向都发展，则产生对比的轮廓效果。

（3）结构形式　不同结构形式有各自的空间形态，因而也会产生特有的立面轮廓线。木结构建筑勾画出优美动人的轮廓线；折板、筒壳结构以连续构件单元的组合表达出韵律强的轮廓线；球顶以它庞大突出的体块展现完美无缺的轮廓线；悬索结构则显示自然流畅的轮廓线；刚架结构以强劲和充满力度的折线变化来表达轮廓线等。

（4）坡屋顶　由于以天空为背景，其外轮廓线显得格外醒目深刻。一般来讲，古代建筑屋顶常为坡屋顶，坡屋顶在立面上占有很大的比例，其轮廓线较复杂。

（5）前后体量重叠　以空间概念审视立面轮廓的变化，特别是立面有前后体量重叠时，不能按天际轮廓线作为整个立面的轮廓线，要分清立面前后层次，用线的粗细来区分立面轮廓的前后关系。

1.3.2　立面比例的推敲

立面比例是指立面整体和立面各构成要素自身的度量关系以及相互间的相对度量关系。

（1）立面整体比例的把握多数呈两种趋向：横向发展的舒展比例，即立面长度尺寸大于高度尺寸，表达建筑亲切明快的个性；竖向发展的高耸比例，即立面高度尺寸大于长度尺寸，表达建筑庄严崇高的个性。但有些建筑由于规模较大，高度又受限制，立面比例会显得过于扁长，此时，要采取缩短建筑长度调整平面或将平面转折的方法来改善建筑立面比例。

（2）立面各构成要素的比例推敲存在于立面各组成部分之间、各构件之间以及构件本身的高宽等比例要求。一幢建筑物的体量、高度和出檐大小有一定的比例，梁柱的高跨、门窗的高度、柱径和柱高等也有相应的比例，这些比例上的要求首先要符合结构和构造的合理性，同时也要符合立面构图的美观要求。比例尺寸的确定是一个比较和推敲的过程。在通常情况下，立面的整体比例与局部比例间的协调问题是立面比例处理的关键内容。

1.3.3　立面尺度的推敲

立面上与比例紧密相关的另一个特性是尺度的处理。建筑立面尺度是研究立面整体和立面各要素与人体或者与人所习惯的某些指定标准之间的绝对度量关系。

立面尺度能真实地反映建筑物的实际体量，也能以虚拟尺度从视觉上改变建筑的实际大小，它既能使建筑物看起来大一些，也能使建筑物看起来小一些。立面尺度较大给人一种力量感和稳定感，立面尺度较小给人一种亲切感和亲密感。

1. 正确反映建筑物的真实体量

按空间的实际大小分别处理立面各要素的尺寸，正确显示建筑物各自不同的尺度感，不要把大建筑的构件按比例缩小到小建筑立面上，看起来就像"小大人"。反之，也不应把小建筑的构件按比例放大到大建筑的立面上，看起来像"大小人"。

2. 与人体尺度相协调

"人是万物的尺度。"人就像一把尺子，可以衡量建筑立面各要素的尺度是否与人体相协调。与人接触或距人体较近的部件已建立了与人相适应的合适尺度，用这些部件去度量立面会获得一种尺度感。例如，在立面中占较大比例的窗，其大小可随建筑层高而变，但窗台却已形成与人相协调的绝对尺寸，能获得正确的尺度。

3. 立面上各要素的尺度应统一于整体尺度

立面整体与各要素是不可分割的两部分，处理尺度的整体效果应从各要素尺度的处理着手，而处理各要素的尺度应以整体尺度为前提，两者相辅相成，不可孤立处理，以免造成不同尺度在同一立面上的混杂。

1.3.4 立面虚实的推敲

立面的虚是指行为或视线可以通过或穿透的部分，如空廊、架空层、洞口、玻璃面等。
立面的实是指行为与视线不能通过或穿透的部分，如墙、柱等。
在立面设计中，要巧妙地处理好虚实关系，以取得生动的立面效果。

（1）虚实对比　在立面设计中，分清各个立面的虚实对比关系，就是要确定哪个面以实为主，哪个面以虚为主。"虚"多"实"少，建筑显得轻盈；"实"多"虚"少，建筑显得厚重。考虑建筑物的日照、通风、采光的需求，一般南立面基本上以虚为主，北立面及东、西立面基本上以实为主。对于有景观要求的建筑，将面向景观的立面处理成虚面，而背向景观的立面可以处理成以实为主。

（2）虚实穿插　在立面设计中，虚实部分相互渗透，做到虚中有实、实中有虚，称为虚实穿插。在虚立面中，利用结构柱、局部实墙面、装饰性符号等对虚面进行分割性点缀，以求虚中有实；在实立面中，可以利用窗洞以及面的凹凸所产生的阴影打破以实为主的沉闷感。

1.3.5 立面门窗的推敲

门窗在立面上的布置、比例大小及样式是体现建筑性格与风格的重要内容。

1. 立面窗的推敲

（1）结构　结构柱网尺寸统一，使同样形状的窗通过规则的排列获得立面的整体感。当结构尺寸发生变化时，要通过窗的形式变化去适应。

（2）平面　平面的尺寸及功能变化将直接影响窗的形式与尺寸。在自然采光和通风的条件下，大空间的窗面积大，而私密性小空间的窗面积小。窗面积的大小应根据房间的不同使用功能和采光系数来确定。

（3）层高　层高的不同将影响窗在立面上的排列规律。一般来讲，标准层立面上窗的竖向布局呈规律性排列，表现整体的统一，但有些公共建筑的底层或顶层部分层高往往高于标准层，此时可通过增大窗面积、减小窗间墙或窗加拱券等方法，使其有别于标准层的窗，而且整个立面上由于统一中有变化而产生丰富的效果。

（4）建筑性质　建筑的性质也影响窗的形式和大小。如纪念性建筑的窗要庄重，比例要严谨，排列要规则，窗的尺寸不宜过大，以突出实墙面为主；娱乐性建筑在不破坏整体感的前提下，窗的排列可自由些，可运用曲线形式的窗，以突出活泼感，但一个立面上窗的形式不能过多。

2. 立面门的推敲

主要是指入口的推敲。建筑入口作为立面细部重点的推敲，要着重突出形式和尺寸的合适。建筑入口有凹入式、门廊式和挑雨篷式。凸入式和门廊式的尺度确定应根据建筑的功能、体量、个性等因素综合考虑。

挑雨篷与门洞是不可分割的统一整体，其高度应与层高统一考虑，但门窗要按人的尺度处理，不能相应放大，以免尺度失真。

1.3.6 立面墙面的推敲

墙面的推敲主要表现在墙面线条和墙面凹凸两个方面。

1. 墙面线条

立面上客观存在的柱边线、墙面线、窗框线、檐口线等可以丰富立面的形象，通过良好的线条组织，可以使立面的主题更加突出。不同的线条组织可产生不同的观感效果。从形式上看，粗犷宽厚、刚直有力的线条使建筑物显得庄重，光滑纤细的线条使建筑物显得轻巧、秀丽，生动活泼；从方向上看，垂直线有挺拔、庄重、高耸的气氛，水平线有舒展、平静、亲切感，垂直线与水平线的混合划分可使立面具有图画效果。

2. 墙面凹凸

墙面凹凸变化是利用立面的凸出部分（如阳台、雨篷、楼梯间）与凹入部分（如门洞、凹廊）有规律的变化，取得生动的光影效果，从而获得立体感和雕塑感。凸窗、挑阳台、挑外廊是以墙面的加法使立面获得丰富感的有效手段。只是这些突出部分在立面构图上需要精心组织，以避免紊乱。

凹阳台、凹廊、空透洞口等是以墙面减法打破立面的平淡感，起到丰富立面的作用。

墙面的凹凸处理多数作为立面的点缀，强调重点处理或作为立面韵律的结束处理。立面檐口一般采用墙面凹入手法形成凹廊或挑出外墙形成体块，以区别大块墙面的处理达到立面的结束。对于立面上的阳台，要考虑其构图效果或与入口的上下呼应关系，以取得和谐的有机联系，而不是随意在立面上布局。

第2章 房屋建筑构造基本知识

民用建筑通常是由基础、墙体（或柱）、屋顶、楼板层（或楼地层）、楼梯、门窗等六个主要部分所组成，房屋的各组成部分在不同的部位发挥着不同的作用，因而其设计要求也各不相同。房屋除了上述几个主要组成部分之外，对不同使用功能的建筑，还有一些附属的构件和配件，如阳台、雨篷、台阶、散水、勒脚、通风道等。这些构配件也可以称为建筑的次要组成部分。

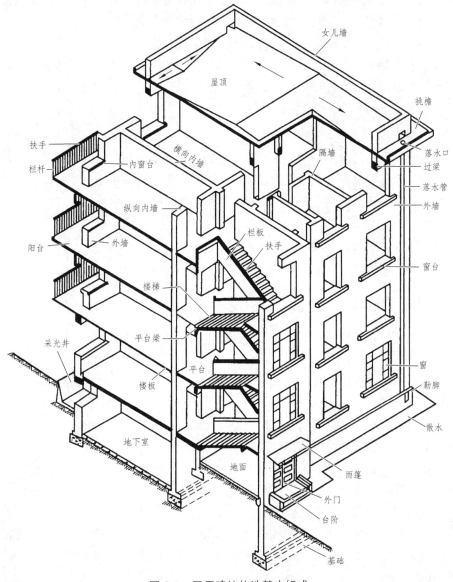

图 2.1　民用建筑构造基本组成

2.1.1 基 础

基础是建筑物向地基传递荷载的下部结构。它承受建筑物的的全部荷载、并将这些荷载传给地基。

基础的设计要求：

（1）必须具有足够的强度、刚度和耐久性。

（2）能抵御地下各种不良因素的侵蚀。

2.1.2 墙体和柱

墙体（或柱）是建筑物的竖向承重和围护构件。它的作用主要有以下几个方面。

（1）承重：承受建筑物由屋顶或楼板层等水平构件传来的荷载，并将这些荷载传给基础。

（2）围护：外墙起着抵御自然界各种因素对室内的侵袭的作用。

（3）分隔：内墙起着分隔房间、创造室内舒适环境的作用。

设计要求：根据墙体功能的不同，分别具有足够的强度、稳定性、保温、隔热、隔声、防水、防火等能力，并具有一定的耐久性和经济性。

2.1.3 屋 顶

屋顶是建筑物顶部的外围护和承重构件。它的作用主要有以下几个方面。

（1）围护：抵御自然界不利因素的侵袭：风、雨、雪、太阳热辐射等对顶层房间的影响。

（2）承重：承受建筑物顶部荷载，并将这些荷载传给垂直方向的墙（或柱）等承重构件。

设计要求：

（1）具有足够的强度、刚度。

（2）具有良好的排水、防水、保温、隔热的能力。

2.1.4 楼板层和地坪

楼板层和地坪层是楼房建筑中水平方向的承重构件和分隔构件。

作用：

（1）承重：承受楼板层本身自重及外加荷载（家具、设备、人体的荷载），并将这些荷载传给墙（或柱）。

（2）分隔楼层：按房间层高将整栋建筑物沿水平方向分为若干层。

（3）对墙身起着水平支撑的作用。

楼板层设计要求：

（1）具有足够的强度、刚度和隔声能力。

（2）具有防潮、防水、防火能力。

地坪是建筑底层房间与下部土层相接触的部分，它承担着底层房间的地面荷载。由于地坪下面往往是夯实的土壤，所以强度要求比楼板低。不同地坪，要求具有耐磨、防潮、防水和保温等不同的性能。

2.1.5　楼　梯

楼梯是房屋建筑的垂直交通设施。

作用：

（1）供人们上下楼层的垂直交通联系和紧急疏散。

（2）起着重要的装饰作用。

设计要求：

（1）具有足够的通行能力。

（2）具有足够的强度。

（3）防火、防水和防滑。

2.1.6　变形缝

变形缝是为防止建筑物在外界因素（温度变化、地基不均匀沉降及地震）作用下产生变形，导致开裂甚至破坏而人为设置的适当宽度的缝隙。变形缝包括伸缩缝、沉降缝和防震缝三种类型。

1. 伸缩缝

为防止建筑构件因温度变化而产生热胀冷缩，使房屋出现裂缝，甚至破坏，沿建筑物长度方向每隔一定距离设置的垂直缝隙称为伸缩缝，也叫温度缝。

伸缩缝的位置和间距与建筑物的材料、结构形式、使用情况、施工条件及当地温度变化情况有关。结构设计规范对砌体建筑和钢筋混凝土结构建筑的伸缩缝最大间距所作的规定见表 2.1 和表 2.2。

表 2.1　砌体房屋温度伸缩缝的最大间距（m）

屋盖或楼盖类别		间距
整体式或装配整体式钢筋混凝土结构	有保温层或隔热层的屋盖、楼盖	50
	无保温层或隔热层的屋盖	40
装配式无檩体系钢筋混凝土结构	有保温层或隔热层的屋盖、楼盖	60
	无保温层或隔热层的屋盖	50
装配式有檩体系钢筋混凝土结构	有保温层或隔热层的屋盖	75
	无保温层或隔热层的屋盖	60
瓦材屋盖、木屋盖或楼盖、轻钢屋盖		100

表 2.2　钢筋混凝土结构伸缩缝最大间距（m）

结构类型		室内或土中	露天
排架结构	装配式	100	70
框架结构	装配式	75	50
	现浇式	55	35
剪力墙结构	装配式	65	40
	现浇式	45	30
挡土墙、地下室墙等类结构	装配式	40	30
	现浇式	30	20

2. 沉降缝

为防止建筑物各部分由于地基不均匀沉降引起房屋破坏所设置的垂直缝隙称为沉降缝。

沉降缝宜设置在下列部位：

（1）建筑平面转折部位。

（2）高度差异或荷载差异处。

（3）长高比过大的砌体承重结构或钢筋混凝土框架结构的适当部位。

（4）地基土压缩性有显著差异处。

（5）建筑结构（或基础）类型不同处。

（6）分期建造房屋的交接处。

沉降缝的宽度与地基情况及建筑高度有关，地基越软的建筑物，沉陷的可能性越高，沉降后所产生的倾斜距离越大。

表2.3 沉降缝的宽度

地基性质	建筑物高度或层数	缝宽/mm
一般地基	$H<5$ m	30
	$H=5\sim8$ m	50
	$H=10\sim15$ m	70
软弱地基	2~3 层	50~80
	4~5 层	80~120
	6 层以上	>120
湿陷性黄土地基		30~50

3. 防震缝

建造在抗震设防烈度为 6~9 度地区的房屋，为避免地震时破坏，按抗震要求设置的垂直缝隙即防震缝。

防震缝的设置原则依抗震设防烈度、房屋结构类型和高度不同而异。对多层砌体房屋来说，遇下列情况时宜设置防震缝：

（1）房屋立面高差在 6 m 以上。

（2）房屋有错层，且楼板高差大于层高的 1/4。

（3）房屋相邻各部分结构刚度、质量截然不同。多层和高层钢筋混凝土房屋宜选用合理的建筑结构方案，根据建筑所在场地设置防震缝。钢筋混凝土房屋需要设置防震缝时，其防震缝最小宽度应符合下列规定：

① 框架结构房屋，当高度不超过 15 m 时，不应小于 100 mm；超过 15 m 时，6 度、7 度、8 度和 9 度相应每增加高度 5 m、4 m、3 m 和 2 m，宜加宽 20 mm。

② 框架-抗震墙结构房屋的防震缝宽度，不应小于第①项规定数值的 70%，抗震墙结构房屋的防震缝宽度，不应小于第①项规定数值的 50%，且均不宜小于 100 mm。

③ 防震缝两侧结构类型不同时，宜按需要较宽防震缝的结构类型和较低房屋高度确定缝宽。

第3章 建筑设计防火

3.1 民用建筑分类

民用建筑分类见表3.1。

表3.1 民用建筑分类

名称	高层民用建筑		单、多层民用建筑
	一类	二类	
住宅建筑	建筑高度大于 54 m 的住宅建筑（包括设置商业服务网点的住宅建筑）	建筑高度大于 27 m，但不大于 54 m 的住宅建筑（包括设置商业服务网点的住宅建筑）	建筑高度不大于 27 m 的住宅建筑（包括设置商业服务网点的住宅建筑）
公共建筑	1. 建筑高度大于 50 m 的公共建筑。 2. 建筑高度 24 m 以上部分任一楼层建筑面积于 1 000 m² 的商店、展览、电信、邮政、财贸金融建筑和其他多种功能组合的建筑。 3. 医疗建筑、重要公共建筑。 4. 省级及以上的广播电视和防灾指挥调度建筑、网局级和省级电力调度建筑。 5. 藏书超过 100 万册的图书馆、书库	除一类高层公共建筑外的其他高层公共建筑	1. 建筑高度大于 24 m 的单层公共建筑。 2. 建筑高度不大于 24 m 的其他公共建筑

3.2 术　语

3.2.1 高层建筑

建筑高度大于 27 m 的住宅建筑和建筑高度大于 24 m 的非单层厂房、仓库和其他民用建筑。

3.2.2 裙　房

在高层建筑主体投影范围外，与建筑主体相连且建筑高度不大于 24 m 的附属建筑。

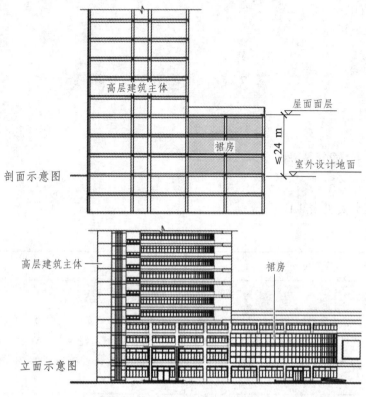

图 3.1　裙房示意

3.2.3　建筑高度

建筑高度是指屋面面层到室外地坪的高度。屋顶上的水箱间、电梯机房、排烟机房和楼梯出口小间等不计入建筑高度。不同的屋面形式其计算方法也不同。

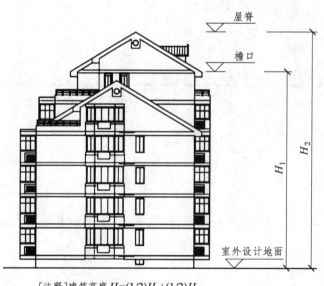

[注释]建筑高度 $H=(1/2)H_1+(1/2)H_2$

图 3.2　坡屋面建筑的建筑高度计算方法

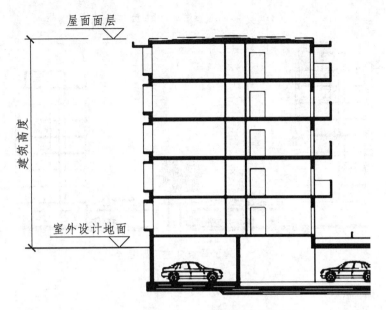

图 3.3　平屋面建筑的建筑高度计算方法

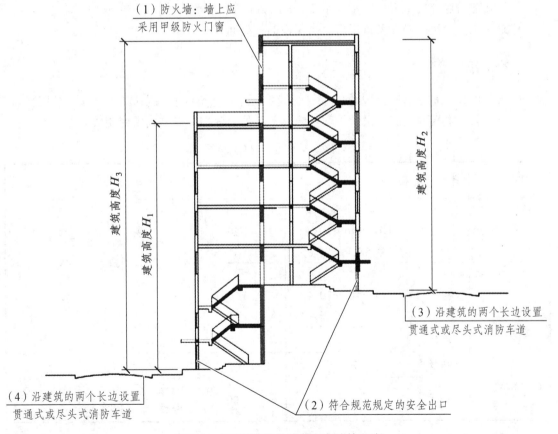

图 3.4　有高差建筑的建筑高度计算方法

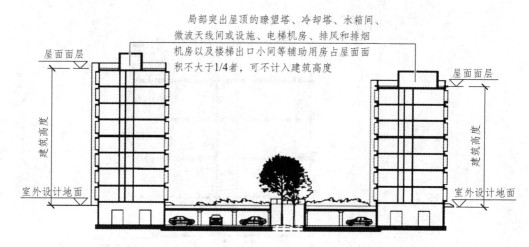

局部突出屋顶的瞭望塔、冷却塔、水箱间、微波天线间或设施、电梯机房、排风和排烟机房以及楼梯出口小间等辅助用房占屋面面积不大于1/4者，可不计入建筑高度

图3.5　带地下室的建筑其建筑高度计算方法

3.2.4　建筑层数

建筑层数应按建筑的自然层数计算，下列空间可不计入建筑层数：

室内顶板面高出室外设计地面的高度不大于 1.5 m 的地下或半地下室；

设置在建筑底部且室内高度不大于 2.2 m 的自行车库、储藏室、敞开空间；

建筑屋顶上突出的局部设备用房、出屋面的楼梯间等。

3.2.5　防火分区

防火分区设计是建筑防火设计中重要的基础设计，建筑内使用人员的安全疏散以及消防给排水、通风、电气等的防火设计，均与防火分区的划分和分隔方式紧密相关。

表3.2　防火分区的面积确定

名称	耐火等级	允许建筑高度或层数	防火分区的最大允许建筑面积/m²	备注
高层民用建筑	一、二级	按建筑设计防火规范（GB50016—2014）第 5.1.1 条确定	1 500	对于体育馆、剧场的观众厅，防火分区的最大允许建筑面积可适当增加
单、多层民用建筑	一、二级	按建筑设计防火规范（GB50016—2014）第 5.1.1 条确定	2 500	
	三级	5 层	1 200	—
	四级	2 层	600	—
地下或半地下建筑（室）	一级	—	500	设备用房的防火分区最大允许建筑面积应大于 1 000 m²

当建筑物内某一个防火分区着火时，其防火分隔措施应能防止燃烧产生的热和烟，通过楼板、楼梯间、管道井、门窗洞口等向相邻防火分区蔓延，从而有效地阻止火灾在建筑物内

水平及竖直方向的蔓延，避免发展成为整栋建筑物的火灾。

建筑内不同火灾危险性的房间或楼层之间应采取与该房间火灾荷载密度相适应的防火措施，并采用相应耐火性能要求的隔墙、楼板进行分隔。

建筑内的房间应尽量避免布置在袋形走道的两侧或尽端。

必须设置在建筑内的具有高火灾危险性的房间，应根据其火灾或爆炸的可能危害采取有效的防火分隔或防爆措施，并宜靠外墙布置。

3.3　疏散设计

建筑安全疏散和避难逃生设施设计，应综合考虑建筑使用功能和用途、使用人数与特性、建筑面积、建筑高度和室内净空高度、疏散距离、安全出口的疏散能力以及消防设施配置情况等因素。

疏散设施应能保证人员在疏散时不受火灾或火灾烟气的危害。

建筑应具有供火灾时人员进行安全疏散与逃生的设施和路径。建筑设计所提供的疏散设施和路径应能保证火灾情况下人员全部安全疏散或逃生至安全地点。

建筑内每个房间或每个防火分区或建筑的每个楼层应具有足够的疏散宽度和疏散出口，其疏散距离必须满足人员安全到达安全出口的要求。

3.3.1　疏散路径

疏散路线要简捷，易于辨认，并须设置简明易懂、醒目易见的疏散指示标志，便于寻找、辨别。

疏散路线设计应符合人们的习惯要求和人在建筑火灾条件下的心理状态及行动特点。

疏散路线设计要做到步步安全。

尽量不使疏散路线和扑救路线相交叉，避免相互干扰。

建筑物内的任一房间或部位，一般都应有两个不同疏散方向可供疏散，尽可能不布置袋形走道。

3.3.2　疏散走道

3.3.2.1　疏散走道设计要求

疏散走道的宽度应综合考虑所在区域的用途、疏散距离和疏散人数，应能满足该区域内全部人员安全疏散的要求，且不应小于安全出口或疏散出口的宽度。

疏散走道应直接通向安全出口，并应考虑能有两个或多个不同的疏散方向；走道上不宜设置门槛、阶梯。

疏散走道两侧及顶棚应采用具有足够的防火防烟性能的结构体与周围空间分隔。

疏散坡道应设置围护墙体或高度不低于 1 m 的护栏并应采取防滑措施，坡道的坡度不应大于 1∶10。

疏散走道在防火分隔处应设置与该部位分隔要求一致的防火门。

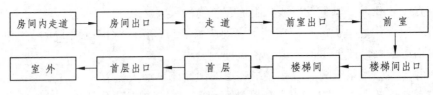

图 3.6　疏散路线示意

3.3.2.2　疏散走道宽度设计要求

1. 走道宽度

（1）宿舍建筑内部走道宽度应符合表 3.3 规定。

表 3.3　宿舍楼走道最小净宽要求

走道净宽/m		
单面布房	双面布房	单元式
1.60	2.2	1.4

（2）高差不足两级踏步时，不应设置台阶，应设坡道，其坡度不宜大于 1：8。

2. 疏散出口

学校、商店、办公楼、候车（船）室、民航候机厅、展览厅、歌舞娱乐放映游艺场所等民用建筑中的疏散走道、安全出口、疏散楼梯以及房间疏散门的各自总宽度，应按下列规定经计算确定：

每层疏散走道、安全出口、疏散楼梯以及房间疏散门的每 100 人净宽度不应小于表 3.4 的规定；当每层人数不等时，疏散楼梯的总宽度可分层计算，地上建筑中下层楼梯的总宽度应按其上层人数最多一层的人数计算；地下建筑中上层楼梯的总宽度应按其下层人数最多一层的人数计算。

表 3.4　疏散走道、安全出口、疏散楼梯以及房间疏散门的每 100 人净宽度

楼 层 位 置	耐 火 等 级		
	一、二级	三级	四级
地上一、二层	0.65	0.75	1
地上三层	0.75	1	—
地上四层及四层以上各层	1	1.25	—
与地面出入口地面的高差不超过 10 m 的地下楼层	0.75	—	—
与地面出入口地面的高差超过 10 m 的地下楼层	1	—	—

安全出口、房间疏散门的净宽度不应小于 0.9 m，疏散走道和疏散楼梯的净宽度不应小于 1.1 m；建筑高度不大于 18 m 的住宅，当疏散楼梯的一边设置栏杆时，最小净宽度不宜小于 1 m。

人员密集的公共场所、观众厅的疏散门不应设置门槛，其净宽度不应小于 1.4 m，且紧靠门口内外各 1.4 m 范围内不应设置踏步。人员密集的公共场所的室外疏散通道的净宽度不应小于 3 m，并应直接通向宽敞地带。

3.3.2.3 疏散楼梯的基本设计要求

每个梯段的踏步不应超过 18 级，亦不应少于 3 级。

宿舍楼梯：最小宽度 270 mm，最大高度 165 mm。

幼儿园小学楼梯：最小宽度 260 mm，最大高度 150 mm。

电影院、剧场、体育馆、商场、医院、旅馆和大中学校楼梯：最小宽度 280 mm，最大高度 160 mm。

其他建筑楼梯：最小宽度 260 mm，最大高度 170 mm。

专用疏散楼梯：最小宽度 250 mm，最大高度 180 mm。

服务楼梯、住宅套内楼梯：最小宽度 220 mm，最大高度 200 mm。

3.3.3 疏散距离

安全疏散的一个重要内容是疏散距离的确定。安全疏散距离直接影响疏散所需时间和人员安全，它包括房间内最远点到房间门或住宅户门的距离和从房间门到安全出口的距离。

疏散通道的距离和防护措施、出口数量和宽度，使其与建筑的使用功能和建筑高度等疏散、扑救难易程度相适应。

地下室的楼梯间与建筑物地上部分的楼梯间必须在首层分隔或直通室外。

表 3.5 疏散距离的规定

名称			位于两个安全出口之间的疏散门			位于袋形走道两侧或尽端的疏散门		
			一、二级	三级	四级	一、二级	三级	四级
托儿所、幼儿园老年人建筑			25	20	15	20	15	10
歌舞娱乐放映游艺场所			25	20	15	9	—	—
医疗建筑	单、多层		35	30	25	20	15	10
	高层	病房部分	24	—	—	12	—	—
		其他部分	30	—	—	15	—	—
教学建筑	单、多层		35	30	25	22	20	10
	高层		30	—	—	15	—	—
高层旅馆、展览建筑			30	—	—	15	—	—
其他建筑	单、多层		40	35	25	22	20	15
	高层		40	—	—	20	—	—

3.3.4 公共建筑疏散距离

楼梯间应在首层直通室外，确有困难时，可在首层采用扩大的封闭楼梯间或防烟楼梯间前室。当层数不超过 4 层时，可将直通室外的门设置在离楼梯间不大于 15 m 处。

一、二级耐火等级公共建筑内疏散门或安全出口不少于 2 个的观众厅、展览厅、多功能厅、餐厅、营业厅等，其室内任一点至最近疏散门或安全出口的直线距离不应大于 30 m；当疏散门不能直通室外地面或疏散楼梯间时，应采用长度不大于 10 m 的疏散走道通至最近的安全出口。当该场所设置自动喷水灭火系统时，室内任意一点至最近安全出口的安全疏散距离可分别增加 25%。

3.3.5 扩大封闭楼梯间

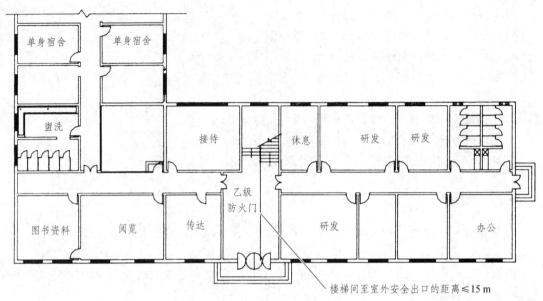

图 3.7 扩大封闭的楼梯间

3.3.6 安全出口与疏散出口

疏散出口是指人们走出活动场所或使用房间的出口或门。

安全出口是指通往室外、防烟楼梯间、封闭楼梯间等安全地带的出口或门。

一般，人们从疏散出口出来，经过一段水平或阶梯疏散走道才达到安全出口。进入安全出口后，可视为到达安全地点。

足够数量的安全出口，对保证人员和物质的安全疏散极为重要。无论工业建筑或民用建筑，每个防火分区、每个楼层的安全出口数量一般均不应少于 2 个。

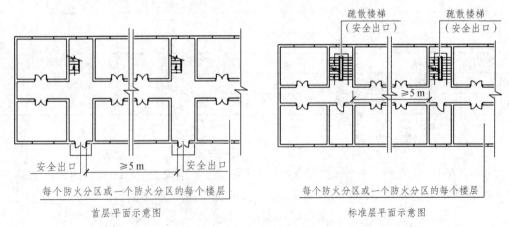

图 3.8 每个防火分区的安全出口的规定

3.3.7 疏散楼梯

一类高层公共建筑和建筑高度大于 32 m 的二类高层公共建筑，其疏散楼梯应采用防烟楼梯间。

裙房和建筑高度不大于 32 m 的二类高层公共建筑，其疏散楼梯应采用封闭楼梯间。

室内地面与室外出入口地坪高差大于 10 m 或 3 层及以上的地下、半地下建筑（室），其疏散楼梯应采用防烟楼梯间；其他地下或半地下建筑（室）的疏散楼梯应采用封闭楼梯间。

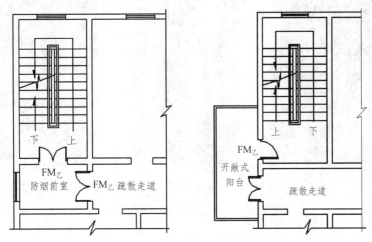

图 3.9 疏散楼梯间平面类型

3.3.8 避难层

建筑高度超过 100 m 的高层建筑需要设置避难层。

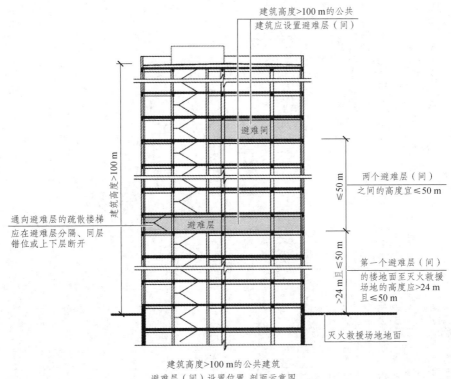

建筑高度>100 m 的公共建筑
避难层（间）设置位置 剖面示意图

图 3.10 避难层的位置设置

3.3.9　防火挑檐

（a）无防火挑檐　　　（b）0.2 m 宽防火挑檐　　　（c）1.0 m 宽防火挑檐

图 3.11　防火挑檐的尺度与隔火效果

第4章　屋面防排水设计

4.1　屋面工程技术规范

《屋面工程技术规范（GB50345—2012）》自 2012 年 10 月 1 日起实施。

本规范中的基本规定：屋面防水等级分为两级；将原四个防水等级改为二个等级，取消了耐用年限。

屋面防水工程应根据建筑物的类别、重要程度、使用工程要求确定防水等级，并按相应等级进行防水设防，对防水有特殊要求的建筑屋面，应进行专项防水设计。屋面防水等级和设防要求应符合下表规定。

表 4.1　屋面防水等级和设防要求

防水等级	建筑类别	设防要求	防水等级
Ⅰ级	重要建筑和高层建筑	两道防水设防	Ⅰ级
Ⅱ级	一般建筑	一道防水设防	Ⅱ级

4.2　屋面工程设计内容

4.2.1　基本要求

屋面工程应根据建筑物的建筑造型、使用功能、环境条件，对下列内容进行设计：

（1）屋面防水等级和设防要求。

（2）屋面构造设计。

（3）屋面排水设计。

（4）找坡方式和选用的找坡材料。

（5）防水层选用的材料、厚度、规格及其主要性能。

（6）保温层选用的材料、厚度、燃烧性能及其主要性能。

（7）接缝密封防水选用的材料及其主要性能。

4.2.2　排水设计

高层建筑宜采用内排水；多层建筑宜采用有组织排水；低层建筑及檐高小于 10 m 的屋面，可采用无组织排水。多跨及汇水面积较大的屋面宜采用天沟排水，天沟找坡较长时，宜采用中间内排水和两端外排水。

4.2.2.1　排水方案

屋面排水方式分外排水、内排水或二者相结合的方式。为便于检修和减少渗漏，少占室内空间，设计时应尽量采用外排水方式，当大跨度外排有困难或建筑立面要求不能外排时，可采用内排水或混排方式。

4.2.2.2 排水设计

1. 汇水面积计算

（1）屋面：屋面汇水面积按屋面的水平投影面积计算。

（2）墙面：高层建筑的裙房、窗井及贴近高层建筑外墙的地下车库的出入口坡道，除计算自身的面积外，还应将高出的侧墙面积按 1/2 折算成屋面汇水面积来进行计算。有几面高出屋面的侧墙时，通常只计算大的一面（或墙面最大投影面积）。

（3）汇水面积小于 150 m² 的屋面不宜只设一个雨水口。在同一汇水区域内，雨水立管不应小于两条，且负荷均匀（用檐沟排水，应在檐沟末端或山墙上设溢流口）。

（4）雨水口或雨水管的间距应根据其排水能力、屋面和檐沟坡度等因素考虑决定，一般不宜大于 24 m。

（5）高低跨屋面的高处屋面汇水面积 < 100 m² 时，可排到低屋面上。出水口的下面应设防护板，一般为 C20 的 500 mm×500 mm×50 mm 混凝土板。汇水面积 > 100 m² 时，应直接与低处屋面的雨水管或雨水排放系统连接。

（6）屋面变形缝应避免设计成平缝，采用高低缝时，低缝附近不应处于排水的下坡，更不应在雨水口附近。变形缝的屋面，应加设溢水口。

2. 排水坡度

平屋面的排水坡度宜为 2% ~ 3%，结构找坡宜为 3%，材料找坡（即建筑找坡）宜为 2%，天沟（檐沟）纵向坡度不应小于 0.5%。

4.2.3 细部构造

细部构造主要包括：泛水、檐口、檐沟和天沟、女儿墙和山墙、水落口、变形缝、伸出屋面管道、屋面出入口、反梁过水孔、设备基座、屋脊、屋顶窗等部位。

1. 泛 水

屋面防水层与突出构件之间的防水构造。

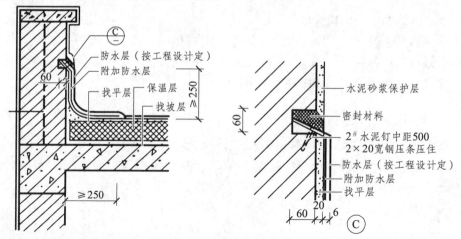

图 4-1　女儿墙泛水细部构造

2. 檐 口

屋面防水层的收头处，檐口的形式由屋面的排水方式和建筑物的立面造型要求来确定。

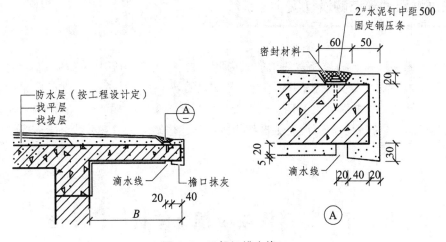

图 4-2　无组织排水檐口

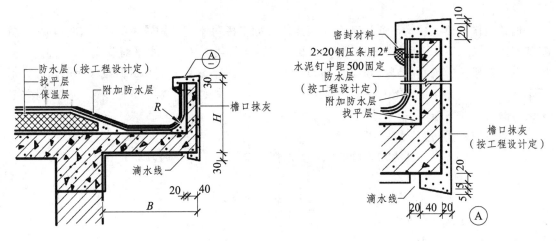

图 4-3　挑檐沟檐口

框架结构是多层建筑物最经常使用的结构形式之一，该结构以其传力明确而简捷的特点，被结构工程师所青睐。框架结构的构件受力形式以受弯、受压为主，杆件可以采用各种延性材料，形成钢框架、钢筋混凝土框架、劲性混凝土框架等多种框架形式。不论哪一种，其宏观受力状况是相同的。我们以钢筋混凝土框架为例，阐述框架结构的各种特点，完成结构实训。

第 5 章　钢筋混凝土框架结构设计理论

框架结构由梁、柱构件通过节点连接构成，如整幢房屋均采用这种结构形式，则称为框架结构体系或框架结构房屋。框架梁、柱既承受竖向荷载，又承受水平荷载。

由于框架柱的抗侧移刚度较小，框架结构主要用在层数不多、水平荷载较小的情况，适用于电子、轻工、食品、化工等多层厂房和仓库及大多数民用建筑，如办公楼、旅馆、医院、学校、商店及住宅等。

框架结构的优点如下：

（1）建筑平面布置灵活，既可形成较大的使用空间，也可分隔为若干小空间。

（2）结构整体性较好。

（3）构件类型少，结构轻巧，施工方便，较为经济。

（4）设计计算理论较成熟。

框架结构的缺点如下：

（1）抵抗水平荷载能力差，侧向刚度小，侧移大，有时会影响正常使用。

（2）受地基的不均匀沉降影响大。

（3）如果框架结构房屋的高宽比较大，则水平荷载作用下的侧移也较大，而且引起的倾覆作用也较严重。因此，设计时应控制房屋的高度和高宽比。

5.1　建筑结构设计原则及内容

结构设计是在建筑设计的基础上进行的，在建筑设计阶段就应该考虑到主体结构方案，通过协调，力争将结构形式与建筑设计统一起来。

结构设计主要解决的问题是：结构形式；结构材料；结构的安全性、适用性和耐久性；结构的连接构造和施工方法；结构设计的原则是安全适用、经济合理、技术先进、施工方便；

结构设计的目的是根据建筑布置和荷载大小，选择结构类型和结构布置方案，确定各部分尺寸、材料和构造方法，同时体现结构设计原则。

5.1.1 结构设计的准备工作

1. 正确使用工程地质勘查报告

通过阅读工程地质勘查报告，对场地土层的分布和性质有完整的概念，对报告提出的基础设计方案及地基处理建议，应认真分析，若有疑问应及时提出，以保证工程质量。

2. 明确本地区抗震设防烈度和结构抗震等级

地震作用是建筑结构承受的主要间接作用。地震作用分为三个水准：多遇地震（小震），基本烈度地震（中震），罕遇地震（大震）。设计原则为：小震不坏，中震可修，大震不倒。

地震的大小用震级来表示，地震烈度表示某一个地区地面和建筑物受到一次地震影响的强弱程度。抗震设防烈度是一个地区作为抗震设防依据的地震烈度，一般情况下可采用该地区基本烈度作为抗震设防烈度。抗震设防烈度为 6 度及以上地区的建筑，必须进行抗震设计。

钢筋混凝土房屋由于总高度和结构体系的不同，抗震能力有很大差异，按其抗震能力将抗震等级分为四级，一级要求最严，四级要求最低。因此根据房屋总高度及结构体系决定抗震等级是设计的先决步骤。结构抗震等级根据《建筑抗震设计规范》确定。

3. 收集相应的结构设计资料

结构设计的资料是设计规范，常用的结构设计规范有：《混凝土结构设计规范》《建筑结构荷载规范》、《建筑抗震设计规范》《建筑地基基础设计规范》《建筑结构制图标准》等。

5.1.2 结构设计的主要内容

建筑结构设计应当保证在荷载作用下结构有足够的承载能力和刚度，能保证结构正常使用条件下的安全性、适用性和耐久性要求。结构设计时，要考虑可能发生的各种荷载的最大值，以及荷载同时作用在结构上产生的综合效应。各种荷载性质不同，发生的概率和对结构的作用也不同，因此必须采用荷载效应组合的方法。

1. 荷载作用下的结构设计内容

建筑结构在竖向荷载及风荷载作用下，结构应满足承载能力及侧向位移限制的要求。在地震作用下，结构设计采用两阶段设计方法，达到三水准目标：第一阶段设计中，除要满足承载力及侧向位移限制要求，还要通过一系列抗震构造措施来满足延性要求；在罕遇地震作用下，要求进行第二阶段验算，以满足弹塑性层间变形的限制要求。

2. 承载力计算

按极限状态设计的要求，承载力计算的一般表达式为：

无地震作用组合时：

$$S \leqslant R \tag{5-1}$$

有地震作用组合时：

$$S_E \leqslant R_E / \gamma_{RE} \tag{5-2}$$

式中：R 为无地震作用组合时构件的承载能力，不同的构件采用不同的承载能力计算公式，如抗弯承载力、抗剪承载力等；R_E 为抗震设计时的构件承载力；γ_{RE} 为承载力抗震调整系数（地震作用是一种偶然作用，所以对抗震设计的承载能力作相应调整），混凝土结构承载力抗震调整系数见第 6 章表 6.21，当仅考虑竖向地震作用组合时，各类构件均取 1.0。

3. 整体稳定和抗倾覆验算

（1）整体稳定性验算

一般要求高层建筑的高宽比控制在 5 之内。对于高宽比大于 5 的高层建筑，需要进行整体稳定性验算。

（2）抗倾覆验算

抗倾覆验算时，倾覆力矩应按风荷载或地震作用计算其设计值；计算抗倾覆力矩时，楼面活荷载取 50%，恒载取 90%。抗倾覆力矩不应小于倾覆力矩设计值。

4. 弹塑性变形验算

过大的侧移会使结构产生附加内力，影响正常使用，严重时会加速倒塌，因此，要限制结构的侧向变形。要进行正常使用状态下的水平位移限值验算。

要实现第三水准设防目标，一般可通过采取抗震构造措施来实现，但某些情况下，对于钢筋混凝土多、高层建筑结构，宜进行罕遇地震作用下薄弱层的抗震变形验算，具体验算方法见第 6 章钢筋混凝土框架结构抗震设计。

5.1.3 钢筋混凝土框架结构设计计算内容及流程

钢筋混凝土框架结构设计计算的主要内容及设计流程图如图 5.1 所示。

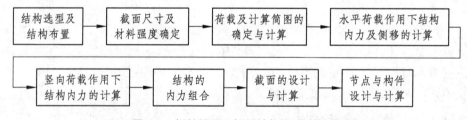

图 5.1 钢筋混凝土框架结构设计流程图

5.2 框架结构体系及布置

结构体系是指结构抵抗外部作用的构件组成方式。建筑结构抗侧力体系的确定和设计是结构设计中的关键问题。基本的抗侧力单元有框架、剪力墙、井筒、框筒和相应的支承等。由这几种单元可以组成多种结构体系。常见的钢筋混凝土结构体系有框架结构、框架 - 抗震墙结构、抗震墙结构及筒体结构等。不同的结构体系，其抗震性能、使用效果和经济指标也不相同。《建筑抗震设计规范》在考虑地震烈度、场地土、抗震性能、使用要求及经济效果等因素和总结地震经验的基础上，对地震区现浇钢筋混凝土多高层房屋的结构类型和最大高度给出了相应的规定，见第 6 章表 6.20。

除了建筑高度等因素外，选择结构体系还要考虑建筑物的刚度与场地条件的关系。当建筑物自振周期与地基土的卓越周期一致时，容易产生共振从而加重建筑物的震害。建筑物的自振周期与结构本身的刚度有关，因此在选择结构类型时应该了解场地和地基土及其卓越周期，调整结构刚度，避开共振周期和共振现象的发生。

选择结构体系时还要注意选择合理的基础型式。对建筑物层数不多且地基条件较好时可选择独立基础、十字交叉带形基础等，对软弱的地基宜选择桩基、筏基或箱基等。

另外，选择结构体系，必须注意经济指标。多高层房屋一般用钢量大，造价高，因而要尽量选择轻质高强和多功能的建筑材料，以减轻自重降低造价。

结构选型是一个综合性的问题，在实际设计中应根据建筑物所在地区的设防烈度、建筑物的高度及使用功能、建筑物的地基情况和工程造价等因素选择合适的结构体系。对于框架结构由于其抗侧移刚度较差，在地震区一般用于十层左右体型较简单和刚度较均匀的建筑物。对于层数较多、体型较复杂、刚度不均匀的结构，为了减小侧向变形并减小震害，应该选择抗侧移刚度更大的结构形式。

5.2.1 钢筋混凝土框架结构的组成及受力特点

5.2.1.1 框架结构组成

钢筋混凝土框架结构，是指由钢筋混凝土横梁、纵梁、柱和基础等构件所组成的结构，横梁和立柱通过节点连为一体，形成承重结构，将荷载传至基础。墙体不承重，内、外墙只起分隔和围护作用，见图 5.2。

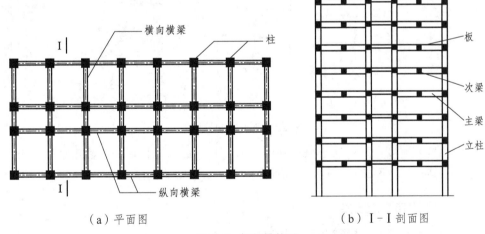

（a）平面图　　　　　　　　　　（b）I-I 剖面图

图 5.2　框架结构图

框架结构在平面上布置灵活，可以做成有较大空间的会议室、餐厅、车间、营业室、教室等。需要时，可以用隔断分割成小房间，或拆除隔断改成大房间，因而在使用功能上十分灵活。框架结构的墙体一般只做围护和分割使用，因此，建筑立面的设计也灵活多变，若采用轻质隔墙，还可大大降低房屋自重，节省材料。

5.2.1.2 框架结构受力特点

框架是由梁、柱构件通过节点连接形成的骨架结构，由梁、柱承受竖向和水平荷载，墙仅起围护作用。框架梁一般为水平布置，有时为便于屋面排水或者建筑造型等的需求，也可布置成斜梁。为便于结构受力，同一轴线上的梁宜拉通对直，并与柱轴线位于同一铅垂平面内。框架柱的截面形式常为矩形，有时由于建筑上的要求，也可设计成圆形、八角形、L 形和 T 形等。为便于结构受力，同一平面位置上的上下层框架柱的形心宜位于同一铅垂线上，否则上柱轴力会对下柱产生附加弯矩。同时框架柱网布置宜上下一致。框架梁柱间的节点一般为刚性连接，有时为了施工或者其他构造要求也可将部分节点设计成铰结或半铰结的形式。

框架结构在水平力作用下的变形特点如图 5.3 所示。其侧向位移主要由两部分组成：第一部分是由柱和梁的弯曲变形产生。在水平荷载作用下，梁和柱都有反弯点，形成侧向变形。框架下部的梁、柱内力较大，层间变形也大，愈到上部变形愈小，使整个结构呈现剪切型变形。第二部分侧移由柱的轴向变形产生，在水平荷载作用下，柱的拉伸和压缩使结构出现侧移。这种侧移在上部各层较大，而愈到底部愈小，使整个结构呈现弯曲变形。框架结构中第一部分的侧向变形是主要的，随着建筑高度的增加，第二部分变形比例逐渐增加，但合成后整个结构仍主要呈现为剪切型变形特征。

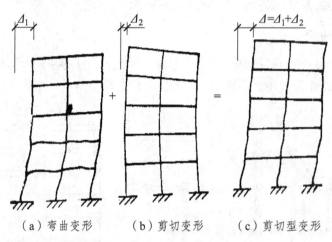

（a）弯曲变形　　　（b）剪切变形　　　（c）剪切型变形

图 5.3　框架侧向变形

框架结构抗侧刚度主要取决于梁、柱的截面尺寸。通常梁柱截面惯性矩小，侧向变形较大，这是框架结构的主要缺点，也因此而限制了框架结构的使用高度。

5.2.1.3　框架结构的分类

框架结构按材料可分为钢框架和钢筋混凝土框架。钢框架具有自重轻、抗震性能好、施工速度快等优点，但具有用钢量大、造价高、耐水和耐腐蚀性差等缺点，目前应用相对较少；钢筋混凝土框架结构由于其造价低、取材方便、耐久性好和可模性好等优点，在我国得到广泛的应用。

钢筋混凝土框架按其施工方法可分为：整体式框架、装配式框架及装配整体式框架。整体式框架也称全现浇框架，框架梁、柱、楼板全部现浇，它的优点是整体性和抗震性能好，缺点是现场施工量和支模量大，地震区的框架结构宜优先选用现浇式框架结构体系；装配式框架的构件全部为预制，在施工现场进行吊装和连接。其优点是节约模板，缩短工期，有利于施工机械化；装配整体式框架是将预制梁、柱和板现场安装就位后，在构件连接处浇捣混凝土，使之形成整体。其优点是，省去了预埋件，减少了用钢量，整体性比装配式提高，但节点施工复杂。

5.2.2 框架结构结构布置

框架结构布置主要是确定柱在平面上的排列方式（柱网布置）和选择结构承重方案，这些均必须满足建筑平面及使用要求，同时也须使结构受力合理，施工简单。

5.2.2.1 柱网布置及层高

钢筋混凝土框架结构民用建筑的柱网和层高根据建筑使用功能确定；工业建筑的柱网布置和层高要满足生产工艺流程和建筑平面布置的要求，同时柱网布置要使结构受力合理，施工方便。

1. 柱网布置应满足生产工艺流程的要求

在多层工业厂房设计中，生产工艺流程的布置是厂房平面设计的主要依据，根据各生产工段的使用要求，厂房的平面布置一般为内廊式、等跨式、对称不等跨式等。内廊式的边跨跨度一般为 6～8 m，中间跨为 2～4 m；等跨式的跨度一般为 6～12 m；柱距一般为 6～7.5 m；层高为 3.6～5.4 m，见图 5.4。

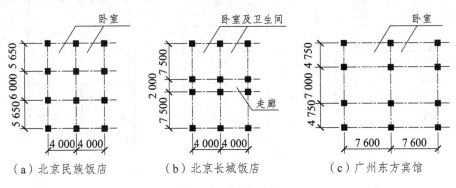

（a）北京民族饭店　　　（b）北京长城饭店　　　（c）广州东方宾馆

图 5.4　柱网布置图

2. 柱网布置应满足建筑平面、立面布置的要求

对于各种平面的建筑物，结构布置应满足建筑功能及建筑造型的要求。建筑内部柱网的布置应与建筑分隔墙布置相协调，建筑周边柱子的布置应与建筑物外立面造型相协调。

旅馆、办公室等建筑物中建筑平面一般为两边为客房或办公室，中间为走廊，这时柱网布置一般有两种方案：一种为三跨式，走道为一跨，两边的房间与卫生间为一跨；另一种是当房间进深较小时，取消中间一排柱子布置成两跨框架，即将走廊与进深较小的房间布置在同一跨内。目前，住宅、宾馆和办公楼的柱网可划分为小柱网和大柱网两种形式，小柱网指一个开间为一个柱距，大柱网指两个开间为一个柱距，常用的柱距有 3.3 m、3.6 m、4.0 m、6.0 m、6.6 m、7.2 m 等；常用的跨度为 4.8 m、5.4 m、6.0 m、6.6 m、7.5 m 等；层高一般为 3.0 m、3.3 m、3.6 m、4.2 m、4.5 m 等。

立面布置在满足建筑功能要求的同时，尽量避免收进、挑出、抽梁、抽柱，见图 5.5。

3. 柱网布置应使结构受力合理

多层框架结构主要承受竖向荷载，因此柱网布置时应考虑到结构在竖向荷载作用下内力分布较均匀合理，各构件材料均能充分地发挥作用。纵向柱列的布置对结构的受力也有很大的影响，一般取为建筑开间（小柱网），但当开间较小、层数较少时，柱距过小一方面导致柱截面设计时常按构造配筋，不能充分地发挥材料的强度，另一方面也使建筑平面布置不够灵活，所以可考虑两个开间设一个柱距（大柱网）。

4. 柱网布置应使施工方便

结构布置时还应考虑到施工方便，以加快施工进度，降低工程造价，在结构布置时应尽量减少梁板单元的种类，以方便施工。

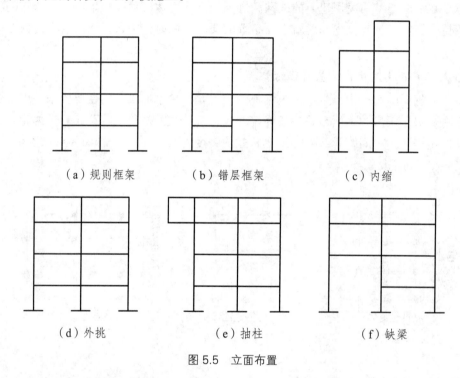

| （a）规则框架 | （b）错层框架 | （c）内缩 |
| （d）外挑 | （e）抽柱 | （f）缺梁 |

图 5.5　立面布置

5.2.2.2　框架结构的承重方案

柱网确定后，用梁将柱子连接起来，即形成了框架结构。根据抗震要求，框架均应双向设置，即沿房屋纵横双向布置梁系，从而形成一个空间受力体系。但为了计算方便，可将实际框架结构看成纵横两个方向的平面框架。纵向框架和横向框架分别承受各自方向上的水平力，而楼面竖向荷载则依据楼盖结构布置方式按不同的方式传递。根据楼盖的平面布置及竖向荷载的传递途径，其承重方案可分为横向承重、纵向承重和纵横向承重三种。一般沿建筑物短向的称为横向框架，沿建筑物长向的称为纵向框架；称承受较大楼面竖向荷载的方向上布置的框架梁称为主梁，相应平面内的框架称为承重框架，而另一方向上则称次梁和非承重框架。

横向框架承重指由主梁和柱组成的承重主框架沿房屋的横向布置，楼（屋）面板支承于主梁上，纵向由连系梁将横向框架连成空间的结构体系。其优点是横向刚度得到加强，有利于抵抗横向水平力；纵向连系梁的截面高度较小，梁下可开设大的门窗洞口，有利于房屋室内的采光和通风。缺点是横向梁的高度较大，房间净空减小，开间布置不灵活，且不利于纵向管道的敷设。故横向框架承重布置时，建筑物的横向刚度较大，结构性能好，实际中应用较多，见图5.6（a）。

纵向框架承重指由纵向主梁与柱构成的承重主框架沿房屋的纵向布置，楼（屋）面板支承于主梁上，横向连系梁将纵向框架连成空间的结构体系。其优点是纵向刚度进一步增大，有利于调整纵向地基不均匀沉降，横向连系梁的截面高度较小，可获得较大的净空，且有利于纵向管道的敷设；缺点是横向刚度较差。实际工程中较少采用，见图5.6（b）。

纵横向框架承重指在房屋的两个方向均布置承重主框架，楼（屋）面板上的荷载由两个方向梁共同承担。其空间刚度较大，结构整体性好，对抗震有利。适用于柱网平面形状为方形或楼面荷载较大的情况，楼盖常采用现浇混凝土双向板或井式梁。见图5.6（c）、（d）。

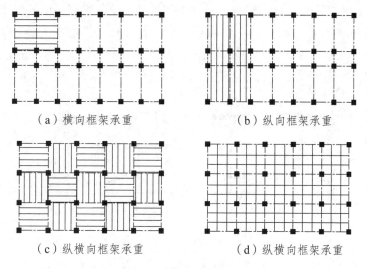

（a）横向框架承重　　　　　　　　（b）纵向框架承重

（c）纵横向框架承重　　　　　　　（d）纵横向框架承重

图5.6　框架承重方案

在框架结构布置中，梁、柱轴线宜重合。如梁须偏心放置时（如使外墙与框架柱外侧平齐，或走廊两侧墙体与框架柱内侧平齐），梁、柱中心线之间的偏心距不宜大于柱截面在该方面宽度的1/4。如偏心距大于该方向柱宽的1/4时，可增设梁的水平加腋。梁水平加腋厚度可取梁截面高度，其水平尺寸宜满足下列要求：$b_x/l_x \leqslant 1/2$，$b_x/b_b \leqslant 2/3$，$b_b+b_x+x \geqslant b_c/2$，式中符号意义见图5.7。

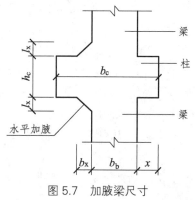

图5.7　加腋梁尺寸

5.2.2.3　变形缝的布置

在一般房屋结构的总体布置中，考虑到沉降、温度收缩和体型复杂对房屋结构的不利影响，常常用沉降缝、伸缩缝或抗震缝将房屋分成若干独立的部分，从而消除沉降差、温度应力和体型复杂对结构的危害。这三类缝统称为变形缝，设置变形缝主要是结构安全的需要。

1. 伸缩缝

混凝土收缩和温度应力常常会使混凝土结构产生裂缝。为了避免收缩裂缝和温度裂缝，房屋建筑可以设置伸缩缝。在建筑中，顶层和底层温度应力问题比较严重，容易出现裂缝。

伸缩缝只设在上部结构，基础可不设伸缩缝，缝宽一般常采用 20～30 mm。

2. 沉降缝

在结构立面有较大变化时，或地基基础有较大变化时，或竖向有高差时，或可能产生不均匀沉降时，可设置沉降缝。将两部分房屋从上部到基础全部断开，房屋层数 2～3 层时，缝宽 50～80 mm，4～5 层时，缝宽 80～120 mm，大于 5 层时，缝宽 ≥120 mm。

沉降缝由于是从基础断开，缝两侧相邻框架的距离可能较大，给使用带来不便，此时可利用挑梁或搁置预制梁、板的方法进行建筑上的闭合处理，见图 5.8。

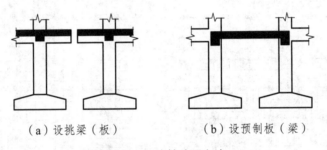

（a）设挑梁（板）　　　　　　（b）设预制板（梁）

图 5.8　沉降缝处理方法

设置沉降缝后，上部结构应在缝的两侧分别布置抗侧力结构，形成所谓双梁、双柱和双墙的现象。但将导致其他问题，如建筑立面处理困难、地下室渗漏不容易解决等。一般地，建筑物各部分不均匀沉降差大体上有三种方法来处理：

（1）放——设沉降缝，让各部分自由沉降，互不影响，避免出现由于不均匀沉降时产生的内力。采用"放"的方法在结构设计时比较方便，但将导致建筑、设备、施工各方面的困难。

（2）抗——采用端承桩或利用刚度很大的基础。前者由坚硬的基岩或砂卵石层来尽可能避免显著的沉降差；后者则用基础本身的刚度来抵抗沉降差。采用"抗"的方法不设缝，基础材料用量多，不经济。

（3）调——在设计与施工中采取措施，调整各部分沉降，减少其差异，降低由沉降差产生的内力。采用"调"的方法，采用介于两者之间的办法，调整各部分沉降差，在施工过程中留出后浇带作为临时沉降缝，等到各部分结构沉降基本稳定后再连为整体。

通常有以下"调"的方法不设永久性沉降缝：

（1）调整地基上压力。主楼和裙房采用不同的基础形式；调整地基上压力，使各部分沉降基本均匀一致，减少沉降差。

（2）调整施工顺序。施工先主楼，后裙房；主楼工期较长、沉降大，待主楼基本建成，沉降基本稳定后，再施工裙房，使后期沉降基本相近。

（3）预留沉降差。地基承载力较高、有较多的沉降观测资料、沉降值计算较为可靠时，主楼标高定得稍高，裙房标高定得稍低，预留两者沉降差，使最后两者实际标高一致。

3. 抗震缝

对有抗震设防要求的建筑物，当建筑物的层数、质量、刚度差异较大时，或有错层时，或平面形状不规则时，应在地面以上用防震缝分开。

特别要注意的是，在地震区，伸缩缝和沉降缝的宽度均应做成抗震缝的宽度，一般情况下伸缩缝、沉降缝和抗震缝尽可能合并使用，并在抗震缝两侧均布置框架。变形缝将建筑物划分为若干个结构独立的部分，成为独立的结构单元。

5.2.2.4 结构布置原则

（1）尽量与建筑的平、立剖面划分一致，以便设计和施工。

（2）结构的平面布置应尽可能规则、对称，使结构传力直接、受力明确。

（3）结构的竖向布置应力求体形简单，使结构刚度沿高度分布均匀，避免突变。

（4）应合理地设置伸缩缝、沉降缝和防震缝。

5.2.2.5 框架设计要点

（1）整个框架结构要承担来自建筑物横向和纵向两个方向地震动引起的地震作用，因此对于横向框架和纵向框架，梁与柱的连接都应该采用刚性连接以形成刚性框架。

（2）框架结构横向基本周期和纵向基本周期差别不大，横向和纵向地震作用的总值也大致相等，每根柱子在纵横两个方向的地震剪力和弯矩也大致相等，因此框架柱宜采用方形柱和对称配筋。

（3）不论是现浇框架还是预制框架，均应符合"强柱弱梁""强剪弱弯""强节点弱构件""强压弱拉"的抗震四准则。

（4）在布置抗侧力结构时，应使结构均匀分布，令荷载作用线通过结构刚度中心，以减少结构的扭转。在布置刚度较大的楼（电）梯间时，要注意保证结构的对称性。有时从建筑功能考虑，在平面拐角部位或端部布置电梯间时，则应采用剪力墙、筒体等加强措施。

（5）框架房屋的围护结构，可采用非承重空心砖或轻质填充墙。框架柱与填充墙体应设置拉墙筋连结，一般采用 $2\phi6$ 间距 500 mm，进入墙体的长度不少于 500 mm，有抗震要求时不少于 1 000 mm。当采用砌体填充墙时，平面和竖向布置宜对称均匀，并采取措施以减少对主体结构的不利影响。

（6）同一结构单元宜将框架梁设置在同一标高处，尽可能不采用复式框架，避免出现错层和夹层，从而造成短柱破坏。

（7）框架梁的截面中心线宜与柱中心线重合，端部框架梁以及沿外纵墙的纵向梁可以偏置，但其最大偏心距不宜大于柱宽的 1/4，同时应注意加强节点构造。框架结构的梁柱宜贯通，应避免梁上立柱、柱上顶板的结构方案。

（8）边柱应防止被通长设置的纵向梁、过梁分隔成短柱，短柱在地震中破坏严重，不宜采用。

（9）现浇框架的混凝土强度等级，当按一级抗震等级设计时不宜低于 C30，按二～四级抗震等级和非抗震设计时不应低于 C20。装配整体式框架结构的混凝土强度等级不宜低于 C30，其节点区混凝土强度等级还应比柱提高 5 MPa。

梁柱混凝土强度等级相差不宜大于 5 MPa。如超过时，节点区混凝土强度等级应与柱相同。

框架柱沿竖向分段改变截面尺寸和混凝土强度等级时，每次改变柱边长不宜大于 100～150 mm，混凝土强度宜为一个等级。一般尺寸改变和强度改变应错开楼层布置，避免竖向刚度产生较大的改变。柱截面高度改变时，边柱应向内扩展，中柱应向两边扩展；柱截面宽度改变时，端柱宜向内扩展，中间柱宜向两侧扩展。

（10）楼梯转弯休息平台宜通过"∏"形构件支承在下一层框架梁上，应避免设置横贯整个跨度的支承梁，防止在楼梯间出现短柱。

（11）角柱截面尺寸可以较边柱截面尺寸放大一号，当采用同样截面时，应增加柱内纵筋数量，并按全高加倍配置箍筋。

（12）楼层的结构标高，较建筑标高低一个楼面层的厚度。

5.3 框架结构构件截面尺寸及计算简图的确定

5.3.1 构件截面尺寸估算

框架结构是超静定结构，它的内力和变形除与荷载的形式有关外，还与构件或截面的刚度有关，而构件或截面的刚度又取决于构件的截面尺寸，因此先要确定构件的截面尺寸。但是，构件的截面尺寸又与荷载和内力的大小有关，在构件内力没有计算出来以前，又很难准确地确定构件的截面尺寸大小。因此，只能先估算构件的截面尺寸，等内力和变形计算好后，如果估算的截面尺寸符合要求，便可作为设计尺寸。如果所需的截面尺寸与估算的截面尺寸相差很大，则要重新估算和重新进行计算。

5.3.1.1 框架梁的截面形状和尺寸

框架梁的截面形状，在现浇框架中以 T 形为多，在装配式框架中常做成矩形、T 形和花篮形等，在装配整体式框架中常做成花篮形。不承受主要竖向荷载的连系梁，其截面形式常用 T 形、Γ 形、矩形、⊥ 形、L 形等。

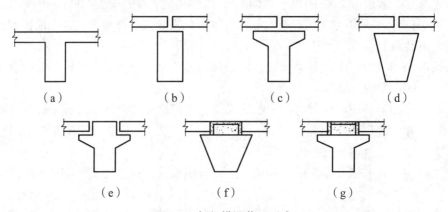

图 5.9 框架横梁截面形式

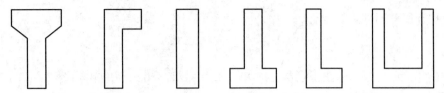

图 5.10　框架连系梁截面形式

框架结构中框架梁的截面高度 h_b 可根据梁的计算跨度 l_b、活荷载大小等，按 $h_b=(1/8\sim1/12)l_b$ 确定；当楼面荷载大时，为增大梁的刚度可取 $h_b=(1/7\sim1/10)l_b$。为了防止梁发生剪切脆性破坏，h_b 不宜大于 1/4 净跨。主梁截面宽度可取 $b_b=(1/3\sim1/2)h_b$，且不宜小于 200 mm。为了保证梁的侧向稳定性，梁截面的高宽比 h_b/b_b 不宜大于 4。且 $b_b \geqslant b_c/2$，至少比柱宽少 50 mm。

为了降低楼层高度，可将梁设计成宽度较大而高度较小的扁梁，扁梁的截面高度可按 $(1/18\sim1/15)l_b$ 估算。扁梁的截面宽度 b（肋宽）与其高度 h 的比值 b/h 不宜超过 3。

框架结构纵向连系梁截面高度：可按 $h_b=(1/14\sim1/18)l_b$ 确定（l_b 为连系梁计算跨度）。

框架梁的截面高度多取为 400、450、500、550、600、650、700、750、800、850、900、1 000 mm；其截面宽度一般为 180、200、220、250、300、350 mm。

在抗震结构中，梁宽不宜小于 200 mm，梁的高宽比不宜大于 4，梁净跨与截面高度之比不宜小于 4。当采用预应力混凝土梁时，其截面高度可以乘以 0.8 的系数。特殊情况下，框架梁也可设计成宽扁梁，但梁的宽度不宜大于柱宽。

为了使构件的类型尽可能少些，各层框架梁的截面形状和尺寸往往不变，而仅改变其配筋率。

5.3.1.2　框架柱的截面形状和尺寸

框架柱的截面一般采用正方形或矩形。

框架柱截面宽度可先按底层柱高的 1/15 初选，截面高度取宽度的 1 ~ 1.5 倍，同时满足 $h \geqslant L_0/25$、$b \geqslant L_0/30$，L_0 为柱的计算长度。框架正方形柱的截面尺寸一般为 300×300、350×350、400×400、500×500、600×600 mm 等；框架矩形柱的截面尺寸一般为 300×400、300×450、300×500、400×500、400×600、500×800、600×800 mm 等。

在多层房屋中，柱的宽度与高度不宜小于 300 mm；在高层建筑中，柱截面高度不宜小于 400 mm，截面宽度不宜小于 350 mm。柱截面高度与宽度之比为 1 ~ 2。柱净高与截面长边尺寸（圆柱为直径）之比宜大于 4。

柱截面尺寸可直接凭经验确定，也可先根据其所受轴力按轴心受压构件估算，再乘以适当的放大系数以考虑弯矩的影响。即

$$A_c \geqslant (1.1\sim1.2)N/f_c，\quad N=1.25N_v \tag{5-3}$$

式中：A_c 为柱截面面积；N 为柱所承受的轴向压力设计值；N_v 为根据柱支承的楼面面积计算由重力荷载产生的轴向力值；1.25 为重力荷载的荷载分项系数平均值；重力荷载标准值可根据实际荷载取值，也可近似按 $(12\sim14)$ kN/m² 计算；f_c 为混凝土轴心抗压强度设计值。

抗震设计中，柱截面尺寸主要受轴压比的控制，初选的柱截面尺寸应按轴压比进行初步验算。轴压比的限值按第 6 章表 6.22 采用。

为简化施工，多层建筑中柱截面沿房屋高度不宜改变。高层建筑中的柱截面可保持不变或根据房屋层数，高度和荷载等情况作 1~2 次变化。变化时，中间柱宜使上、下柱轴线重合，

边柱和角柱宜使截面外边线重合。

5.3.1.3 楼板的厚度

楼板厚度可按与其跨度之比进行估计,单向板取($1/25 \sim 1/30$)L;单向连续板取($1/35 \sim 1/40$)L;双向板(短边)取($1/40 \sim 1/45$)L;悬挑板取($1/10 \sim 1/12$)L;楼梯平台取$1/30L$;无粘结预应力板取$1/40L$;L为板的跨度。板的最小厚度在多层房屋中为 70 mm,高层建筑为 100 mm。

5.3.1.4 梁截面的惯性矩

框架结构内力和位移计算中,需要计算梁的抗弯刚度,在初步确定梁的截面尺寸后,可按材料力学方法计算梁截面惯性矩。由于楼板作为框架梁的翼缘参与工作,使得梁的刚度有所提高,为了简化计算,作如下规定:

(1)对现浇楼面的整体框架,中部框架梁 $I=2I_0$;边框架梁 $I=1.5I_0$。其中 I_0 为矩形截面梁的惯性矩[图 5.11(a)]。

(2)对做整浇层的装配整体式框架,中部框架梁 $I=1.5I_0$;边框架梁 $I=1.2I_0$[图 5.11(b)]。

(3)对装配式楼盖,梁的惯性矩可按本身的截面计算,$I=I_0$[图 5.11(c)]。

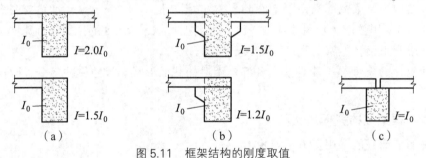

图 5.11 框架结构的刚度取值

5.3.2 计算简图的确定

5.3.2.1 框架计算单元的选取

框架结构是一个空间结构体系,由横向框架和纵向框架组成。为简化计算,通常忽略框架结构纵向和横向之间的空间联系,忽略各构件的抗扭作用,将纵、横向框架分别按平面框架进行分析计算。一般横向框架的间距相同,作用于各横向框架上的荷载相同,框架的抗侧刚度相同,因此,除端部框架外,各榀横向框架都将产生相同的内力和变形,设计时一般取有代表性的一榀横向框架进行分析即可;而作用于纵向框架上的荷载则各不相同,应分别进行计算。

就结构承受的竖向和水平荷载而言,当横向(纵向)框架承重,且在截取横向(纵向)框架计算时,全部荷载由横向(纵向)框架承担,不考虑另一方向框架的作用。当纵、横向框架混合承重时,应根据结构的不同特点进行分析,并对竖向荷载按楼盖的实际支承情况进行传递,这时竖向荷载通常由纵、横向框架共同承担。

在某一方向的水平荷载作用下,整个框架结构体系可视为若干个平面框架,共同抵抗与平面框架平行的水平荷载,与该方向正交的结构不参与受力。每榀平面框架所抵抗的水平荷载,当为风荷载时,可取计算单元范围内的风荷载;当为水平地震作用时,则为按各平面框架的侧向刚度比例所分配到的水平力。

对有侧移框架,横向和纵向框架均应进行计算;无侧移框架,一般可只进行横向框架的计算。

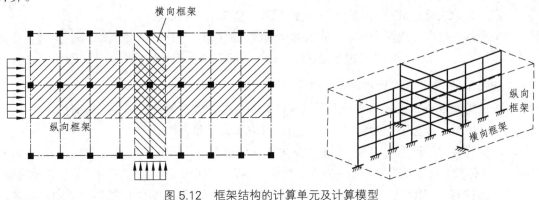

图 5.12　框架结构的计算单元及计算模型

5.3.2.2　计算简图的确定

将复杂的空间框架结构简化为平面框架之后，应进一步将实际的平面框架转化为力学模型，在该力学模型上作用荷载，就成为框架结构的计算简图。

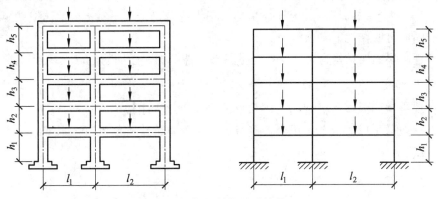

图 5.13　框架结构的计算简图

1. 梁、柱的简化

在框架计算简图中，框架梁、柱是用其轴线表示的，梁、柱连接区是用节点表示的，杆件长度是用节点间的距离表示的，即框架柱轴线之间的距离即为框架梁的计算跨度；框架柱的计算高度应为各横梁形心轴线间的距离，荷载的作用点也转移到轴线上。

在一般情况下，等截面柱的轴线取截面形心线，当框架柱截面尺寸沿房屋高度变化时，若上层柱截面尺寸减小但其形心轴仍与下层柱的形心轴重合时，其计算简图与各层柱截面不变时的相同；当上、下层柱截面尺寸不同且形心轴也不重合时，可将顶层柱的形心线作为整个柱子的轴线，但在结构的内力和变形分析中，各层梁的计算跨度及线刚度仍应按实际情况取；另外，尚应考虑上、下层柱轴线不重合产生的偏心力矩，设置水平加腋后，仍需考虑梁柱偏心的不利影响。

框架梁的跨度取柱轴线间的距离，当各跨跨度相差不超过 10%时，可按等跨框架对待，跨度取原框架各跨跨度的平均值。斜形或折线形横梁当倾斜度不超过 1/8 时，可当作水平横梁。当框架横梁为有支托的加腋梁时，如 $I_m/I<4$ 或 $h_m/h<1.6$，则可不考虑支托的影响，而简化为无支托的等截面梁，I_m、h_m 为支托端最高截面的惯性矩和高度，I，h 为跨中等截面梁的截面

惯性矩和高度。

底层柱高取底部嵌固面到二层楼面间的距离，其他层柱高取层高。

必须注意，按以上计算简图算出的内力是轴线上的内力，由于简图的轴线不一定是各截面的形心线，因此，在计算配筋或选择截面尺寸时，应将算得的内力转化为设计截面处的内力。

2. 多、高层框架结构底部嵌固面的确定

框架结构底部嵌固面的确定是保证计算可靠的前提，按下列情况确定嵌固面位置：

（1）结构有一层地下室为箱基时，嵌固面可取在箱基顶板面。

（2）结构有两层地下室，第二层地下室为箱基，地下室外墙为现浇钢筋混凝土，地下室一层顶板的整体性较好，地下室平面为矩形，长宽比不大于 3 时，嵌固面取在地下室一层顶板面。

（3）结构有一层地下室且地下室底板为筏基，当地下室顶板整体性较强、刚度较大时，嵌固面取在地下室顶板面。

（4）结构地下室顶板整体性较好、刚度较大，且地下室周围有现浇钢筋混凝土墙体，能承受上部结构通过地下室顶板传来的剪力时，嵌固面可取在地下室顶板面。

（5）结构设置半地下室，半地下室墙体截面惯性矩比半地下室上层墙体惯性矩增大 75% 以上，或当地下室全埋在地下，全地下室墙体截面惯性矩比全地下室上层墙体惯性矩增大 50% 以上时，嵌固面可取在地下室顶板面。

（6）多、高层框架结构建筑如不符合上述诸条件，则嵌固面均应取在基础顶面。

3. 节点的简化

节点在现浇钢筋混凝土框架结构体系中，将其简化为刚接节点。在装配式钢筋混凝土框架结构中，一般简化成铰接节点或半铰接节点。装配整体式钢筋混凝土框架结构中，也常简化成刚接节点。

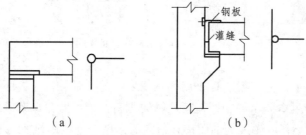

图 5.14　装配式框架的铰节点

框架柱与基础一般采用整体现浇混凝土连接，或预制柱插入基础杯口再浇筑细石混凝土连接，故通常简化成刚接节点。

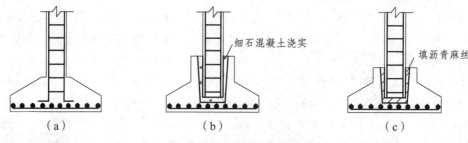

图 5.15　框架柱与基础的连接

4. 框架柱的计算长度的确定

（1）无侧移框架

对现浇楼盖，无论各层 $L_0=0.7H$

对装配式楼盖 $L_0=1.0H$

（2）有侧移框架

对现浇楼盖，底层柱 $L_0=1.0H_1$

其余各层柱 $L_0=1.25H$

对装配式楼盖，底层柱 $L_0=1.25H_1$

其余各层柱 $L_0=1.5H$

式中 H_1——自柱底层嵌固面至一层楼盖顶面之间的距离；

H——上下两层楼盖之间的距离。

5.3.3 荷载的确定

5.3.3.1 荷载的类型

凡能使结构或构件直接产生内力、应变、位移、裂缝等效应的作用，统称为荷载。

施加于结构上的荷载与作用，有竖向荷载（包括恒载与活载）、风荷载、地震作用、施工荷载、地基不均匀沉降及由于材料体积变化受阻引起的作用（包括温度、混凝土的徐变和收缩作用）等。

1. 恒 载

恒载包括结构本身的自重和附加于结构上的各种永久荷载，如非承重构件的自重、各种饰面材料的重量、楼面的找平层重量、玻璃幕墙及其附件重量、吊在楼面下的各种设备管道重量等等。它可由构件和装修的尺寸和材料的重量直接计算，材料的自重应按《建筑结构荷载规范》取值。

2. 楼（屋）面活载

结构的楼面活荷载应按《建筑结构荷载规范》取用。

设计楼面梁、墙、柱及基础时，考虑到作用于多层建筑楼面上的活荷载很少可能出现标准值同时布满楼面的情况，所以可考虑楼面活荷载的折减，具体折减方法为：对于楼面梁，当其从属面积大于 25 平方米时，折减系数为 0.9；对于墙、柱、基础，则按表 5.1 考虑。设计楼盖时，楼面活荷载标准值不予折减。

表 5.1 活荷载按楼层数的折减系数

墙、柱、基础计算截面以上层数	1	2~3	4~5	6~8	9~20	>20
计算截面以上各楼层活荷载总和的折减系数	1.00（0.9）	0.85	0.70	0.65	0.60	0.55

建筑物的屋面活荷载，是其水平投影面上的均布活荷载。屋面均布活荷载不与雪荷载同时考虑。

3. 施工活荷载

施工活荷载一般取 1.5 ~ 2 kN/m^2。当施工中采用附着式塔吊、爬式塔吊等对结构受力有影响的起重机械或其他施工设备时，在结构设计中应根据具体情况验算施工荷载的影响。

设计屋面板、檩条、钢筋混凝土挑檐、雨篷和预制过梁时，施工或检修集中荷载应取 1.0 kN，并应在最不利位置处进行验算。当计算挑檐、雨篷承载力时，应沿板宽每隔 1.0 m 取一个集中荷载；在验算挑檐、雨篷倾覆时，应沿板宽每隔 2.5~3.0 m 取一个集中荷载。

4. 风荷载

由于风荷载大小及方向的不确定性，给计算带来了一定的困难，为简化计算，可将分布作用于墙体表面上的风荷载换算成节点水平荷载计算，将计算单元内节点上下半层墙面上的分布风荷载作用在该节点上，女儿墙和屋面上的风荷载由框架的顶节点承受。垂直于建筑物表面的风荷载标准值 ω_k(kN/m^2) 可由下式确定：

$$\omega_k = \beta_z u_s u_z \omega_0 \tag{5-4}$$

式中：ω_0 为基本风压值 (kN/m^2)，可从《建筑结构荷载规范》中查出，但是基本风压要满足 $\omega_0 \geq 0.3$ kN/m^2，u_s 为风荷载体型系数，按《建筑结构荷载规范》取用；u_z 为风压高度变化系数。

风振系数公式：

$$\beta_z = 1 + \frac{\xi \gamma \varphi_z}{\mu_z} \tag{5-5}$$

式中 ξ——脉动增大系数（查《建筑结构荷载规范》P42）；

   φ_z——振型系数；

   γ——脉动影响系数（查《建筑结构荷载规范》P42）。

取一个刚架单元按公式计算沿房屋高度的分布风荷载标准值。

$$q(z) = b w_0 \beta_z \mu_s \mu_z \tag{5-6}$$

式中，b 为横向框架受风宽度，μ_z 要根据各楼层的标高 H_i 查取 μ_z 代入，从而可得各楼层标高处的 $q(z)$。

风荷载按上述公式计算。需要注意的是，应同时考虑迎风面的压力及背风面的吸力。另外，一般体型较大，高度不大于 30 m、高宽比小于 1.5 的房屋结构，可取风振系数为 1.0；反之，则应按《建筑结构荷载规范》取值。

女儿墙对屋面的挡风影响不大，屋面的体型系数可近似地按没有女儿墙的屋面采用。

对于高层建筑和高耸结构，基本风压可乘 1.1 的增大系数作为该建筑物的基本风压值；对于特别重要和有特殊要求的高层建筑和高耸结构，其基本风压可乘 1.2 增大系数。

5. 雪荷载

雪荷载按《建筑结构荷载规范》规定的地区选取基本雪压值，按不同的屋面形式选取屋面积雪分布系数。屋面板和檩条按积雪不均匀分布的最不利情况计算；屋架和拱壳可分别按积雪全跨均匀分布、不均匀分布和半跨均匀分布计算；框架梁柱可按积雪全跨的均匀分布计算。

雪荷载标准值是屋面水平投影面上的值，按下式计算：

$$S_k = u_r S_0 \tag{5-7}$$

式中：S_0 为基本雪压 (kN/m^2)，可从《建筑结构荷载规范》中查出，u_r 为屋面积雪分布系数，按《建筑结构荷载规范》取用。

上人屋面，雪荷载与屋面活荷载不应同时组合；不上人屋面，应将雪荷载与施工或维修荷载进行比较，取其中较大值参加组合。

6. 建筑物重力荷载代表值

计算地震作用时，建筑物的重力荷载代表值应取结构和构配件自重标准值和各可变荷载组合值之和。

多层及高层结构房屋集中到楼盖及屋盖处的重力荷载代表值 G_i 为：恒载的全部、雪荷载的 50%、一般楼面活荷载的 50%（藏书库、档案库取活荷载的 80%）。为了简化计算，楼面以下本层的柱、墙自重及楼面荷载，集中在楼盖处；顶层的柱、墙自重、屋面荷载及女儿墙、挑檐重，全部集中在屋盖处。

计算地震作用时，结构总重力荷载代表值 G_E 为全部重力荷载代表值之和。

结构等效总重力荷载代表值：水平地震作用时，单质点取 $G_{eq}=1.0G_E$，多质点取 $G_{eq}=0.85G_E$；竖向地震作用时，多质点取 $G_{eq}=0.75G_E$。

建筑结构设计时，对不同的荷载效应采用不同的荷载代表值。荷载代表值主要是标准值、准永久值和组合值。当设计上有特殊需要时，也可规定其他代表值，例如，频遇值。

荷载标准值是结构设计时采用的荷载基本代表值，是结构在使用期间，在正常情况下出现的最大荷载值，是现行国家标准《建筑结构荷载规范》对各类荷载规定的设计取值。荷载的其他代表值是以标准值乘以适当的系数得出的。

可变荷载组合值是当结构承受两种或两种以上可变荷载时，由于在结构上的各可变荷载不可能同时达到各自的最大值，因此，必须考虑荷载组合，通常将某些可变荷载的标准值乘以组合系数予以折减，折减后的荷载代表值称为荷载的组合值。

可变荷载准永久值是正常使用极限状态按准永久组合设计时采用的可变荷载代表值。

在结构设计时，应根据不同的设计要求，选取不同的荷载代表值来计算设计荷载。永久荷载（恒载），在按承载能力极限状态设计时，应采用标准值作为代表值。可变荷载（活载），在按承载能力极限状态设计时，常以组合值为代表值；在按正常使用极限状态设计时，常以准永久值作为代表值；对偶然荷载，应根据试验资料并结合工程经验确定其代表值。

计算设计荷载时，不得漏项。漏算设计荷载的后果，更为严重。

5.3.3.2 荷载效应组合

所谓荷载效应，是指在荷载的作用下结构的内力或位移。通常，在结构计算时，应当首先分别计算上述各种荷载作用下产生的效应（内力和位移），然后将这些内力和位移分别按建筑物的设计要求，进行组合，得到构件效应的设计值（内力设计值和位移设计值）。不同设计要求下，所应考虑的荷载和地震作用见表 5.2。

表 5.2 设计中考虑的荷载和地震作用表

设计要求	竖向荷载	风荷载	水平地震作用	竖向地震作用
非抗震设计	√	√		
6~8 度抗震设防	√	√	√	
9 度抗震设防	√	√	√	√

注：只有在建筑高度超过 60 m 时，才同时考虑风与地震产生的效应。"√"表示参与效应组合有地震作用荷载效应组合，见《建筑抗震设计规范》中 5.4.1 中的规定。

荷载分项系数与荷载效应组合系数见表 5.3。

表 5.3　荷载分项系数及荷载效应组合系数

类型	编号	组合情况	竖向荷载		水平地震作用	竖向地震作用	风荷载		说　明
无地震作用	1	恒载及活载	1.2	1.4	0	0	0	0	
	2	恒载、活载及风荷载	1.2	1.4	0	0	1.4	1.0	
有地震作用	3	重力荷载、水平地震作用	1.2		1.3	0	0	0	
	4	重力荷载、水平地震作用及风荷载	1.2		1.3	0	1.4	0.2	60 m 以上高层建筑考虑
	5	重力荷载及竖向地震作用	1.2		0	1.3	0	0	9 度区考虑，8 度区大跨度考虑
	6	重力荷载、水平及竖向地震作用	1.2		1.3	0.5	0	0	同上
	7	重力荷载、水平及竖向地震作用、风荷载	1.2		1.3	0.5	1.4	0.2	60 m 以上高层建筑，9 度区考虑，8 度大跨度考虑

进行位移计算时，所有的分项系数均取为 1.0。所以，非抗震设计时，分别计算出竖向荷载、风荷载所产生的位移后，总位移可直接相加。

在所选定可能出现的几种组合情况下，要选最不利的荷载效应组合值进行结构构件的承载力计算。

5.4　竖向荷载作用下框架内力分析的近似方法

竖向荷载作用下，一般取平面结构单元，按平面计算简图进行内力分析。根据结构布置及楼面荷载分布等情况，选取几榀有代表性的框架进行计算。作用在每榀框架上的荷载为将梁板视为简支时的支座反力；若楼面荷载均匀分布，则可从相邻柱距中线截取计算单元，见图 5.16（a），框架承受的荷载为计算单元范围内的荷载；对现浇楼面结构，作用在框架上的荷载可能为集中荷载、均布荷载、三角形或梯形分布荷载以及力矩等，见图 5.16（b）。

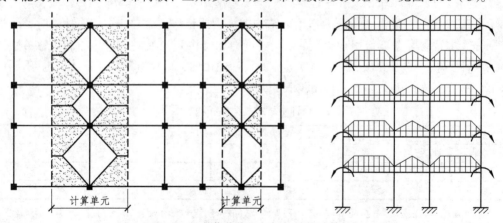

图 5.16　竖向荷载作用下框架结构计算简图

在竖向荷载作用下，多、高层框架结构的内力可用力法、位移法等结构力学方法计算。工程设计中，如采用手算，可采用迭代法、分层法、弯矩二次分配法及系数法等近似方法计算。

5.4.1 竖向荷载作用下框架结构的变形和内力特点

（1）多层多跨框架在竖向荷载作用下的侧移是不大的，可以忽略框架在竖向荷载作用下的侧移和侧移力矩，近似地按无侧移框架分析。

（2）忽略本层荷载对其他各层内力的影响。当某层梁上作用有竖向荷载时，在该层梁及相邻柱子中产生较大内力，而在其他楼层的梁、柱中所产生的内力，在经过柱子的传递和节点的分配后，其值将随着传递和分配次数的增加而衰减，且梁的线刚度越大，衰减越快。因此在进行竖向荷载作用下的内力分析时，可假定作用在某一层框架梁上的竖向荷载只对本楼层的梁以及与本层梁相连的框架柱产生弯矩和剪力，而对其他楼层的框架梁和隔层的框架柱都不产生弯矩和剪力。

5.4.2 分层法的计算方法

5.4.2.1 分层法的基本假定

根据框架结构在竖向荷载作用下的特点，分层法有如下假定：

（1）侧移忽略不计，可作为无侧移框架按力矩分配法进行内力分析。

（2）每层梁上的荷载仅对本层梁及其上、下柱的内力产生影响，对其他各层梁、柱内力的影响可忽略不计。

因此，每层梁上的荷载只在该层梁及与该层梁相连的柱上分配和传递。但应当指出，上述假定中所指的内力不包括柱轴力，因为某层梁上的荷载对下部各层柱的轴力均有较大影响，不能忽略。于是，多层多跨框架在多层竖向荷载同时作用下的内力，可以看成是多层竖向荷载单独作用下的内力的叠加。而实际上，除底层柱子的下端为固定端以外，其他各层柱端均有转角产生，其他部分对计算楼层的约束作用应为介于铰支承与固定支承之间的弹性支承。为了减少误差，在计算时应作如下修正：除底层以外其他各层柱的线刚度均乘 0.9 的折减系数；柱的弯矩传递系数取为 1/3，底层柱仍为 1/2。

分层法可按图 5.17 示意。

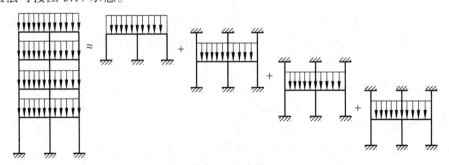

图 5.17 竖向荷载作用下分层计算示意图

5.4.2.2 分层法计算要点

（1）将多层框架沿高度分成若干单层无侧移的敞口框架，每个敞口框架包括本层梁和与之相连的上、下层柱。梁上作用的荷载、各层柱高及梁跨度均与原结构相同。

（2）除底层柱的下端外，其他各柱的柱端应为弹性约束。为便于计算，均将其处理为固定端。这样将使柱的弯曲变形有所减小，为消除这种影响，可把除底层柱以外的其他各层柱的线刚度乘以修正系数0.9。

（3）用无侧移框架的计算方法（如弯矩分配法）计算各敞口框架的杆端弯矩，由此所得的梁端弯矩即为其最后的弯矩值；因每一柱属于上、下两层，所以每一柱端的最终弯矩值需将上、下层计算所得的弯矩值相加。在上、下层柱端弯矩值相加后，将引起新的节点不平衡弯矩，如欲进一步修正，可对这些不平衡弯矩再作一次弯矩分配。

如用弯矩分配法计算各敞口框架的杆端弯矩，在计算每个节点周围各杆件的弯矩分配系数时，应采用修正后的柱线刚度计算；并且底层柱和各层梁的传递系数均取1/2，其他各层柱的传递系数改用1/3。

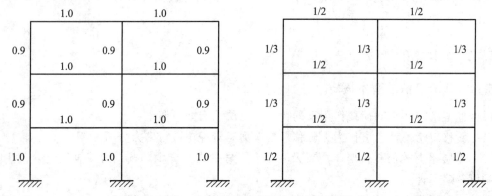

图5.18　分层法的线刚度和弯矩传递系数

（4）在杆端弯矩求出后，可用静力平衡条件计算梁端剪力及梁跨中弯矩；由逐层叠加柱上的竖向荷载（包括节点集中力、柱自重等）和与之相连的梁端剪力，即得柱的轴力。

5.4.2.3　计算步骤

（1）将多层框架分层，以每层梁与上下柱组成的单层框架为计算单元，柱远端假定为固端。

（2）确定梁的固端弯矩及节点各杆的弯矩分配系数。

（3）用弯矩分配法分别单独的进行力矩分配、传递、再分配……直至平衡，梁端弯矩求出后，从框架中截取梁为隔离体，用平衡条件可得梁端剪力及跨中弯矩，柱轴力为该层以上所有与该柱相连的梁端剪力与节点集中力之和，当为恒载作用时柱轴力中还应包括柱自重，柱端剪力可由柱端弯矩用平衡条件确定。

（4）分层计算所得梁端弯矩即是梁的最后弯矩。由于每段柱子既是上层的下柱，又是下层的上柱，分别属于上下两个计算单元，上下层的恒载是同时存在的，所以柱端弯矩应由上下两层的计算结果叠加。一般情况下，分层计算法所得杆端弯矩在各节点不平衡，如果需要更精确的结果时，可将节点的不平衡弯矩再进行分配，但不再传递。

对侧移较大的框架及不规则的框架不宜采用分层法。

5.4.2.4　分层法的适用范围

（1）节点梁柱线刚度之比 $\sum i_b / \sum i_c \geqslant 3$ 。

（2）结构与荷载沿高度均匀。

【例题 5.1】用分层计算法作出图 5.19 所示框架的弯矩图。图中括号内为杆件的线刚度的相对值。

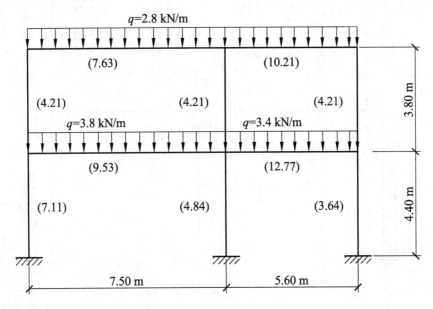

图 5.19　计算简图及荷载

解：（1）将框架分层，各层梁跨度及柱高与原结构相同，柱端假定为固端。

（2）计算和确定梁、柱弯矩分配系数和传递系数。

注意：①上层各柱线刚度都要先乘以 0.9，然后再计算各节点的分配系数。②上层各柱远端弯矩等于各柱近梁端弯短的 1/3（即传递系数为 1/3）。底层各柱及各层梁的远端弯矩为近端弯矩的 1/2（即传递系数为 1/2）。各节点处的分项系数如下：

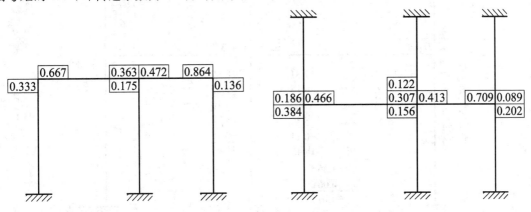

图 5.20　计算出的各节点分配系数

（3）计算梁的固端弯矩。

由结构力学公式可知在均布荷载作用下两端的固端弯矩为

$$M = \frac{1}{12} q l^2$$

（4）按力矩分配法计算单层梁、柱弯矩（如图 5.21、5.22 所示）。

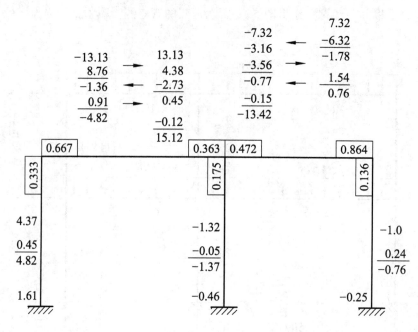

图 5.21　顶层框架计算内容

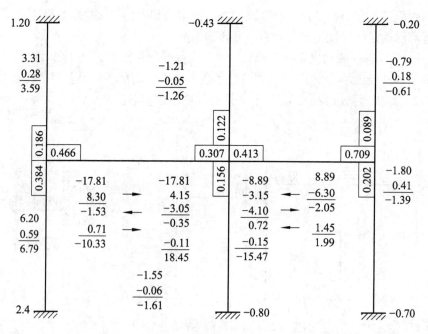

图 5.22　底层框架计算内容

（5）把图 5.21 和图 5.22 结果叠加，可以得到各杆的最后弯矩图（图 5.23）。

注：图中括号内数值是考虑结点线位移的弯矩。本例题中梁的误差较小，而柱的弯矩误差较大。

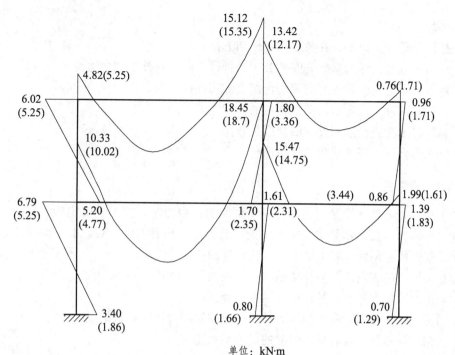

单位：kN·m

图 5.23　最终弯矩图

5.4.3　其他近似计算方法

5.4.3.1　弯矩二次分配法

（1）基本假定：

① 不考虑框架结构的侧移对其内力的影响。

② 每层梁上的荷载仅对本层梁及其上、下柱的内力产生影响，对其他各层梁、柱内力的影响可忽略不计。

上述假定中所指的内力同样不包括柱轴力。

（2）具体计算步骤：

① 根据各杆件的线刚度计算各节点的杆端弯矩分配系数，并计算竖向荷载作用下各跨梁的固端弯矩。

② 计算框架各节点的不平衡弯矩，并对所有节点的不平衡弯矩同时进行第一次分配（其间不进行弯矩传递）。

③ 将所有杆端的分配弯矩同时向其远端传递（对于刚接框架，传递系数均取 1/2）。

④ 将各节点因传递弯矩而产生的新的不平衡弯矩进行第二次分配，使各节点处于平衡状态。至此，整个弯矩分配和传递过程即告结束。

⑤ 将各杆端的固端弯矩、分配弯矩和传递弯矩叠加，即得各杆端弯矩。

5.4.3.2　弯矩迭代法

弯矩迭代法既可求解无（忽略）侧移框架结构的内力，也可求解考虑侧移时的框架结构内力。

计算步骤：

（1）绘出结构计算简图，在各节点上绘两方框。

（2）计算节点各杆件的弯矩分配系数，沿杆件方向记在外框的内边缘。

（3）计算固端弯矩，将各节点固端弯矩之和写在内框中。

（4）计算各杆件近端弯矩，记在相应的杆端处。

（5）循环若干轮直至达到要求的精度为止。

（6）计算得到每一杆件的最终弯矩值。

5.4.3.3 系数法

采用上述三种方法计算竖向荷载作用下框架结构内力时，需首先确定梁、柱截面尺寸，而且计算过程较为繁复。系数法是一种更简单的方法，只要给出荷载、框架梁的计算跨度和支承情况，就可很方便地计算出框架梁、柱各控制截面内力。

此法是《统一建筑规范》中介绍的方法，在国际上被广泛采用。

当框架结构满足下列条件时，可按系数法计算：

（1）结构不少于两跨，两个相邻跨的跨长相差不超过短跨跨长的20%。

（2）荷载均匀布置，且活载与恒载的比值不大于3。

（3）框架梁截面为矩形。

5.4.4 四种方法的比较

（1）分层法、弯矩二次分配法、弯矩迭代法和系数法均可求无侧移框架的内力，弯矩迭代法和系数法尚可求有侧移框架的内力。

（2）每次运算时，弯矩二次分配法计算的是杆端弯矩的增量值，而弯矩迭代法计算的则是杆端弯矩的全量值。

（3）系数法可在截面尺寸未知情况下得到杆件内力。

（4）当梁线刚度较柱的线刚度大很多时，分层框架计算结果较符合实际。分层法只有当框架层数较多，且中间若干分层框架相同时，应用起来才比较简便。若分层框架的数目与整个框架的层数相近，采用弯矩二次分配法更加简便。

5.5 水平荷载作用下框架内力和侧移的近似计算

框架结构所受的水平荷载（作用）主要指风荷载和地震作用。风和地震对框架结构的水平作用，一般都可以简化为作用于框架节点上的水平力，可能沿任意方向，计算时，一般将其作用沿两个主轴方向进行分解，简化为沿主轴方向的作用，可以是正方向也可以是负方向。在正交矩形平面结构中，正负两个方向荷载作用下，内力大小相等，符号相反。故只需作一次计算分析，将内力冠以正、负号即可。

5.5.1 框架在水平荷载作用下的内力和位移特点

（1）框架梁、柱的弯矩均为线性分布，且每跨梁和每根柱均有一零弯矩点即反弯点存在。

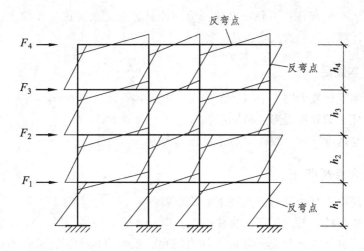

图 5.24　水平荷载作用下的弯矩图

（2）框架每一层柱的总剪力（层间剪力）及单根柱的剪力均为常数。

（3）若不考虑梁、柱轴向变形对框架侧移的影响，则同层各节点的水平侧移相等。

（4）除底层柱底为固定端外，其余杆端或节点既有水平侧移又有转角变形，节点转角随梁柱线刚度比的增大而减小。

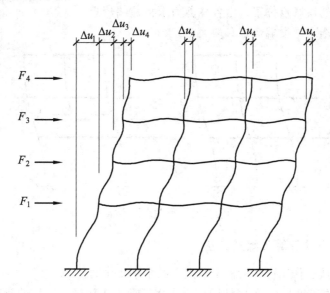

图 5.25　水平荷载作用下的变形图

根据受力和变形特点，即各层柱的层间剪力为定值和柱弯矩图为直线且存在反弯点，若能得到各柱的剪力并进一步确定反弯点的位置，则杆件的内力即可根据平衡条件求得。

水平荷载作用下框架结构的内力和侧移可用结构力学方法计算，常用的近似算法有迭代法、反弯点法、D 值法和门架法等。

5.5.2　水平荷载作用的反弯点法

当梁的线刚度比柱的线刚度大很多时（例如 $i_b/i_c>3$），梁柱节点的转角很小。如果忽略此

051

转角的影响，则水平荷载作用下框架结构内力的计算方法，尚可进一步简化，这种忽略梁柱节点转角影响的计算方法称为反弯点法。

5.5.2.1 基本假定

（1）梁柱线刚度比较大时，节点转角很小，可忽略不计，即 $\theta \approx 0$。

（2）不考虑柱子的轴向变形，故同层各节点水平位移相等。

（3）底层柱与基础固接，线位移与角位移均为 0。

5.5.2.2 反弯点高度

（1）反弯点高度 y 是指反弯点至柱下端的距离。

（2）对于上层各柱，假定反弯点在柱中点。即 $y_i = h_i/2$（$i=2$，3，$\cdots$，n）。

（3）对于底层柱，由于底端固定而上端有转角，反弯点向上移，通常假定反弯点在距底端 $2h_1/3$ 处（$y_1 = 2h_1/3$）。

5.5.2.3 反弯点法的思路

（1）一般先要把作用在每个楼层上的总风力和总地震力即总水平荷载，分配到各榀框架上，再进行平面框架的内力分析，可按柱的抗侧刚度直接分配到每根框架柱，求得各柱的剪力。

（2）根据柱子的反弯点位置，由各柱剪力求得柱端弯矩。

（3）由结点平衡求出梁端弯矩和剪力。

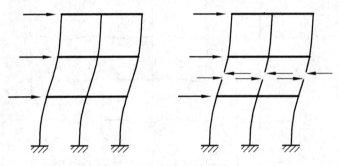

图 5.26　反弯点法思路

5.5.2.4 反弯点法计算步骤及方法

（1）风荷载与地震作用可化为框架节点上的水平集中力。

（2）计算各柱抗侧刚度，每层柱的剪力（楼层剪力）按同一层柱的侧移刚度系数成比例分配。

抗侧刚度：柱上下两端相对有单位侧移（$\Delta u_j = 1$）时柱中产生的剪力，即：

$$d = \frac{12i_c}{h^2} \tag{5-8}$$

式中，梁柱线刚度的计算公式：

$$i_c = \frac{EI_c}{h}, \quad i_b = \frac{EI_b}{l} \tag{5-9}$$

当梁的线刚度比柱的线刚度大得多时（如 $i_b/i_c \geqslant 5$），可近似认为结点转角均为零。柱的剪力与水平位移的关系为：

$$V = \frac{12i_c}{h^2}\Delta u_j \tag{5-10}$$

求出任一楼层的层总剪力，在该楼层各柱之间的分配。

① 框架的层间总剪力 V_j。

设框架结构共有 n 层，外荷载（F_i）在第 j 层产生的层间总剪力 V_j 为：

$$V_{pj} = F_j + F_{j+1} + \cdots + F_n = \sum_{i=j}^{n} F_i \tag{5-11}$$

式中　F_i——作用在框架第 i 层节点处的水平力。

② 层间总剪力 V_{pj} 在同层各柱间的分配。

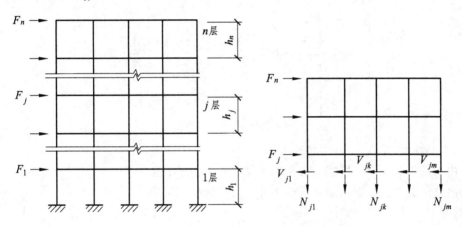

图 5.27　各层柱剪力计算简图

设框架共有 n 层，第 j 层内有 m 个柱子，各柱剪力为 V_{j1}，V_{j2}，$\cdots$，V_{ji}，$\cdots$，V_{jm}，根据层间剪力平衡的条件有：

$$V_{j1} + V_{j2} + \cdots + V_{jm} = \sum_{i=1}^{m} V_{ji} = V_{pj} \tag{5-12}$$

$$V_{j1} = \frac{d_{j1}}{\sum\limits_{i=1}^{m} d_{ji}} V_{pj}, V_{j2} = \frac{d_{j2}}{\sum\limits_{i=1}^{m} d_{ji}} V_{pj}, \text{ 即 } V_{ji} = \frac{d_{ji}}{\sum\limits_{i=1}^{m} d_{ji}} V_{pj} \tag{5-13}$$

式中　V_{ji}——第 j 层第 i 柱所承受的剪力；

　　　　m——第 j 层内的柱子数；

　　　　d_{ji}——第 j 层第 i 柱的侧移刚度；

　　　　V_{Pj}——第 j 层的层剪力。

（3）计算柱端弯矩。

各柱端弯矩由该柱剪力和反弯点高度计算。

上部各层柱：上下端的弯矩相等。即：

$$M_{ji\text{上}} = M_{ji\text{下}} = V_{ji}h_j / 2 \quad (j=2, 3, \cdots, n; i=1, 2, \cdots, m) \tag{5-14}$$

底层柱：上端弯矩　　$M_{1i上} = V_{1i}h_1 / 3$

下端弯矩　　$M_{1i下} = 2V_{1i}h_1 / 3$（$i=1，2，\cdots，m$）　　　　　　（5-15）

（4）计算梁端弯矩。

梁端弯矩可由节点平衡条件和变形协调条件求得。

① 边节点：

$$M_j = M_{j上} + M_{j下}$$　　　　　　　　　　　　　　　　（5-16）

② 中间节点：

$$M_{jb左} = (M_{jc上} + M_{jc下}) \frac{i_{jb左}}{i_{jb左} + i_{jb右}}$$

$$M_{jb右} = (M_{jc上} + M_{jc下}) \frac{i_{jb右}}{i_{jb左} + i_{jb右}}$$　　　　　　（5-17）

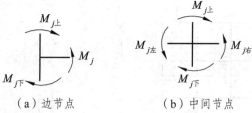

（a）边节点　　　　　　（b）中间节点

图 5.28　梁端弯矩计算

（5）求其他内力。

① 由梁两端的弯矩，根据梁的平衡条件，可求出梁的剪力。

② 由梁的剪力，根据结点的平衡条件，可求出柱的轴力。

归纳起来，反弯点法的计算步骤如下：

（1）多层多跨框架在水平荷载作用下，当 $i_b/i_c \geqslant 3$ 时，可采用反弯点法计算杆件内力。

（2）计算各柱侧移刚度，并按柱侧移刚度把层间总剪力分配到每个柱。

（3）根据各柱分配到的剪力及反弯点位置，计算柱端弯矩。

（4）根据结点平衡条件和变形协调条件计算梁端弯矩。

5.5.2.5　反弯点法的适用条件

（1）梁柱线刚度之比值大于 3。

（2）各层结构比较均匀（求 d 时两端固定，反弯点在柱中点）。

对于层数不多的框架，误差不会很大。但对于高层框架，由于柱截面加大，梁柱相对线刚度比值相应减小，反弯点法的误差较大。

对于规则框架，反弯点法十分简单；对于横梁不贯通全框架的复式框架，可引进并联柱和串联柱的概念后，再用反弯点法计算，参见有关参考文献。

【例题 5.2】利用反弯点法画出图 5.29 框架的弯矩图，图中括号内数字为各杆的线刚度。

解：当同层各柱 h 相等时，各柱抗侧刚度 $d = 12i_c/h^2$，可直接用 i_c 计算它们的分配系数。这里只有第 3 层中柱与同层其他柱高不同，作如下变换，即可采用折算线刚度计算分配系数。

折算线刚度 $i_c' = \left(4^2 / 4.5^2\right)i = (16 / 20.3) \times 2 = 1.6$

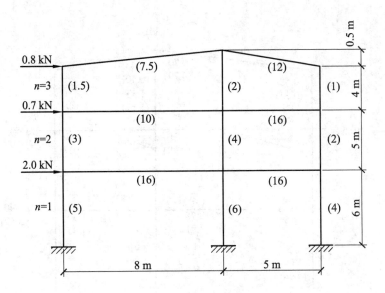

图 5.29　框架计算简图

计算过程见图 5.30，最后弯矩图见图 5.31，括号内数字为精确解。本例表明，用反弯点法计算的结果、除个别地方外，误差是不大的。

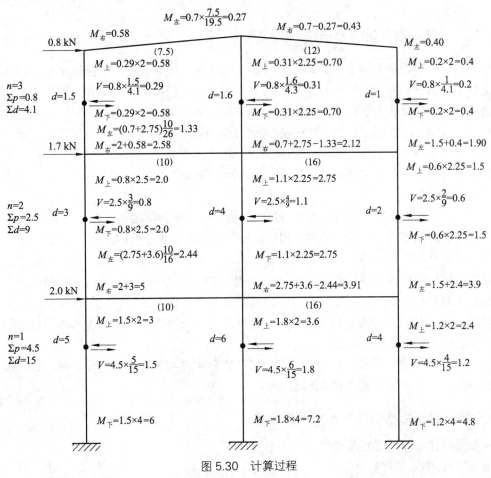

图 5.30　计算过程

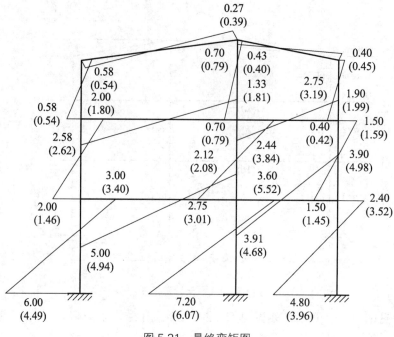

图 5.31　最终弯矩图

5.5.3　水平荷载作用的 D 值法

反弯点法在考虑柱侧移刚度 D 时，假设横梁的线刚度无穷大（结点转角为 0），对于层数较多的框架，梁柱相对线刚度比较接近，甚至有时柱的线刚度反而比梁大。反弯点法计算反弯点高度 y 时，假设柱上下结点转角相等，这样误差也较大。

1933 年日本武藤清提出了① 修正柱的侧移刚度；② 调整反弯点高度的方法。修正后的柱侧移刚度用 D 表示，故称为 D 值法。

D 值法也要解决两个主要问题：确定柱侧移刚度和反弯点高度。故 D 值法对反弯点法做了如下改进：

（1）修正柱抗侧移刚度：考虑节点转角时，框架柱的侧移刚度不仅与本身的线刚度有关，而且还与梁的线刚度有关。按照梁柱线刚度比值与柱刚度修正系数的关系进行修正；

（2）修正柱的反弯点高度：水平荷载作用下的框架柱的反弯点不是固定不变的，它的位置是随着梁柱线刚度比而变化的，也因该层柱所处楼层位置及上下层层高的不同而异，还会受荷载形式的影响。在 D 值法中，通过一系列修正系数反映上述因素的影响。

因此，D 值法也是一种近似方法。随着高度增加，忽略柱轴向受形带来的误差也增大。此外，在规则框架中使用效果较好。

D 值法计算步骤与反弯点法相仿，当各层柱抗侧刚度和各柱反弯点位置确定后，可把该层总剪力分配到每个柱，继而求出各杆内力。

5.5.3.1　修正后柱侧移刚度 D 值的计算

（1）影响柱侧移刚度的因素如下：

① 柱本身的线刚度 i_c。

② 结点约束（上、下层横梁的刚度 i_b）。

③ 楼层位置（剪力及分布）。

（2）基本假定（对图 5.32 中 12 柱）：

① 柱 12 及与其上下相邻的柱的线刚度均为 i_c。

② 柱 12 及与其上下相邻的柱的层间位移相等，即 $\delta_1=\delta_2=\delta_3=\delta$。

③ 各层梁柱结点转角相等，即 $\theta_1=\theta_2=\theta_3$。

④ 与柱 12 相交的横梁线刚度分别为 i_1，i_2。

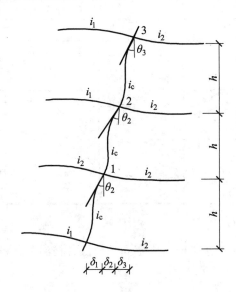

图 5.32　柱在荷载作用的变形

（3）柱侧移刚度 D 值。

柱的侧移刚度，定义与 d 值相同，但 D 值与位移 δ 和转角 θ 均有关。

由：
$$V = -\frac{M_{12}+M_{21}}{h} = \frac{12i_c}{h^2}\delta_2 - \frac{6i_c}{h}(\theta_1+\theta_2)$$

得：
$$D = \alpha \cdot \frac{12i_c}{h^2} \tag{5-18}$$

式中　α_c——柱侧移刚度修正系数，反映梁柱刚度比对柱侧移刚度的影响，与梁柱刚度比 K 有关。

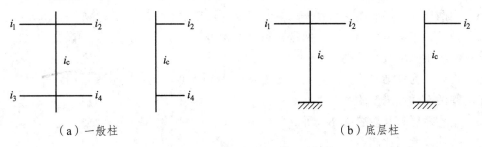

（a）一般柱　　　　　　　　　　　（b）底层柱

图 5.33　柱侧移刚度

对一般柱：
$$K = \frac{i_1 + i_2 + i_3 + i_4}{2i_c}, \alpha_c = \frac{K}{2+K}$$

对底层柱：
$$K = \frac{i_1 + i_2}{i_c}, \alpha_c = \frac{0.5+K}{2+K} \tag{5-19}$$

具体按表 5.4 计算。

表 5.4　柱侧移刚度修正系数 α_c

位　置		边柱		中柱		α_c
		简图	$\bar{K}$	简　图	$\bar{K}$	
一般层		$i_c \vert {i_2 \atop i_4}$	$\bar{K} = \dfrac{i_2 + i_4}{2i_c}$	${i_1 \mid i_2 \atop i_3 \; i_c \; i_4}$	$\bar{K} = \dfrac{i_1 + i_2 + i_3 + i_4}{2i_c}$	$\alpha_c = \dfrac{\bar{K}}{2+\bar{K}}$
底层	固接	$i_c \vert {i_2}$	$\bar{K} = \dfrac{i_2}{i_c}$	${i_1 \; i_2 \atop i_c}$	$\bar{K} = \dfrac{i_1 + i_2}{i_c}$	$\alpha_c = \dfrac{0.5+\bar{K}}{2+\bar{K}}$
	铰接	$i_c \vert {i_2}$	$\bar{K} = \dfrac{i_2}{i_c}$	${i_1 \; i_2 \atop i_c}$	$\bar{K} = \dfrac{i_1 + i_2}{i_c}$	$\alpha_c = \dfrac{0.5\bar{K}}{1+2\bar{K}}$

注：其中 $\bar{K}$ 表示为梁柱线刚度比

有了 D 值以后，与反弯点法类似，假定同一楼层各柱的侧移相等，可得各柱的剪力：

$$V_{ij} = \frac{D_{ij}}{\sum\limits_{i=1}^{m} D_{ij}} V \tag{5-20}$$

5.5.3.2　修正后柱反弯点高度计算

当梁的线刚度与柱子的线刚度之比不是很大时，柱子两端的转角相差较多，尤其在最上和最下层，其反弯点并不在柱子的中央。

影响柱子反弯点位置的因素主要有以下三项：

（1）该柱所在楼层的位置。

（2）上、下梁相对线刚度的比值。

（3）上、下层层高的变化。

影响柱反弯点高度的主要因素是柱上下端的约束条件，具体如下：

（1）当两端固定或两端转角完全相等时，反弯点在中点（$\theta_{j-1} = \theta_j$，$M_{j-1} = M_j$）。

（2）两端约束刚度不相同时，两端转角也不相等，$\theta_j \neq \theta_{j-1}$，反弯点移向转角较大的一端，也就是移向约束刚度较小的端。

（3）当一端为铰结时（支承转动刚度为 0），弯矩为 0，即反弯点与该端铰重合。

影响柱两端约束刚度的主要因素是：

（1）结构总层数及该层所在位置。

（2）梁柱线刚度比。

（3）荷载形式。

（4）上层与下层梁刚度比。

（5）上层与下层层高变化。

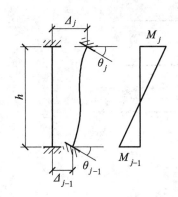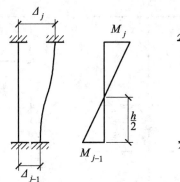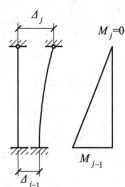

图5.34　柱反弯点高度

故柱反弯点位置公式为：

$$yh = (y_0 + y_1 + y_2 + y_3)h \qquad (5-21)$$

式中　反弯点高度比 y ——反弯点到柱下端距离与柱全高的比值。

（1）柱标准反弯点高度比 y_0。

y_0 ——标准框架（各层等高、各跨相等、各层梁和柱线刚度不变的多层框架）在水平荷载作用下求得的反弯点高度比。

标准反弯点高度比的值 y_0 已制成表格，根据框架总层数 n 及该层所在楼层 j 以及梁柱线刚度比 K 值，可从附表1.1、1.2中查得标准反弯点高度比 y_0。

（2）上下梁刚度变化的影响——修正值 y_1。

当某柱的上梁与下梁的刚度不等，反弯点位置有变化，应将 y_0 加以修正，修正值为 y_1。

当 $i_1+i_2 < i_3+i_4$ 时，令 $\alpha_1 = (i_1+i_2)/(i_3+i_4) < 1$，根据 α_1 和 K 值查出 y_1，这时反弯点应向上移，y_1 取正值；当 $i_1+i_2 > i_3+i_4$ 时，令 $\alpha_1 = (i_1+i_2)/(i_3+i_4)$，仍由 α_1 和 K 值从附表中查出 y_1，这时反弯点应向下移，y_1 取负值；对于底层柱，不考虑 y_1 修正值。y_1 具体取值见附表1.3。

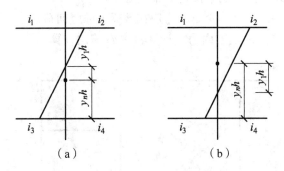

图5.35　梁刚度变化时反弯点的修正

（3）上下层高度变化的影响——修正值 y_2 和 y_3。

层高有变化时，反弯点也有移动。令上层层高和本层层高之比 $h_{上}/h = \alpha_2$ 由 α_2、K 可查得修正值 y_2。当 $\alpha_2 > 1$ 时，y_2 为正值，反弯点向上移。当 $\alpha_2 < 1$ 时，y_2 为负值，反弯点向下移。

令下层层高和本层层高之比 $h_下/h = \alpha_3$，由 α_3、K 可查修正值 y_3。当 $\alpha_3 > 1$ 时，y_3 为负值，反弯点向下移。当 $\alpha_3 < 1$ 时，y_3 为正值，反弯点向上移。y_2、y_3 具体取值见附表 1.4。

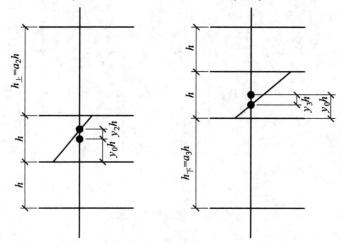

图 5.36　上下层层高变化时反弯点的修正

（4）修正后柱的反弯点高度比 y。

各层柱的反弯点高度比由下式计算：

$$y = y_0 + y_1 + y_2 + y_3 \qquad (5-22)$$

柱反弯点位置及剪力确定后，其余计算与反弯点法相同。

综上所述，D 值法计算内力的步骤：

（1）计算作用在第 i 层结构上的总层剪力 V_i，并假定它作用在结构重心处。

（2）计算各梁、柱的线刚度。

（3）计算各柱抗侧刚度。

（4）计算总剪力在各柱间的剪力分配（按刚度分）。

（5）确定柱反弯点高度系数。

（6）根据各柱分配到的剪力及反弯点位置计算柱端弯矩。

（7）由柱端弯矩，并根据节点平衡计算梁端弯矩。

（8）根据力平衡原理，由梁端弯矩和作用在该梁上的竖向荷载求出梁跨中弯矩和剪力。

【例题 5-3】横梁不贯通的框架内力的计算，按 D 值法计算。

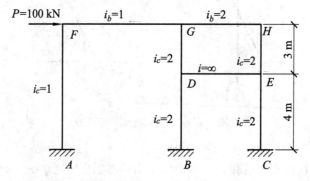

图 5.37　计算简图

解：（1）D 值计算及剪力分配。

柱 AF（最下层）：$\bar{i} = \dfrac{i_b}{i_c} = \dfrac{1}{1} = 1$，$\alpha_c = 0.5$

$$D_{AF} = \alpha \frac{12i_c}{h^2} = 0.5 \times \frac{12 \times 1}{7^2} = 0.122$$

柱 DG（一般层）：$\bar{i} = \dfrac{1+2+2}{2 \times 2} = 1.25$，$\alpha_c = 0.38$

$$D_{DG} = \alpha \frac{12i_c}{h^2} = 0.38 \times \frac{12 \times 2}{3^2} = 1.013$$

柱 EH（一般层）：$\bar{i} = \dfrac{2+2}{2 \times 2} = 1$，$\alpha_c = 0.33$

$$D_{EH} = \alpha \frac{12i_c}{h^2} = 0.33 \times \frac{12 \times 2}{3^2} = 0.800$$

柱 BD（最下层）：$\bar{i} = \dfrac{2}{2} = 1$，$\alpha_c = 0.5$

$$D_{BD} = \alpha \frac{12i_c}{h^2} = 0.5 \times \frac{12 \times 2}{4^2} = 0.750$$

柱 CE（最下层）：$\bar{i} = \dfrac{2}{2} = 1$，$\alpha = 0.5$

$$D_{CE} = \alpha \frac{12i_c}{h^2} = 0.5 \times \frac{12 \times 2}{4^2} = 0.750$$

D 值计算及剪力分配：

柱 DG、EH 并联得

$$D_{D'G'} = D_{DG} + D_{EH} = 1.013 + 0.800 = 1.813$$

柱 DB、EC 并联得

$$D_{D'B'} = 0.750 + 0.750 = 1.50$$

串联得 $D_{E'G'} = \dfrac{1}{\dfrac{1}{D_{D'G'}} + \dfrac{1}{D_{B'D'}}} = \dfrac{1}{\dfrac{1}{1.813} + \dfrac{1}{1.50}} = 0.821$

剪力分配 $V_{AF} = \dfrac{0.122}{0.821 + 0.122} P = 0.13P$

刚架 $BGHC$ 分配到的剪力为 $0.87P$，故有

$$V_{DG} = \frac{1.013}{1.013 + 0.800} \times 0.87P = 0.49P$$

$$V_{EH} = 0.87P - 0.49P = 0.38P$$

$$V_{BD} = V_{CE} = \frac{1}{2} \times 0.87P = 0.435P$$

（2）反弯点高度。

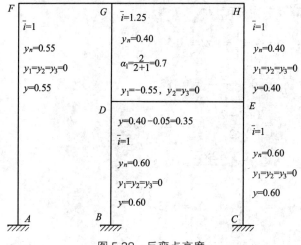

图 5.38 反弯点高度

（3）弯矩计算。

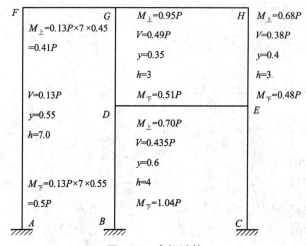

图 5.39 弯矩计算

最后，弯矩图如图 5.40。

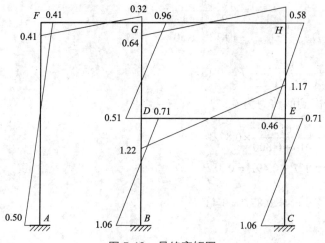

图 5.40 最终弯矩图

5.5.4　框架结构在水平荷载作用下侧移的近似计算方法

框架结构在竖向荷载作用下的侧移很小，一般不必计算，框架的侧移主要是水平荷载（作用）产生的。

5.5.4.1　框架结构的变形特点

首先来看，一根悬臂柱在均布荷载作用下，弯矩和剪力所引起的侧移变形曲线，两者的形状是不同的，如图 5.41 所示。

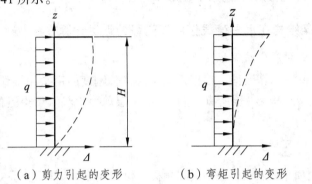

（a）剪力引起的变形　　　　（b）弯矩引起的变形

图 5.41　悬臂柱变形

图 5.41 中，图（a）的虚线为剪力引起的侧移曲线（剪切型）。特点是变形形状愈到底层，相邻两点间的相对变形愈大；当荷载向右时，曲线凹向左。图（b）的虚线为弯矩引起的侧移曲线，特点是变形形状愈到顶层，相邻两点间的相对变形愈大；当荷载向右时，曲线凹向右。

现在看框架的变形情况，图 5.42 图（a）所示一单跨 9 层框架，承受楼层处集中水平荷载。如果只考虑梁、柱杆件弯曲产生的侧移，则侧移曲线如图（b）虚线所示，它与悬臂柱剪切变形的曲线形状相似，可称为剪切型变形曲线。如果只考虑柱轴向变形形成的侧移曲线，如图（c）虚线所示，它与悬臂柱弯曲变形形状相似，可称为弯曲型变形曲线。

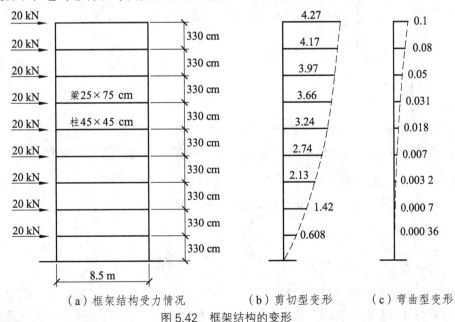

（a）框架结构受力情况　　（b）剪切型变形　　（c）弯曲型变形

图 5.42　框架结构的变形

框架的总变形由剪切变形和弯曲变形两部分组成；在层数不多的框架中，柱轴向变形引起的侧移很小，常常可以忽略。在近似计算中，只需计算由杆件弯曲引起的变形，即所谓剪切型变形。在高度较大的框架中，柱轴向力加大，柱轴向变形引起的侧移不能忽略。一般来说，二者叠加以后的侧移曲线仍以剪切型为主。

在近似计算方法中，这两部分变形分别计算。可根据结构的具体情况，决定是否需要计算柱轴向变形引起的侧移。一般说来，当框架高度较大（大于 50 m）或较柔（高宽比大于 4）时，柱的轴力较大，轴力引起的水平变形（二阶效应）不可忽略。

5.5.4.2　框架结构在水平荷载作用下侧移的近似计算方法

1. 梁柱弯曲变形产生的侧移

一般采用 D 值法计算侧移。根据框架某层侧移刚度的定义，得到单位层间侧移所需的层间剪力；当已知框架结构第 j 层所有柱的 D_{ij} 值及层剪力 V_{pj} 后，可得近似计算层间侧移的公式：

$$\delta_j^M = \frac{V_{Pj}}{\sum D_{ij}} \qquad (5-23)$$

各层侧移绝对值是该层以下各层层间侧移之和。顶点侧移即所有层（ n 层）层间侧移之总和。

第 j 层总侧移：$\Delta_j^M = \sum\limits_{i=1}^{j} \delta_i^M$

顶点总侧移：$\Delta_n^M = \sum\limits_{i=1}^{n} \delta_i^M$

2. 柱轴向变形产生的侧移

在水平荷载作用下，对于一般框架，只有两根边柱轴力较大，一拉一压。中柱因两边梁的剪力相近，轴力很小。可假定除边柱外，其他柱子轴力为 0，只需考虑边柱轴向变形产生的侧移。这样可大大简化计算。

由计算可得框架结构第 j 层标高处由柱轴向变形引起的侧移为如下公式：

$$\Delta_j^N = \frac{V_0 H^3}{E B^2 A_{底}} F_n \qquad (5-24)$$

式中　V_0——基底剪力；

　　　F_n——系数。

系数 F_n 与水平荷载的荷载形式有关，一般情况下，F_n 可直接查表求得。

由上式计算得到 Δ_j^N 后，框架结构第 j 层由柱轴向变形引起的层间侧移为：

$$\delta_j^N = \Delta_j^N - \Delta_{j-1}^N \qquad (5-25)$$

则，考虑柱轴向变形后，框架的总侧移为：

$$\left.\begin{array}{l} \Delta_j = \Delta_j^M + \Delta_j^N \\[2mm] \delta_j = \delta_j^M + \delta_j^N \end{array}\right\} \qquad (5-26)$$

柱轴向变形产生的侧移是弯曲型的，顶层层间变形最大，向下逐渐减小。而梁、柱弯曲变形产生的侧移则是剪切型的，底层最大，向上逐渐减小。由于后者变形是主要成分，二者综合后仍以底层的层间变形最大，故仍表现为剪切型变形特征。只有当房屋总高 $H > 50\,\text{m}$，或高宽比 $H/B > 4$ 时，计算柱轴向变形产生的侧移。

5.5.4.3 框架结构的水平位移控制

框架结构的侧向刚度过小，水平位移过大，将影响正常使用；侧向刚度过大；水平位移过小，虽满足使用要求，但不满足经济性要求。因此，框架结构的侧向刚度宜合适，一般以使结构满足层间位移限值为宜。

我国《建筑结构抗震设计规范》（GB5011-2010）5.5.1 条规定，楼层内最大的弹性层间位移（楼层层间最大位移与层高之比 Δ/h）：

$$\Delta/h \leqslant [\theta_c] \qquad\qquad (5\text{-}27)$$

式中　$[\theta_c]$ 表示层间位移角限值，对框架结构取 1/550；h 为层高。

由于变形验算属正常使用极限状态的验算，所以计算 Δ 时，各作用分项系数均应采用 1.0，混凝土结构构件的截面刚度可采用弹性刚度。另外，楼层层间最大位移 Δ_j 以楼层最大的水平位移差计算，不扣除整体弯曲变形。

5.6　多层框架内力组合

根据框架结构构件的受力特点，应恰当的选择设计控制截面及不利内力类型，各种荷载的布置方法，内力调整要求及组合方法，以便求出构件的设计内力。

其一般步骤为：由恒载、活载、风荷载及地震作用分别计算框架梁柱内力，对某些内力值进行处理后，按照荷载效应组合规定，选取可能的多种组合类型，进行内力叠加。然后在各种组合类型中，根据控制截面和其相应的最不利内力类型，选取最不利内力。

5.6.1　框架梁端弯矩塑性调幅

5.6.1.1　梁端弯矩调幅的目的

按照框架结构的预期破坏形式，在梁端出现塑性铰是合理的；为了施工方便，也往往希望节点处的负钢筋放的少一些；对于装配式或装配整体式框架，节点并非绝对刚性，梁端实际弯矩将小于其弹性计算值。因此，在进行框架结构设计时，一般均对梁端弯矩进行调幅。支座弯矩降低后，必须按照平衡条件加大跨中设计弯矩，这样，在支座出现塑性铰后不会导致跨中截面承载力不足。梁端弯矩调幅就是把竖向荷载作用下的梁端负弯矩按一定的比例下调的过程。

5.6.1.2　梁端弯矩调幅的方法

梁端弯矩的调幅只对竖向荷载作用下的弯矩进行，水平荷载作用下的弯矩不参加调幅。弯矩的调幅应在内力组合之前进行，调幅后再与风荷载或水平地震作用产生的弯矩进行组合。柱的弯矩主要受水平力的控制，因此，柱端弯矩没有必要进行调幅。梁端剪力一般也不随梁端弯矩调整。

梁端弯矩的调幅按以下方法进行：

设某框架梁 AB 在竖向荷载作用下，梁端最大负弯矩分别为 M_{ao}、M_{bo}，则调幅后梁端弯矩可取：

$$M_a = \beta M_{ao} \tag{5-28}$$

$$M_b = \beta M_{bo} \tag{5-29}$$

式中，β 为弯矩调幅系数，对于现浇框架，可取 0.8 ~ 0.9；对于装配式框架，可取 0.7 ~ 0.8。

梁端弯矩调幅后，在相应荷载作用下的跨中弯矩必将增加。跨中弯矩的增加值为：

$$\Delta M = (1 - \beta)(M_{ao} + M_{bo}) / 2 \tag{5-30}$$

则调幅后的跨中弯矩为：

$$M_c = M_{co} + \Delta M \tag{5-31}$$

若此时跨中弯矩未知，则

调幅后的跨中弯矩=按简支梁计算的跨中弯矩值 –（M_a+M_b）/2。

为保证梁的安全，梁端弯矩调幅后，还应校核该梁的静力平衡条件，即调幅后梁端弯矩 M_a、M_b 的平均值（取绝对值）与跨中最大正弯矩 M_c 之和，应不小于按简支梁计算的跨中弯矩值。

为了使跨中正钢筋的数量不至于过少，通常在梁截面设计时所采用的跨中设计弯矩值不应小于按简支梁计算的跨中弯矩值的一半。

5.6.2　控制截面及最不利内力类型

5.6.2.1　横　梁

对于横梁，梁内力控制截面一般取两端支座截面及跨中截面。其两端支座截面常常是最大负弯矩及最大剪力作用处，在水平荷载作用下，梁端截面还有正弯矩。而跨中控制截面常常是最大正弯矩作用处，在梁端截面（指柱边缘处的梁截面），要组合最大负弯矩及最大剪力，也要组合可能出现的正弯矩。应当注意的是，由于内力分析结果往往是轴线位置处的梁弯矩和剪力，因而在组合前应经过换算求得柱边截面的弯矩和剪力值。计算公式如下：

$$\left.\begin{array}{l} M' = M - b \times \dfrac{V}{2} \\[2mm] V' = V - \dfrac{b}{2}\tan\alpha \end{array}\right\} \tag{5-32}$$

式中　M'，V'——柱边处梁截面的弯矩和剪力；

　　　M，V——柱轴线处梁截面的弯矩和剪力；

　　　b——柱宽；

　　　$\tan\alpha$——剪力与水平线夹角。

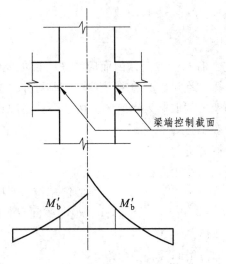

图 5.43　梁端控制截面

1. 非抗震设计梁端支座负弯矩组合的设计值

$$-M = -(1.2M_{GK} + 1.4M_{QK}) \tag{5-33}$$

$$-M = -(1.2M_{GK} + 1.4M_{WK}) \tag{5-33a}$$

$$-M = -[1.2M_{GK} + 1.4\psi_c(M_{QK} + M_{WK})] \tag{5-33b}$$

$$-M = -(1.35M_{GK} + 1.4M_{QK}) \tag{5-33c}$$

式中：M_{GK}、M_{QK}、M_{WK} 为由恒载、楼面活荷载及风荷载标准值在梁截面上产生的弯矩标准值；ψ_c 为可变荷载组合值系数，对多层房屋取 0.9，高层建筑取 1.0。

2. 非抗震设计梁端支座正弯矩组合的设计值

$$M = (1.4M_{WK} - 1.0M_{GK}) \tag{5-34}$$

$$M = 1.4M_{WK} - 1.0(M_{GK} + M_{QK}) \tag{5-34a}$$

3. 非抗震设计梁端剪力

$$V = 1.2V_{GK} + 1.4V_{QK} \tag{5-35}$$

$$V = 1.2V_{GK} + 1.4V_{WK} \tag{5-35a}$$

$$V = 1.2V_{GK} + 1.4\psi_c(V_{QK} + V_{WK}) \tag{5-35b}$$

$$V = 1.35V_{GK} + 1.4V_{QK} \tag{5-35c}$$

式中 V_{GK}、V_{QK}、V_{WK} 分别表示恒载、楼面活荷载及风荷载标准值在梁端截面上产生的剪力标准值。

4. 非抗震设计梁跨间最大正弯矩组合的设计值

$$M = 1.2M_{GK} + 1.4M_{QK} \tag{5-36}$$

$$M = 1.2M_{GK} + 1.4M_{WK} \tag{5-36a}$$

$$M = 1.2M_{GK} + 1.4\psi_c(M_{QK} + M_{WK}) \tag{5-36b}$$

$$M = 1.35M_{GK} + 1.4M_{QK} \tag{5-36c}$$

由于风荷载可能来自左、右两个方向，因而应考虑两种可能性，分别求出跨间弯矩，然后取较大值进行截面配筋计算。跨间弯矩的求解通常采用两种方法：作弯矩包络图及解析法。若采用解析方法求解，从框架中截取梁为隔离体，按第一种情况计算梁两端的弯矩设计值。

梁间最大弯矩求解的一般步骤如下：

（1）用平衡条件求梁端剪力 V_b^l。

（2）写出距梁端 x 截面处的弯矩方程式 $M(x)$。

（3）令 $\mathrm{d}M(x)/\mathrm{d}x=0$，求出 x。若 $x>0$ 且与原假定相符合，则所得 x 有效，若 $x>0$ 但与原假定不符合，应重新写 $M(x)$ 并求 x，若 $x<0$，说明跨间弯矩比梁端正弯矩小，此时应以梁端正弯矩作为跨间最大正弯矩。

（4）将 x 代入 $M(x)$，即得梁间最大正弯矩。

5.6.2.2 柱

对于柱子，由弯矩图可知，弯矩最大值在柱两端，剪力和轴力值在同一楼层内变化很小。因此，柱的设计控制截面为上、下两个端截面。并且在轴线处计算的内力也应换算到梁上、下边缘处的柱截面内力。柱可能出现大偏压破坏，此时 M 愈大愈不利；也可能出现小偏压破坏，此时，N 愈大愈不利。此外。还应选择正弯矩或负弯矩中绝对值最大的弯矩进行截面配筋，因为柱子多数都设计成对称配筋。

1. 非抗震设计柱端弯矩 M 和轴力 N 组合的设计值

$$M = 1.2M_{GK} + 1.4M_{QK} \tag{5-37a}$$

$$N = 1.2N_{GK} + 1.4N_{QK} \tag{5-37b}$$

$$M = 1.2M_{GK} + 1.4M_{WK} \tag{5-38a}$$

$$N = 1.2N_{GK} + 1.4N_{WK} \tag{5-38b}$$

$$M = 1.2M_{GK} + 1.4\psi_c(M_{QK} + M_{WK}) \tag{5-39a}$$

$$N = 1.2N_{GK} + 1.4\psi_c(N_{QK} + N_{WK}) \tag{5-39b}$$

$$M = 1.35M_{GK} + 1.4M_{QK} \tag{5-40a}$$

$$N = 1.35N_{GK} + 1.4N_{QK} \tag{5-40b}$$

式中：M_{GK}、M_{QK}、M_{WK} 为由恒载、楼面活荷载及风荷载标准值在柱端截面产生的弯矩标准值；N_{GK}、N_{QK}、N_{WK} 为由恒载、楼面活荷载及风荷载标准值在柱端截面产生的轴力标准值。

由于柱是偏心受力构件且一般采用对称配筋，故应从上述组合中求出下列最不利内力：

（1）$|M|_{max}$ 及相应的 N。

（2）N_{max} 及相应的 M。

（3）N_{min} 及相应的 M。

（4）|*M*|比较大（不是绝对最大），但 *N* 比较小或 *N* 比较大（不是绝对最小或绝对最大）。柱子还要组合最大剪力 $V_{\max}$。

2. 非抗震设计柱端组合剪力设计值的调整

柱端截面剪力组合设计值的表达式与梁相同

$$V = 1.2V_{GK} + 1.4V_{QK} \qquad\qquad (5\text{-}41\text{a})$$

$$V = 1.2V_{GK} + 1.4V_{WK} \qquad\qquad (5\text{-}41\text{b})$$

$$V = 1.2V_{GK} + 1.4\psi_c(V_{QK} + V_{WK}) \qquad\qquad (5\text{-}41\text{c})$$

$$V = 1.35V_{GK} + 1.4V_{QK} \qquad\qquad (5\text{-}41\text{d})$$

剪力 *V* 为各种荷载作用下的柱端剪力。

5.6.3 竖向荷载的最不利布置

作用于框架结构上的竖向荷载包括恒荷载和活荷载。恒荷载是长期作用在结构上的荷载，任何时候必须全部考虑。在计算内力时，恒荷载必须满布，但是活荷载却不同，它有时作用，有时不作用。各种不同的布置就会产生不同的内力，因此应该由最不利布置方式计算内力，以求得截面最不利内力。

5.6.3.1 逐层逐跨布置法

恒载一次布置，将楼（屋）面活荷载逐跨单独地作用在各层上，分别计算其内力，然后再针对各控制截面组合出其可能出现的最大内力，此方法不适合手算。

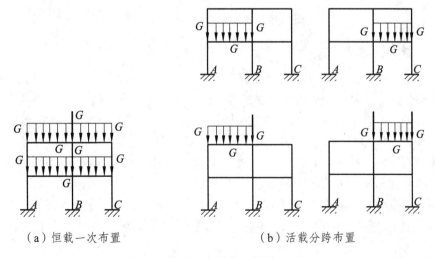

（a）恒载一次布置　　　　　　　　（b）活载分跨布置

图 5.44　荷载示意图

5.6.3.2 最不利荷载布置法

该方法根据影响线和虚位移原理直接确定产生最不利内力的活载布置方式。该方法可直接确定框架梁中跨内最大正弯矩、梁端负弯矩和柱端弯矩对应的活载布置方式，此法手算也很困难。

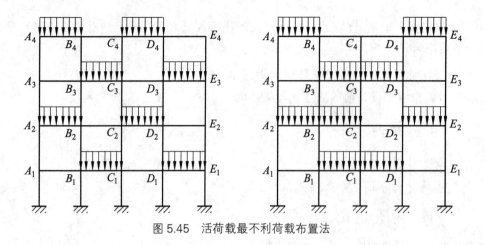

图 5.45　活荷载最不利荷载布置法

5.6.3.3　分层或分跨布置法

为简化计算，近似将活载一层（或一跨）做一次布置，有多少层（或跨）便布置多少次，分别进行计算，然后进行最不利内力组合。梁仅考虑本层活载的影响，计算方法同连续梁活载最不利布置；柱的弯矩仅考虑相邻上下层活载的影响；柱的轴力考虑以上各层相邻范围满布活载。

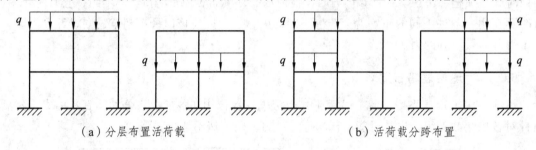

（a）分层布置活荷载　　　　　　　　　　（b）活荷载分跨布置

图 5.46　活荷载分层分跨布置法

5.6.3.4　满布荷载法

多、高层建筑中，按上述方式布置活荷载计算工作量大，手算困难。考虑到一般的民用及公共、高层建筑，竖向活荷载的标准值仅为 $1.5 \sim 2.0 \ kN/m^2$，与恒载及水平作用产生的内力相比，其产生的内力较小，进行活载作用的内力分析时，可把活荷载满布在框架上。

计算表明，由满布荷载法得到的支座内力与按最不利布置的极为接近，但梁中弯矩比按最不利布置的小，应乘以 1.1~1.2 的增大系数。对楼面活荷载标准值不超过 $5 \ kN/m^2$ 的一般框架结构，此法的精度和安全度均可满足工程设计要求。

当活荷载与恒载的比值不大于 1 时，也可不考虑活荷载的最不利布置，而把活荷载同时作用于所有的框架上，所得支座内力同样与按最不利布置的极为接近，但梁中弯矩应乘以 1.1~1.2 的增大系数。

5.7　构件截面设计

由荷载计算到构件截面设计的流程图如图 5.47 所示。

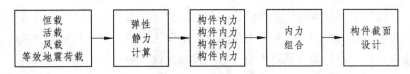

图 5.47　构件截面设计流程图

框架结构构件设计包括梁、柱及节点的配筋计算。通过内力组合求得梁、柱构件各控制截面的最不利内力设计值并进行必要的调整后，即可对其进行截面配筋计算和采取构造措施。

5.7.1　设计要点

5.7.1.1　非抗震设计

非抗震结构在外荷载作用下，结构处于弹性阶段或仅有微小裂缝，构件设计主要满足承载力要求。当不考虑地震作用进行框架结构设计时，框架梁柱的正截面、斜截面配筋计算分别与普通钢筋混凝土受弯和偏心受压构件的配筋计算方法相同。

在配筋计算过程中，应注意以下问题：

（1）当楼板与框架整浇时，框架梁跨中按 T 形截面计算，支座处按矩形截面计算。

（2）梁的柱边控制截面在计算时，应将梁柱轴线交点处的内力值换算成柱边的内力值，作为梁配筋计算的内力值。

（3）柱的控制截面在梁底（柱上端）和梁顶（柱下端），按轴线求得的柱端内力宜换算到控制截面处。为简化起见，可采用轴线处内力值，柱钢筋用量会略微增加。

（4）框架柱除平面内按偏心受压计算外，尚应对平面外按轴心受压柱验算。

5.7.1.2　抗震设计

为使框架结构在地震作用下可以设计成具有较好变形能力，良好的耗能能力以及在强震下结构不倒塌的延性框架，钢筋混凝土结构的"塑性铰控制"理论在设计中发挥着愈来愈重要的作用，其要点为：

（1）钢筋混凝土结构可以通过选择合理截面形式及配筋构造控制塑性铰出现部位。

（2）抗震延性结构应当选择并设计有利于抗震的塑性铰部位。有利是指一方面要求塑性铰本身有较好的塑性变形能力和吸收耗散能量的能力，另一方面要求这些塑性铰能使结构具有较大的延性而不会造成其他不利后果，如不会使结构局部破坏或出现不稳定现象。

（3）在预期出现塑性铰的部位，应通过合理的配筋构造增大它的塑性变形能力，防止过早出现脆性的剪切及锚固破坏，在其他部位，也要防止过早出现剪切及锚固破坏。

根据这一理论，钢筋混凝土延性框架设计的基本措施有：

（1）塑性铰应尽可能出现在梁的两端，设计成强柱弱梁框架，即强柱弱梁设计（控制塑性铰的位置）。

多层框架的柱端破坏比梁端破坏的后果严重的多，应使梁端首先出现塑性铰，使框架的内力重分布，增大结构极限变形，吸收较多的能量，保证结构整体具有较好的抗震性能。"强柱弱梁"就是指节点处柱端实际受弯承载力大于梁端实际受弯承载力。

（2）避免梁、柱构件过早剪切破坏，在可能出现塑性铰的区段内，应设计成强剪弱弯，即强剪弱弯设计（控制构件的破坏形态，防止构件过早剪切破坏）。

为了防止构件端部塑性铰区在弯曲屈服前出现脆性剪切破坏，要求设计做到"强剪弱弯"，即梁的实际受剪承载力要大于梁屈服时实际达到的剪力；为了防止柱端塑性铰区在弯曲屈服前出现脆性剪切破坏，柱的受剪承载力也要大于柱屈服时实际达到的剪力。设计时就是把按弹性方法算得的剪力值乘以放大系数，用放大后的剪力值作为剪力设计值去验算斜截面受剪承载力。

（3）避免出现节点区破坏及钢筋锚固破坏，要设计成强节点弱构件，即合理设计节点区及各部分的连接和锚固，防止节点连接的脆性破坏，保证节点的承载力，主要是节点核芯区的设计。

节点核芯区抗震设计的原则要求是框架节点核芯区不先于梁、柱破坏。

框架节点核芯区的抗震验算应符合下列要求：一、二级框架的节点核芯区，应进行抗震验算；三、四级框架的节点核芯区，可不进行抗震验算，但应符合抗震构造措施的要求。

抗震设计方法详见第 6 章。

5.7.2　框架梁非抗震设计

5.7.2.1　梁正截面受弯承载力计算

根据非抗震设计时结构构件截面承载力设计表达式，梁受弯承载力的设计表达式可写为：
非抗震设计

$$\gamma_0 M \leqslant M_u \tag{5-42}$$

式中，M 为非抗震设计时梁截面组合的弯矩设计值，M_u 为梁截面承载力设计值，分别按下式计算，γ_0 为结构重要性系数。

矩形截面梁承载力计算公式：

$$M_u = \alpha_1 f_c b x (h_0 - \frac{x}{2}) + f_y' A_s'(h_0 - a_s') \tag{5-43a}$$

$$\alpha_1 f_c b x + f_y' A_s' = f_y A_s \tag{5-43b}$$

第一类 T 形截面梁承载力计算公式：

$$\alpha_1 f_c b_f' x = f_y A_s \tag{5-44a}$$

$$M_u = \alpha_1 f_c b_f' x (h_0 - \frac{x}{2}) \tag{5-44b}$$

第二类 T 形截面梁承载力计算公式：

$$f_y A_s = \alpha_1 f_c b x + \alpha_1 f_c (b_f' - b) h_f' \tag{5-45a}$$

$$M_u = \alpha_1 f_c b x (h_0 - \frac{x}{2}) + \alpha_1 f_c (b_f' - b) h_f'(h_0 - \frac{h_f'}{2}) \tag{5-45b}$$

式中，b、h_0 为梁截面宽度和有效高度，x 为受压区混凝土计算高度，a_s' 纵向受压钢筋合力点至截面近边缘的距离，f_y、f_y' 为纵筋的抗拉和抗压强度设计值，b_f'、h_f' 为混凝土受压区翼缘的宽度与高度，A_s 为纵筋的全部截面面积。

设计时，跨中截面的计算弯矩，应取该跨的跨间最大正弯矩或支座正弯矩与 1/2 简支梁弯矩之中的较大者。

按非抗震设计时，梁跨中截面受压区相对高度应满足 $\xi \leqslant \xi_b$；梁支座截面受压区相对高度应满足 $\xi \leqslant 0.35$。设计时可先按跨中弯矩计算梁下部的纵向受拉钢筋面积，然后将其伸入支座，作为支座截面承受负弯矩的受压钢筋面积 A_s'，再按双筋矩形截面计算梁上部纵筋面积 A_s。

5.7.2.2 梁斜截面受剪承载力计算

非抗震设计时，对于矩形、T 形和工字形截面一般梁，梁斜截面抗剪承载力按下式计算：

$$V \leqslant 0.7f_t b h_0 + 1.0 f_{yv} A_{sv} h_0 / s \qquad (5\text{-}46)$$

式中，b、h_0 为梁截面宽度和有效高度，f_{yv} 为箍筋抗拉强度设计值，f_t 为混凝土抗拉强度设计值，A_{sv} 为配置在同一截面内箍筋各肢的全部截面面积，s 为箍筋间距。

框架梁和连梁，其截面组合的剪力设计值应符合下列要求：当 $h_w/b \leqslant 4$ 时，斜截面抗剪承载力按下式计算：

$$V \leqslant 0.25 \beta_c f_c b h_0 \qquad (5\text{-}47)$$

式中，f_c 为混凝土轴心抗压强度设计值，β_c 为混凝土强度影响系数，当混凝土强度等级不超过 C50 时 β_c 取 1.0，混凝土强度等级为 C80 时 β_c 取 0.8，其间按线性内插法取用。

5.7.3 框架柱设计

5.7.3.1 柱截面尺寸验算

柱截面尺寸宜满足剪跨比及轴压比的要求。柱的剪跨比 λ 宜大于 2，柱的轴压比是指柱组合的轴压力设计值与柱的全截面面积和混凝土轴心抗压强度设计值乘积的比值。轴压比较小时，在水平地震作用下，柱将发生大偏心受压的弯曲型破坏，柱具有较好的位移和延性；轴压比较大时，柱将发生小偏心受压的压溃型破坏，柱几乎没有位移和延性。因此，为保证柱具有一定的延性，使框架柱处于大偏心受压状态，必须合理确定柱的截面尺寸。

剪跨比按下式计算：

$$\lambda = M_c / V_c h_0 \qquad (5\text{-}48)$$

式中，M_c、V_c 分别为柱端或墙端截面组合的弯矩计算值和剪力计算值，M_c 取上、下端弯矩的较大者。

框架结构的中间层可按柱净高与 2 倍柱截面有效高度的比值计算。

5.7.3.2 柱正截面承载力计算

根据柱端截面组合的内力设计值及其调整值，按正截面偏心受压计算柱的纵向受力钢筋。一般可采用对称配筋，抗震设计与非抗震设计采用相同的承载力计算公式。

计算中采用的柱计算长度 l_0 可按下列规定取用：

（1）一般多层房屋中梁柱为刚接的框架结构的各层柱段，其计算长度可按 5.3.2 节中"框架柱的计算长度的确定"取用。

（2）水平荷载产生的弯矩设计值占总弯矩设计值的 75% 以上时，框架柱的计算长度 l_0 可按下列两个公式计算，并取其中较小值：

$$l_0 = \left[1 + 0.15\left(\psi_{\mathrm{u}} + \psi_{\mathrm{l}}\right)\right] H \tag{5-49a}$$

$$l_0 = \left(2 + 0.2\psi_{\min}\right) H \tag{5-49b}$$

式中：ψ_{u}、ψ_{l} 分别为柱的上端、下端节点处交汇的各柱线刚度之和与交汇的各梁线刚度之和的比值；$\psi_{\min}$ 为比值 ψ_{u}、ψ_{l} 中的较小值；H 为柱的高度。

矩形截面偏心受压构件正截面受压承载力计算公式：

$$N_{\mathrm{u}} = \alpha_1 f_{\mathrm{c}} bx + f_{\mathrm{y}}' A_{\mathrm{s}}' - \sigma_{\mathrm{s}} A_{\mathrm{s}} \tag{5-50a}$$

$$N_{\mathrm{u}} e \leqslant \alpha_1 f_{\mathrm{c}} bx\left(h_0 - 0.5x\right) + f_{\mathrm{y}}' A_{\mathrm{s}}'\left(h_0 - a_{\mathrm{s}}'\right) \tag{5-50b}$$

式中：b、h_0 为柱截面宽度和有效高度，e 为轴向力作用点至远离轴力一侧纵筋合力点之间的距离，f_{y}、f_{y}' 为纵筋的抗拉和抗压强度设计值，A_{s}、A_{s}' 为远离轴力一侧纵筋和靠近轴力一侧纵筋的全部截面面积，σ_{s} 为受拉或受压较小边的纵筋应力。

5.7.3.3 柱斜截面受剪承载力计算

偏心受压柱斜截面受剪承载力按下列公式计算：

$$V_{\mathrm{c}} \leqslant \frac{1.75}{\lambda + 1.0} f_{\mathrm{t}} bh_0 + 1.0 f_{\mathrm{yv}} \frac{A_{\mathrm{sv}}}{s} h_0 + 0.07N \tag{5-51}$$

式中：V_{c} 为内力调整后柱端组合的剪力设计值；N 为与剪力设计值相应的柱轴向压力设计值，当 N 大于 $0.3f_{\mathrm{c}}A$ 时取 $0.3f_{\mathrm{c}}A$；λ 为框架柱的计算剪跨比，其值取上、下端弯矩较大值 M 与对应的剪力 V 和柱截面有效高度 h_0 的比值，当框架柱的反弯点在柱层高范围时也可取 $H_{\mathrm{n}}/2h_0$（其中 H_{n} 为柱净高），当 λ 小于 1 时取 1，当 λ 大于 3 时取 3。

5.8 楼盖（屋盖）设计

5.8.1 楼盖（屋盖）结构的选择

楼盖（屋盖）结构是在各片抗侧力结构间传递水平力的主要构件，通常作刚性楼面假定进行结构简化计算。因此选择正确的楼屋盖结构，保证楼屋面的整体性、连续性和平面刚度，是保证结构设计计算正确合理的重要措施。在楼屋盖结构选择时要注意以下几个问题：

（1）钢筋混凝土房屋高度超过 50 m 时，宜采用现浇楼面结构。房屋的屋盖、结构转换层、平面复杂、开洞或开洞过大的楼层应采用现浇楼面结构。

常用的现浇楼面结构型式有：现浇单向板、双向板肋型楼盖，现浇密肋楼盖，后张无粘结预应力现浇楼盖等。

（2）钢筋混凝土房屋高度不超过 50 m 时，除现浇楼面外，还可采用装配整体式楼面。采用装配整体式楼面时，现浇面层厚度不宜小于 50 mm，混凝土强度等级不应低于 C20，并应双向配置直径 $\phi4\sim\phi6$、间距 $150\sim250$ mm 的钢筋网。

（3）装配式楼盖整体性和刚性较差，应采取有效措施保证楼（屋）盖的整体性及其结构的可靠连接；其不宜用于高层建筑及有抗震设防要求的建筑。

（4）当楼面被洞口或平面凹凸等造成局部楼盖削弱过多时，应加强楼盖削弱部位，以保证楼盖的刚性。

5.8.2 楼盖（屋盖）设计的一般规定

5.8.2.1 单向板与双向板的界限

楼板承受竖向荷载，相互垂直布置的纵向及横向梁，将板划分成多个区格。每一区格板一般四边由梁或墙支撑着，对于两对边支承的板，竖向荷载将通过板的受弯传到两边支承的梁或墙上，对于四边支承的，荷载将通过板的双向受弯传给四周的支承，荷载向两个方向传递的多少，将随着板区格的长边计算跨度 l_{02} 与短边计算跨度 l_{01} 的比值而变化，当板的长短边之比 l_{02}/l_{01} 大于或等于 3 时，板上的荷载主要沿短边方向传递给支承构件，而沿长边方向传递的荷载很少，甚至可以忽略不计，这时按单向板设计，受力钢筋主要沿短向布置，沿长向仅按构造配筋；而当板的长短边之比 l_{02}/l_{01} 小于或等于 2 时，沿长边方向传递的荷载将不能略去，这种在两个方向受弯的构件必须按双向板设计，受力钢筋应沿两个方向配置；《混凝土结构设计规范》规定，当板的长短边之比 l_{02}/l_{01} 大于 2 小于 3 时，也宜按双向板设计。

5.8.2.2 梁、板的计算跨度

为确定板区格的计算类型，首先需要确定梁板的计算跨度。框架结构梁板的计算跨度按表 5.5 的算式确定。

表 5.5　梁、板的计算跨度 l_0

支承条件	一端墙一端梁	两端都是墙	两端都是梁
简支板	$l_0=l_n+b/2+60$	$l_0=l_n+120\leqslant 1.1l_n$	现浇 $l_0=l_n$ 预制 $l_0=l_n+a\leqslant 1.1l_n$
连续板	$l_0=l_n+b/2+60\leqslant l_n$	$l_0=l_c\leqslant 1.1l_n$	$l_0=l_c$
简支梁	$l_0=a/2+b/2$	$l_0=l_n+a\leqslant 1.05l_n$	$l_0=l_n+b\leqslant 1.05l_n$
连续梁	$l_0=l_n+a/2+b/2\leqslant 1.02l_n$	$l_0=l_c\leqslant 1.05l_n$	$l_0=l_c$

注：表中 l_n—净跨度；l_c—支承中心线之间的距离；a—支承长度，当一端支承在墙上一端支承在梁上时，取平均值；b—梁宽。

5.8.2.3 连续梁的塑性内力重分布

一般超静定结构构件的内力计算，可以考虑非弹性变形所产生的塑性内力重分布。按弹性理论，认为结构上某任意截面达到极限承载力时，整个结构即破坏。这个结论只适用于静定结构，而不适用于超静定结构。超静定结构某个截面的屈服，相当于在该处出现一个"铰"，这个"铰"与理想的铰不同，它不但能够转动，而且还能够传递相应截面的极限弯矩，通常称之为塑性铰。超静定结构在出现第一个塑性铰后，只是改变结构计算简图，有时需要连续出现好几个塑性铰，使结构的局部或整体变成几何可变体系时，结构才真的破坏。试验表明，钢筋混凝土连续梁的某一截面达到极限承载能力时，结构并不破坏，这说明结构按弹性理论

求得的内力已经重新分布，所以从裂缝出现到结构破坏的全过程称为塑性内力重分布。利用这个特性使结构的每个截面同时达到极限承载力，这样的设计才是最经济、也是最合理的。

按塑性内力重分布计算钢筋混凝土结构构件受弯承载力时，混凝土受压区高度 x 不大于 $0.35\xi h_0$，连续梁支座弯矩调幅一般不超过 20%，当活载与恒载之比 $\leq 1/3$ 时，支座调幅不得超过 15%。支座弯矩调幅后，在相应荷载作用下的跨中弯矩必须增加。

连续梁、板在承受竖向荷载时，考虑塑性内力重分布的计算方法很多。主要有：

（1）对于等跨连续梁、板常采用系数法，其实质是将连续梁、板的所有支座弯矩普遍调低 20%左右，跨中弯矩则较弹性计算略有增加。

（2）对于不等跨连续梁、板，通常先用力矩分配法算出各种荷载位置时的弯矩包络图，然后再对其中支座弯矩最大的截面调幅，原则上按内力包络图配筋。

（3）连续调整好几个截面的计算弯矩，使各个支座和跨中的配筋大体相当，以便减少构件的型号和采用相同的接头。

（4）预先设定某个跨度和弯矩的比值，强迫相邻跨度和支座做出连锁反应，相应配筋。

前三种方法均为调幅法，常用于连续梁和单向连续板的设计，后一种方法是极限平衡法，用于双向连续板设计。

肋梁楼盖的设计步骤为：

（1）荷载计算。

（2）确定楼板区格的计算简图，包括板区格的类型，梁、板的计算跨度、荷载情况。

（3）计算次梁、板内力。

（4）截面设计，配筋及构造处理。

5.8.3　单向板肋形楼盖的内力计算

5.8.3.1　荷载计算

楼板上的荷载有恒荷载和活荷载两类，恒荷载包括自重、构造层重量、固定设备重等；活荷载包括人群、堆料和临时性设施重量。恒荷载的标准值由所确定的构件尺寸和构造等按单位体积的重量计算；均布活荷载标准值可以从《建筑结构荷载规范》中，根据房屋类别查得。确定荷载组合效应设计值时，恒载的分项系数为 1.2（当其效应对结构不利时）或 1.0（当其效应对结构有利时）；活荷载得分项系数一般情况下取 1.4，当楼面活荷载标准值不小于 $4\,kN/m^2$ 时，取 1.3。

5.8.3.2　计算简图

计算简图的确定主要是解决支承条件、计算跨数和计算跨度三个问题。板不论是支承在墙上还是支承在现浇钢筋混凝土梁上，均可简化为集中于一点的支承链杆，板边能自由转动，但忽略支承构件的挠曲变形，将支座看成铰支承所引起的误差，可以通过适当调整板的荷载设计值和梁的支座截面弯矩及剪力设计值的方法来弥补。对连续梁、板的某一跨来说，与其相邻两跨以远的其余跨上的荷载，对该跨内力的影响已很小，所以对于等刚度、等跨度的连续梁、板，当实际跨度超过五跨时，可简化为五跨计算，所有中间跨的内力和配筋均按第三跨的处理。当梁、板的跨数少于五跨时，则按实际跨数计算。

由于在楼板上活荷载的位置是可变的，因此设计连续梁、板时，应进一步研究活荷载如何布置将使结构各截面的内力为最不利。研究表明，梁、板的跨内截面及支座截面内力为最大时，活荷载不利布置的法则为：

（1）求某跨内最大正弯矩时，应在该跨内布置活荷载，然后向其左右，每隔一跨布置活荷载。

（2）求某跨内最大负弯矩时，该跨内不布置活荷载，而在相邻两跨内布置活荷载，然后每隔一跨布置。

（3）求某支座最大负弯矩时，应在该支座左右两跨布置活荷载，然后每隔一跨布置。

（4）求某支座截面最大剪力，其活荷载布置与求该支座最大负弯矩时的布置相同。

恒荷载应按实际情况计算。当活荷载不利位置明确后，等跨连续梁、板的内力可查表求出相应的弯矩和剪力。在设计计算中，为简化计算过程，常假定活荷载为满跨布置，这一情况下计算的构件内力，与考虑活荷载不利位置所求得的内力相差不大。

5.8.3.3 内力计算

等跨连续梁、板的内力可以用利用系数表直接计算荷载在最不利位置时的弯矩、剪力和支座反力。多于五跨时，边跨及第二支座按五跨的边跨及第二支座考虑；中间跨及中间支座按五跨的中间跨及中间支座考虑。当连续梁、板的跨度相差不超过 10%时，仍可利用系数表计算，但各跨的跨中弯矩和剪力应按各跨的实际计算跨度计算，支座弯矩可按左右两跨的平均计算跨度计算。计算完成后，将各种情况内力进行叠加，绘制弯矩和剪力包络图并计算折算荷载下的弯矩和剪力设计值。

现浇楼盖中，梁板整体性对内力计算是有影响的。板的四周与梁整体连接，连续板发生转动时，次梁在一定程度上将阻止连续板支座截面的自由转动，在接近次梁的支座处，连续板支座截面的实际转角将更小；同理，主梁的抗扭刚度也将减小连续次梁支座截面的自由转角，这就使得连续梁、板在活荷载作用下各跨的挠度和弯矩相应减小，这时要对按理想条件算得的荷载效应进行调整。通常是将活荷载的数值转移一半给恒载，再按理想条件进行计算。连续板的恒载取 $g+q/2$，活载取 $q/2$。由于主梁对次梁的约束作用不及次梁对板的约束作用大，所以连续次梁的恒载取 $g+1/4q$，活载取 $3/4q$。柱子对连续主梁的约束作用更小，对连续主梁不考虑这种调整。当连续板或连续次梁的支座为砖墙时，这种约束作用也很小，也不作调整。

由于钢筋混凝土连续梁板按弹性理论设计时，当计算简图和荷载确定后，各截面间弯矩、剪力等内力的分布规律始终是不变的，并且只要任何一个截面的内力达到内力设计值时，就认为结构达到其承载能力，而事实上，钢筋混凝土连续梁、板是超静定结构，其加载的全过程中，材料是非弹性的，各截面间内力的分布规律是变化的，应当考虑塑性内力的重分布，按塑性内力重分布计算连续梁、板内力。按塑性内力重分布计算时，其荷载效应系数取为：连续梁板的中间跨的跨中弯矩效应系数等于 1/16，中间支座弯矩等于跨中弯矩；边跨跨中弯矩系数取 1/11，第二支座弯矩效应系数对连续板取 1/14，对连续梁取 1/11。

在设计过程中，一般采用弯矩调幅的方法考虑塑性内力重分布。

由于塑性计算方法是以形成塑性铰为前提的，对水池池壁、自防水屋面构件等在使用阶段不允许出现裂缝或对裂缝开展有严格要求的结构，以及经常处于有侵蚀性介质环境中的结构，不宜采用此种方法。肋形楼盖的主梁也不宜采用。

5.8.4 双向板肋形楼盖的内力计算

双向板在荷载作用下，其两个正交方向受力均不可忽略。双向板可以是四边支承、三边支承或两边支承的，在一般楼盖设计中，大都是四边支承的。四边支承的双向板内力计算可采用弹性体系或塑性铰线法。

5.8.4.1 按弹性体系计算双向板

通常直接采用按弹性理论编制的弯矩系数表进行内力计算。

（1）单区格双向板按照不同的边界条件查阅系数表计算。

（2）多区格连续双向板的计算，可以仿照多跨单向连续板的计算，在计算各区格跨中最大弯矩时，将活荷载隔跨布置；在计算支座弯矩时，将活荷载并跨布置，可以略去远跨荷载作用的影响。

① 双向连续板各区格跨中最大弯矩的计算。双向板的边界条件往往既不是完全嵌固又不是理想简支，而系数表只有固定和简支两种典型条件，为了能利用这些典型的系数表，通常把作用在板上的均布荷载分解成对称和反对称两种，叠加以后有活荷载的区格将产生最大的跨中弯矩。在对称荷载作用下，所有中间区格均可看作是四边嵌固的双向板；边区格板可以看作是三边嵌固一边简支；角区格板可以看作是两边嵌固两边简支。在反对称荷载作用下，由于荷载在相邻各区格正负相间，在支座处不会产生弯矩，所有的中间区格板均可看作是四边简支板。经过以上处理，便可以利用系数表，求得各区格的跨中弯矩。

② 双向连续板支座弯矩的计算。将均布荷载满布楼盖的各区格，此时各支座处垂直截面的转角为零，并假定各区格板在中间支座处嵌固；如果是支承在圈梁上，可假定为嵌固，如果四周支承在砖墙上，则应假定为简支，按此原则确定各区格的四边支承条件，查表计算各边中点的支座弯矩。由相邻区格各自求出共用边的支座弯矩，有时由于边界支承条件不同，弯矩并不相等，在设计中可以取平均值，或取绝对值较大者，计算配筋。

5.8.4.2 用塑性铰线法（即极限平衡法）计算双向板的内力

四边支承的双向板在均布荷载的作用下即将破坏时，在弯矩最大的地方将产生塑性铰线，这些塑性铰线使双向板构成一个几何可变体系。对于矩形板，塑性铰线有可能呈倒锥形分布，把整块板划分成四个板块。显然，各个板块的变形远小于塑性铰线处的变形，并将围绕塑性铰线转动，此时铰线处钢筋的应力将首先达到屈服强度，随即受压区混凝土也达到轴心抗压强度，导致四边支承板的破坏。

在实际工程中，当活荷载在楼盖上呈棋盘形布置时，由于连续双向板上的负钢筋在支座附近弯起或截断，那些没有活荷载的区格，还有可能向上鼓起，在板面上出现呈倒幕形分布的塑性铰线，通常采用构造配筋来防止出现这种破坏。

塑性铰线和塑性铰两者的概念是相仿的，塑性铰发生在杆件结构上，塑性铰线发生在板式结构上。塑性铰线法的假定是：

（1）板即将破坏时，塑性铰线发生在弯矩最大处。

（2）均布荷载下，塑性铰线是直线。

（3）板为刚性板时，板的变形集中在塑性铰线上。

（4）塑性铰线上只有一定值的极限弯矩（受弯承载力），没有其他内力。

双向板在破坏时所承受的荷载，称为极限荷载，它是根据虚功原理用塑性铰线上的受弯承载力来表示的，当极限荷载为已知，则可求出各塑性铰线上的受弯承载力，以此作为各截面的弯矩设计值进行配筋。

在设计双向板时，把极限均布荷载用板的均布荷载设计值代替，塑性铰线上的截面受弯承载力用相应截面上的弯矩设计值来代替，且用单位板宽的截面弯矩设计值来表达。设计时，活荷载按满布荷载计算，并根据不同的支承情况（简支或连续），确定支座弯矩值，带入公式进行计算。连续双向板的计算，从中间区格开始，由里向外依次计算各块区格板直至整个楼盖。

5.8.5 肋形楼盖的截面设计和构造设计

5.8.5.1 单向板肋形楼盖的截面设计和构造设计

1. 板的计算要点

（1）板的混凝土用量占全楼盖的一半以上，因此，板厚应在满足建筑功能和方便施工的条件下尽可能薄一些。工程设计中一般取板厚为：

一般屋面　　　　　　　$h \geqslant 50$ mm

一般楼面　　　　　　　$h \geqslant 60$ mm

工业厂房楼面　　　　　$h \geqslant 80$ mm

为了保证刚度，单向板的厚度尚不应小于跨度的 1/40（连续板）、1/35（简支板）及 1/12（悬臂板）。

（2）单向板的常用配筋率为 0.3% ~ 0.8%。

（3）板的宽度较大而荷载值较小，仅混凝土足以承担剪力，不必进行斜截面抗剪承载力计算。

（4）按塑性内力重分布计算单向板时，对于那些四周都与梁整体连接的内区格板，以及四周支承在砌体上的肋形楼盖的内区格板，其弯矩设计值可减少 20%；其他情况弯矩一律不予折减。

2. 板的配筋构造要求

（1）板中受力钢筋宜采用较大直径的钢筋，间距不小于 70 mm；当板厚 $h \leqslant 150$ mm 时，间距 $\leqslant 200$ mm；当板厚 >150 mm 时，间距不大于 $1.5h$，且每米板宽内不少于 3 根钢筋。

（2）连续板中的受力钢筋可采用弯起式或分离式配筋，弯起式配筋节约钢筋且钢筋的锚固较好；分离式配筋对于设计和施工都较简单。

（3）板中分布钢筋应配置在受力钢筋的内侧，每米不少于 3 根，且不少于受力钢筋截面积的 15%，间距不宜大于 250 mm，直径不宜小于 6 mm。此外，在受力钢筋的每一弯折点内侧也应该布置分布钢筋。

（4）嵌入承重墙内的板，沿承重墙边缘应在板面配置附加短钢筋，间距不大于 200 mm（包括弯起钢筋），直径不小于 8 mm。

（5）梁上的板面附加钢筋，应沿支承周边的板面上配置构造筋，直径不小于 8 mm，间距不大于 200 mm。

3. 次梁的计算要点

（1）次梁的纵向钢筋配筋率常为 0.6% ~ 1.5%。

（2）当次梁按塑性内力重分布计算时，在斜截面承载力计算中，应将计算所得的箍筋面积增大 20%。

4. 次梁的配筋构造

（1）梁中纵向受力钢筋的直径，当梁高≥300 mm 时，不应小于 10 mm；当梁高<300 mm 时，不应小于 8 mm。梁上部纵筋的净间距不应小于 30 mm 和 1.5d（d 为钢筋最大直径）；下部纵筋净间距不应小于 25 mm 和 d。

（2）伸入梁支座范围内的纵向受力钢筋根数，当梁宽大于 100 mm 时，不少于两根；当梁宽小于 100 mm 时，可为一根。

（3）梁中纵向受拉钢筋的截断应符合锚固要求，且不宜在受拉区截断。在悬臂梁中，应有不少于两根上部钢筋伸至悬臂梁外端，并向下弯折不小于 12d，其余钢筋不应在梁的上部截断。

（4）梁中箍筋的直径，当梁高 h≥800 mm 时，不宜小于 8 mm；当梁高 h<800 mm 时，不宜小于 6 mm。梁中配有计算需要的纵向受压钢筋时，箍筋直径尚不应小于纵向受压钢筋最大直径的 0.25 倍。

（5）箍筋间距除按计算确定外，不应大于 15d 且不大于 400 mm，d 为纵向受压钢筋中的最小直径。

5. 主梁的计算和构造要点

（1）在主梁支座处，主梁与次梁截面的上部纵筋相互交叉重叠，致使主梁承受负弯矩的纵筋位置下移，梁的有效高度减小。在计算主梁支座截面纵筋时，截面有效高度可取：主梁为单排钢筋时，h_0=h-（50~60）（mm）；双排钢筋时，h_0=h-（70~80）（mm）。

（2）主梁和次梁相交处，主梁承受次梁传来的集中荷载作用，为了防止斜向裂缝出现而引起局部破坏，应在主梁内的次梁两侧设置附加横向钢筋。所需附加横向钢筋可以是附加箍筋或吊筋，但宜优先采用箍筋。

（3）如果主梁是框架梁，这时梁的内力是由竖向荷载和水平荷载产生的，则应按框架梁进行计算。

（4）因主梁承受的荷载较大，当主梁支承在砌体上时，除应保证有足够的支承长度外（一般不少于 370 mm），还应进行砌体的局部受压承载力计算。

5.8.5.2 双向板肋形楼盖截面设计和构造设计

1. 双向板的截面设计与构造设计

（1）截面的弯矩设计值。试验表明，双向板在荷载作用下，周边支承梁对板产生水平推力，使板的跨中弯矩减小，这就提高了板的承载力。因此，截面设计时所采用的弯矩，必须考虑这种有利影响。对于四边与梁整浇的板，其弯矩设计值应予折减：中间跨的跨中截面和中间支座截面，减小 20%；边跨的跨中截面及第二支座截面，减小 10%；角区格板弯矩不减小。

（2）截面的有效高度。考虑到短跨方向的弯矩比长跨方向的大，故应将短跨方向的跨中受拉钢筋放在长跨方向的外侧，以期具有较大的截面有效高度。通常取为：短跨方向 h_0=h-20（mm）；长跨方向 h_0=h-30（mm）。

（3）双向板的配筋形式与单向板相似，有弯起式和分离式两种。

（4）按弹性理论计算所得跨中正弯矩钢筋数量，是指板的中央处的数量，靠近板的两边，其数量可逐渐减少。考虑到施工方便，在中间板带上，按跨中最大正弯矩求得的单位板宽内的钢筋数量均匀配置；而在边缘板带上，按中间板带单位板宽内的钢筋数量的一半均匀配置。支座上承受负弯矩的钢筋，按计算值沿支座均匀配置。

按塑性铰线法计算时，跨中钢筋可全板均匀配置，或划分成中间板带及边缘板带后，分别按计算值的 100% 和 50% 均匀配置。支座上的负弯矩钢筋，按计算值沿支座均匀配置。

受力钢筋的直径、间距、弯起点、切断点的位置，与单向板的有关规定相同。

2. 双向板支承梁的截面设计和构造设计

在设计中，常将双向板的板面按 45°对角线分块。双向板上的荷载，必然向最近的支座方向传递，这样沿短跨方向的支承梁，承受板面传来的三角形荷载；沿长跨方向的支承梁，承受板面传来的梯形荷载。

如果没有梯形和三角形荷载的连续梁系数表，可以先用等效均布荷载计算连续梁的支座弯矩，然后再按实际荷载计算跨中弯矩。如果支承梁本身就是框架梁，则可按等效均布荷载计算框架，然后按荷载的实际分布图形再计算跨中弯矩。

双向板支承梁的构造要求，与单向板肋形楼盖主梁和次梁相同。

5.9 注册结构工程师考试钢筋混凝土框架结构模拟试题

题 1-6：某 6 层办公楼的框架（填充墙）结构，某平面图与计算简图如图 5.48。已知 1~6 层所有柱截面均为 500 mm×600 mm，所有纵向梁（X 向）截面为 250×700 mm，自重 4.375 kN/m，所有柱梁的砼强度均为 C40，2~6 层楼面永久荷载 5.0 kN/m²，活载 2.5 kN/m²，屋面永久荷载 7.0 kN/m²，活载 0.7 kN/m²，楼面和屋面的永久荷载包括楼板自重，粉刷与吊顶等。除屋面梁外，其他各层纵向梁（X 向）和横向梁（Y 向）上均作用有填充墙，门窗等均布荷载 2.0 kN/m，计算时忽略柱子自重的影响，上述永久荷载与活荷载均为标准值。

提示：计算荷载时，楼面及屋面的面积均按轴线间的尺寸计算。

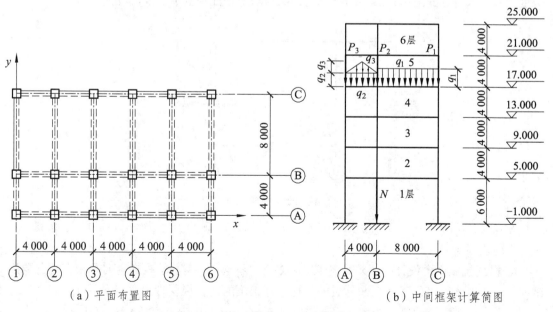

（a）平面布置图 （b）中间框架计算简图

图 5.48 办公楼的平面图与计算简图

1. 当简化作平面框架进行内力分析时，作用在计算简图 17.00 标高处的 q_1 和 q_2（kN/m）应和下列何值接近？

提示：（1）q_1 和 q_3 分别为楼面永久荷载和活载的标准值，但 q_1 包括梁自重在内，不考虑活载折减。（2）板长边/板短边≥2.0 时，按单向板导荷载。

A. q_1=36.38，q_3=30.00　　　　　　　　B. q_1=32.00，q_3=15.00

C. q_1=30.00，q_3=36.38　　　　　　　　D. q_1=26.38，q_3=15.00

您的选项（　　）

2. 当简化作平面框架进行内力分析时，作用在计算简图 17.00 标高处的 P_1（kN）和 P_2（kN），应和下列何值接近？

提示：（1）P_1 和 P_2 分别为永久荷载和楼面活荷载的标准值，不考虑活荷载折减。

（2）P_1 和 P_2 仅为第五层集中力。

A. P_1=12.5，P_2=20.5　　　　　　　　B. P_1=20.5，P_2=50.5

C. P_1=50.5，P_2=20.5　　　　　　　　D. P_1=8.0，P_2=30.0

您的选项（　　）

3. 试问，作用在底层中柱柱脚处的 N（kN）的标准值（恒+活），和下列何值最接近？

提示：（1）活载不考虑折减。（2）不考虑第一层的填充墙体作用。

A. 1 259.8　　　　B. 1 342.3　　　　C. 1 232.5　　　　D. 1 417.3

您的选项（　　）

4. 当对 2—6 层 5、6——B、C 轴线间的楼板（单向板）进行计算时，假定该板的跨中弯矩为（1/10）$q_{max}LL$，问该楼板每米板带的跨中弯矩设计值 M（kN·m）？

A. 12.00　　　　B. 16.40　　　　C. 15.20　　　　D. 14.72

您的选项（　　）

5. 当平面框架在竖向荷载作用下，用分层法作简化计算时，顶层框架计算简图如图 5.49 所示，若用弯矩分配法求顶层梁的弯矩时，试问弯矩分配系数 μ_{BA} 和 μ_{BC}？

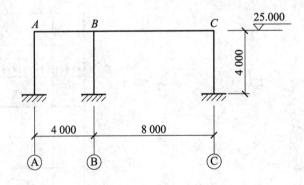

图 5.49　顶层框架计算简图

A. 0.36；0.18　　　B. 0.18；0.36　　　C. 0.46；0.18　　　D. 0.36；0.48

您的选项（　　）

6. 根据抗震概念设计的要求，该楼房应作竖向不规则验算，检查在竖向是否存在薄弱层，试问，下述对该建筑是否存在薄弱层的几种判断正确的是，说明理由。

提示：（1）楼层的侧向刚度采用剪切刚度 $K_i=GA_i/H_i$，式中 $A_i=2.5（H_{ci}/H_i）^2A_{ci}$，$K_i$ 为第 i

层的侧向刚度，A_{ci} 为第 i 层的全部柱的截面积之和，H_{ci} 为第 i 层柱沿计算方向的截面高度，G 为砼的剪切模量。（2）不考虑土体对框架侧向刚度的影响。

A. 无薄弱层　　　　　B. 1 层为薄弱层　　　　C. 2 层为薄弱层　　　　D. 6 层为薄弱层

您的选项（　　）

题 1-6 答案

1. 正确答案是 A，主要作答过程：

$$\frac{l_{01}}{l_{02}}=\frac{8}{4}=2，按单向板导荷载$$

$$q_1=（5+2.5）\times4+4.375+2.0=36.375 \text{ kN/m}$$

$$\frac{l_{01}}{l_{02}}=\frac{4}{4}=1，按双向板导荷载$$

$$q_3=（5+2.5）\times4=30 \text{ kN/m}$$

2. 正确答案是 B，主要作答过程：

$$P_1=（3.125+2.0）\times4=20.5 \text{ kN}$$

$$P_2=（5.0+2.5）\times2\times0.5\times4+（3.125+2.0）\times4=50.5 \text{ kN}$$

3. 正确答案是 D，主要作答过程：

$$N = 5\times（5.0+2.5）\times4\times6+（7.0+0.7）\times4\times6+6\times$$

$$（3.125\times4+4.375\times6）+5\times2.0\times（4+6）=1\ 417.3 \text{ kN}$$

4. 正确答案是 C，主要作答过程：

《荷载规范》3.2.3

$$q_1=1.2\times5\times1+1.4\times2.5\times1=9.5 \text{ kN/m}$$

$$q_2=1.35\times5\times1+1.4\times0.7\times2.5\times1=9.2 \text{ kN/m}$$

$$M=0.1\times q_{max}L\times L=0.1\times9.5\times4\times4=15.2 \text{ kN·m}$$

5. 正确答案是 A，主要作答过程：

梁线刚度 $i_{BA}=EI_b/L=EI_b/4$

$$i_{BC}=EI_b/L=EI_b/8$$

令 $i_{BA}=1$，则 $i_{BC}=0.5$

分层法，柱线刚度乘以 0.9

$i_{BD}=0.9EI_c/L=0.9\times E\times2\times（6/7）^3 I_b/4$，则 $i_{BD}=1.133$

$$\mu_{BA}=1/（1+0.5+1.133）=0.38$$

$$\mu_{BC}=0.5/（1+0.5+1.133）=0.19$$

6. 正确答案是 B，主要作答过程：

《高层建筑混凝土结构技术规程》3.5.2 条

$$K_1 = GA_1/H_1 = G \times 2.5 \times H_{ci}^2/H_1^2 \times A_{ci}/H_1 = 2.5GH_{ci}^2A_{ci}/6^3$$

$$K_2 = 2.5GH_{ci}^2A_{ci}/4^3$$

$$K_1/K_2 = 4^3/6^3 = 30\% < 70\%$$

$$K_1/(K_2+K_3+K_4) = 4^3/6^3 = 30\% < 80\%$$

第1层为薄弱层

题7—8：有一6层框架角柱，平法03G101—1如图5.50，该结构为一般民用建筑之库房区，且作用在结构上的活荷载仅为按等效均布荷载计算的楼面活荷，抗震2级，环境1类，该角柱砼等级C35，钢筋HPB300（φ）和HRB335（Φ）。

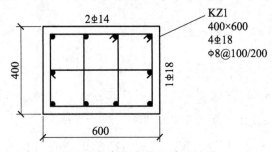

图5.50 框架角柱平法配筋图

7. 哪种意见正确，理由为何？

A. 有2处违反规范要求　　　　　B. 完全满足

C. 有1处违反规范要求　　　　　D. 有3处违反规范要求

您的选项（　　）

8. 各种荷载在该角柱控制截面产生内力标准值如下：永久荷载 $M=280.5$ kN·m，$N=860.00$ kN；活荷载 $M=130.8$ kN·m，$N=580.00$ kN。水平地震力 $M=\pm200.6$ kN·m，$N=\pm4\,800.00$ kN。试问，该柱轴压比与柱轴压比限值比值 λ？

A. 0.359　　　　B. 0.667　　　　C. 0.714　　　　D. 0.508

您的选项（　　）

题7-8答案

7. 正确答案是D，主要作答过程：

框架，二级，角柱

《高层建筑混凝土结构技术规程》JGJ3—2010,J186—2010）:表6.4.3,二级,角柱,$\rho > 1.0\%$,

　　　　$4Φ14+6Φ18$, $A_s = 615 + 1\,527 = 2\,142$ mm^2

《混凝土结构设计规范》（GB50010-2010），表11.4.12-1,

　　　　$\rho = 2\,142/(400 \times 600) = 0.89\% < 1.0\%$，违规

一侧配筋，$3Φ18$, $A_s = 763$ mm^2

　　　　$\rho = 768/(400 \times 600) = 0.32\% > 0.2\%$，不违反

11.4.17条：$\rho_V \geq \lambda f_c/f_{yv}$, $\lambda = 0.08$

　　　　$\rho_V = 0.08 \times 16.7/270 = 0.495\%$

实际 ρ_V =（3×540×50.3+4×340×50.3）/（540×340×100）=0.816>0.495%，不违反。

表 8.2.1，一类环境，HRB335（Φ）受力钢筋，C35 混凝土，柱，c = 20 mm。

表 11.4.12-2，二级

$$\min（8d，100）= \min（8×14，100）= 100$$

箍筋肢距：11.4.15

$$540/3 = 180 \text{ mm}>20×8 = 160 \text{ mm}，违规$$

非加密区箍筋间距≤10d=10×18=180 mm<200 mm，违规

8. 正确答案是 B，主要作答过程：

《混凝土结构设计规范》（GB50010-2010），表 11.4.16，二级，框架[μ_N]=0.75

$$\mu_N = [1.2×（860+0.5×580）+1.3×480.0]×10^3/（16.7×400×600）=0.5$$

$$\mu_N/[\mu_N]=0.5/0.75=0.667$$

题 9：商住框架地下二层，地上 6 层，地下二层为六级人防，地下一层为某某车库，剖面如图 5.51。

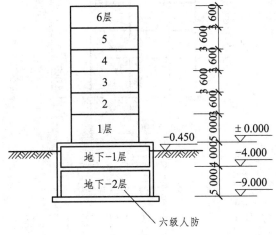

图 5.51　框架剖面图

已知：（1）地下室柱配筋比地上柱大 10%；（2）地下室±0.00 处顶板厚 160 mm，采用分离式配筋，负筋 Φ16@150，正筋 Φ14@150；（3）人防顶板 250，顶板（-4.0）采用 Φ20 双向钢筋网；（4）各楼层的侧向刚度比为 K_{-2}/K_{-1}=2.5，K_{-1}/K_1=1.8，K_1/K_2=0.9，结构分析时，上部结构的嵌固端应取在何处，那种意见正确，理由？

A. 取在地下二层的板底顶面（-9.00 处），不考虑土体对结构侧向刚度的影响

B. 取在地下一层的板底顶面（-4.00 处），不考虑土体对结构侧向刚度的影响

C. 取在地上一层的底板顶面（0.00 处），不考虑土体对结构侧向刚度的影响

D. 取在地下一层的板底顶面（-4.00 处），考虑回填土对结构侧向刚度的影响

您的选项（　　）

题 9 答案

9. 正确答案是 B，主要作答过程：

《高层建筑混凝土结构技术规程》（JGJ3—2010，J186—2010）5.3.7 条要求 $K_{i-1}/K_i \geqslant$ $2K_{-2}/K_{-1}=2.5>2$，满足要求。

人防顶板厚 250 mm > 180 mm，满足《建筑抗震设计规范》6.1.14 条规定：地下室顶板作库上部结构的嵌固部位时，其楼板厚度不宜小于 180 mm，混凝土强度等级不宜小于 C30，应采用双层双向配筋，且每层每个方向的配筋率不宜小于 0.25%。

地下室结构的楼层刚度不宜小于相邻上部楼层侧向刚度的 2 倍。

题 10：7 层框架计算简图如图 5.52，假定 a 轴线柱承受的水平荷载产生的 M 占该柱总弯矩设计值的 75% 以上；底层柱的线刚度为 0.001 5E，其余柱的线刚度为 0.002 25E，A—B 轴线间梁的线刚度 0.001 79E，其余梁 0.001 19E。问 A 轴线第二层柱计算长度 L_0（m）？

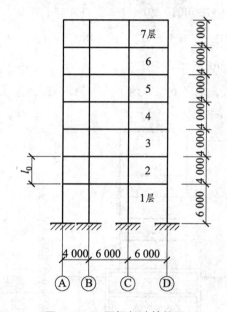

图 5.52　7 层框架计算简图

A. 9.68　　　　　　　　B. 6.77　　　　　　　　C. 5.00　　　　　　　　D. 7.02

您的选项（　　）

题 10 答案

10. 正确答案是 B，主要作答过程：

《混凝土结构设计规范》（GB50010—2010），7.3.11 条，3 款，式（7.3.11-1）

$$L_0=[1+0.15(\psi_u+\psi_1)]H$$

$$\Psi_u=2\times0.002\ 25E/0.001\ 79E=2.514$$

$$\Psi_1=(0.002\ 25E+0.001\ 5E)/0.001\ 79E=2.095$$

$$L_0=[1+0.15\times(2.514+2.095)]\times4=6.77\ \text{m}$$

式（7.3.11-2），$L_0=(2+0.2\Psi_{min})H=(2+0.2\times2.095)\times4=9.676\ \text{m}$

取小值 $L_0=6.77$ m。

题 11-18：某五层现浇钢筋混凝土框架结构多层办公楼，安全等级为二级，框架抗震等级为二级，其局部平面布置图与计算简图如图 5.53 所示。框架柱截面尺寸均为 $b\times h=450$ mm×

600 mm；框架梁截面尺寸均为 $b×h$＝300 mm×550 mm，其自重为 4.5 kN/m；次梁截面尺寸均为 $b×h$＝200 mm×450 mm，其自重为 3.5 kN/m；混凝土强度等级均为 C30，梁、柱纵向钢筋采用 HRB400 级钢筋，梁、柱箍筋采用 HPB300 级钢筋。2～5 层楼面永久荷载标准值为 5.5 kN/m²，可变荷载标准值为 2.5 kN/m²；屋面永久荷载标准值为 6.5 kN/m²，可变荷载标准值为 0.5 kN/m²；除屋面梁外，其他各层框架梁上均作用有均布永久线荷载，其标准值为 6.0 kN/m。在计算以下各题时均不考虑梁、柱的尺寸效应影响，楼（屋）面永久荷载标准值已包括板自重、粉刷及吊顶等。

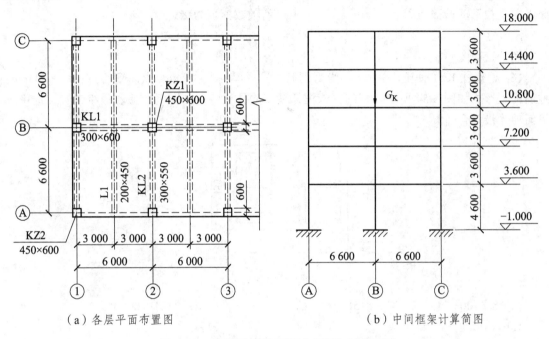

（a）各层平面布置图　　　　　（b）中间框架计算简图

图 5.53　5 层框架局部平面布置图与计算简图

11. 试问：在计算简图 18.000 m 标高处，次梁 L1 作用在主梁 KL1 上的集中荷载设计值 F（kN），应与下列何项数值最为接近？

提示：① 当板长边/板短边＞2 时，按单向板推导荷载。② 次梁 L1 在中间支座处的剪力系数为 0.625。

　　A. 211　　　　　　B. 224　　　　　　C. 256　　　　　　D. 268

您的选项（　　）

12. 当简化为平面框架进行内力分析时，仅考虑 10.800 m 标高处（见图 1.53b）楼层的楼面荷载（包括作用在梁上的线荷载）传到框架柱 KZ1 上的竖向永久荷载标准值 G_K（kN），应与下列何项数值最为接近？

　　A. 280　　　　　　B. 337　　　　　　C. 380　　　　　　D. 420

您的选项（　　）

13. 在次梁 L1 支座处的主梁 KL1 上的附加箍筋为每侧 3φ12@50（双肢箍），附加吊筋为 2φ18，附加吊筋的弯起角度 $α$＝45°。试问，主梁附加横向钢筋能承受的次梁集中荷载的最大设计值[F]（kN），应与下列何项数值最为接近？

　　A. 283　　　　　　B. 317　　　　　　C. 501　　　　　　D. 625.5

您的选项（　　）

14. 次梁 L1 截面尺寸 $b×h$=200 mm×450 mm，截面有效高度 h_0=415 mm，箍筋采用 Φ8@200（双肢箍）。试问，该梁的斜截面受剪承载力设计值[V]（kN），应与下列何项数值最为接近？

A. 127　　　　　B. 140　　　　　C. 177　　　　　D. 204

您的选项（　　）

15. 现浇框架梁 KL2 的截面尺寸 $b×h$=300 mm×550 mm，考虑地震作用组合的梁端最大负弯矩设计值 M=150 kN·m，$a_s=a'_s$=40 mm，ξ_b=0.35。试问，当按单筋梁计算时，该梁支座顶面纵向受拉钢筋截面面积 A_s（mm²），应与下列何项数值最为接近？

A. 953　　　　　B. 1 144　　　　　C. 1 452　　　　　D. 1 609

您的选项（　　）

16. 框架柱 KZ1 轴压比为 0.60，受力钢筋保护层厚度取 30 mm，纵向钢筋直径 $d≥20$ mm，箍筋配置形式如图 5.54 所示。试问，该框架柱（除柱根外）加密区的箍筋最小配置，选用以下何项才最为合适？

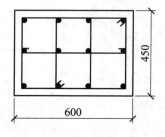

图 5.54　框架柱配筋图

A. Φ8@100　　　　B. Φ10@150　　　　C. Φ10@120　　　　D. Φ10@100

您的选项（　　）

17. 框架角柱 KZ2 在底层上、下端截面考虑地震作用组合且考虑底层因素的影响，经调整后的弯矩设计值分别为 $M_c^t=315$ kN·m，$M_c^t=394$ kN·m；框架柱反弯点在柱的层高范围内，柱的净高 H_n=4.5 m。试问，KZ2 底层柱端截面组合的剪力设计值 V（kN），应与下列何数值最为接近？

A. 208　　　　　B. 211　　　　　C. 225　　　　　D. 232

您的选项（　　）

18. 框架顶层端节点如图 5.55 所示，计算时按刚接考虑，梁上部受拉钢筋为 4Φ20。试问，梁上部纵向钢筋和柱外侧纵向钢筋的搭接长度 l_1（mm），取以下何项数值最为恰当？

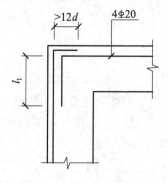

图 5.55　框架顶层端节点

A. 1 250　　　　　　　B. 1 380　　　　　　　C. 1 440　　　　　　　D. 1 640

您的选项（　）

题 11-18 答案

11. [答案]（D）

[解答] 按单向板导荷载，次梁 L1 上的均布荷载标准值：

$$p_k=6.5×3.0 \text{ kN/m}+3.5 \text{ kN/m}=23 \text{ kN/m}$$

$$q_k=0.5×3.0 \text{ kN/m}=1.5 \text{ kN/m}$$

根据《建筑结构荷载规范》第 3.2.3 条和第 3.2.5 条，由可变荷载效应控制的组合：$q'=$（1.2×23+1.4×1.5）kN/m=29.7 kN/m，由永久荷载效应控制的组合：$q''=$（1.35×23+1.4×0.7×1.5）kN/m=32.52 kN/m。

比较 q' 和 q''，取大值：q=32.52 kN/m

$$F=2×0.625ql=2×0.625×32.52×6.6 \text{ kN}=268.29 \text{ kN}$$

12. [答案]（C）

[解答]由梁自重传来的荷载标准值：$G_{K1}=$（6.0+6.6）×5.0 kN+6.6×3.5 kN=86.1 kN

由梁上线荷载传来的荷载标准值：$G_{k2}=$（6.0+6.6）×6.0 kN=75.6 kN

由楼面永久荷载传来的荷载标准值：$G_{k3}=6.0×6.6×5.5$ kN=217.8 kN

作用在柱 KZ1 上的永久荷载标准值：$G_k=G_{k1}+G_{k2}+G_{k3}=$（86.1+75.6+217.8）kN =379.5 kN

13. [答案]（D）

[解答] 根据《混凝土结构设计规范》式（9.2.11），

$$[F]=A_{sv}f_{yv}\sin\alpha=2×3×2×113.1×270+2×2×254.5×360×\sin45° \text{ kN}=625.5 \text{ kN}$$

14. [答案]（B）

[解答]根据《混凝土结构设计规范》式（6.3.4-2），

$$[V]=0.7f_tbh_0+f_{yv}A_{sv}h_0/s$$

$$=0.7×1.43×200×415+270×2×50.3×415/200$$

$$=139.4 \text{ kN}$$

15. [答案]（A）

[解答]根据《混凝土结构设计规范》第 11.1.6 条及第 11.3.1 条。

考虑地震作用组合的框架梁承载力计算时，应考虑承载力抗震调整系数 γ_{RE}=0.75。

求支座顶面纵向受拉钢筋时，应按矩形截面梁计算。

$$M=\alpha_1f_cb_x（h_0-x/2）/\gamma_{RE}$$

$$150×10^6=1.0×14.3×300·x·（510-x/2）/0.75$$

求解得：x=54.57 mm $< 2a'_s$=2×40 mm=80 mm

取 $x=2a'_s$=2×40 mm=80 mm，为适筋梁。

$$A_s = \alpha_1 f_c b x / f_y = 1.0 \times 14.3 \times 300 \times 80 / 360 \text{ mm}^2 = 953 \text{ mm}^2$$

16. [答案]（B）

[解答]根据《建筑抗震设计规范》第 6.3.7-2-2 条，二级框架柱加密区的箍筋最小配置为 φ10@150（除柱根外）。

又根据《建筑抗震设计规范》第 6.3.9 条，混凝土强度等级 C30 < C35，应按 C35 计算：$f_c = 16.7 \text{N/mm}^2$。

柱箍筋加密区的体积配箍率：

$$\rho_v = \lambda_v \frac{f_c}{f_{yv}} = 0.13 \times \frac{16.7}{270} = 0.804\%$$

经比较，柱箍筋选用 φ10@150：

$$\rho_v = \frac{78.5 \times (3 \times 550 + 4 \times 400)}{540 \times 390 \times 150} = 0.808\% > 0.804\%$$

17. [答案]（C）

[解答]根据《混凝土结构设计规范》第 11.4.3 条或《建筑抗震设计规范》第 6.2.5 条，

二级抗震等级：$V_c = \eta_{vc} \dfrac{M_c^t + M_c^b}{H_n} = 1.3 \times \dfrac{315 + 394}{4.5} \text{kN} = 204.8 \text{ kN}$

又根据《混凝土结构设计规范》第 11.4.5 条或《建筑抗震设计规范》第 6.2.6 条，

框架角柱端截面组合的剪力设计值：$V = 1.1 V_c = 225.3 \text{ kN}$

18. [答案]（B）

[解答]根据《混凝土结构设计规范》第 8.3.1 条，受拉钢筋的非抗震锚固长度：

$$l_a = \alpha \frac{f_y}{f_t} d = 0.14 \times \frac{360}{1.43} \times 20 = 704.9 \text{ mm}$$

根据《混凝土结构设计规范》第 11.1.7 条，二级抗震等级受拉钢筋的抗震锚固长度：

$$l_{aE} = 1.15 l_a = 1.15 \times 704.9 \text{ mm} = 810.6 \text{ mm}$$

根据《混凝土结构设计规范》图 11.6.7，纵向钢筋的搭接长度：

$$l_l = 1.7 l_{aE} = 1.7 \times 810.6 \text{ mm} = 1\,378 \text{ mm}$$

第6章　钢筋混凝土框架结构抗震设计

地震是人类所面临的最严重的自然灾害之一。强烈地震在瞬息之间就可以对地面上的建筑物造成严重破坏。我国地处世界上两个最活跃的地震带，即环太平洋地震带和欧亚地震带，是世界上多震国家之一。目前，我国位于强地震区的城市占较大的比例。位于 6 度区以上的城市占城市总数的 70%以上，近 60%的大城市位于 7 度及 7 度以上的地震区。频发的地震造成了巨大的生命和财产损失。近几年，影响最为深远的大地震当属 2008 年 5 月 12 日 8.0 级的汶川地震，共造成 69 227 人死亡，374 643 人受伤，17 923 人失踪，造成直接经济损失 8 451 亿元，是中华人民共和国成立以来破坏力最大的地震，也是唐山大地震后伤亡最严重的一次地震。2010 年 4 月 14 日，青海省玉树藏族自治州玉树县发生 6 次地震，最高震级 7.1 级，重灾区结古镇附近西杭村的民屋几乎全部(99%)倒塌，整个玉树州 70%的学校房屋垮塌导致至少 2 698 人遇难，270 人失踪，12 135 人受伤。地震造成生命和财产损失的最重要的原因是建筑结构的倒塌和失效。对建筑结构进行抗震设计，即是减轻地震灾害的一种积极有效的方法。

6.1　地震与地震动

地震是指由地球内部缓慢积累能量的突然释放引起的地球表层的振动。地震是地球内部构造运动的产物，是一种普遍的自然现象。全世界每年发生约 500 万次地震，其中具有破坏性的大地震平均每年发生 18~20 次。地震动又称地面运动。强烈地震是引起震害的外因，其时程曲线和反映强地震动主要特征的地震动参数，是结构抗震设计的基本依据。

6.1.1　地震类型与成因

6.1.1.1　地震类型

（1）按成因分类，可分为天然地震和诱发地震。① 天然地震包括构造地震、火山地震和陷落地震。构造地震指地壳运动推挤岩层产生断裂、错动，引起地面的震动。占地震总数的 90%。火山地震指火山爆发，岩浆猛烈冲出地面，在地球表面产生的震动发生较少。陷落地震指由地下岩洞、矿洞等的突然塌陷等原因引起的地震，发生较少，震级也较小。② 诱发地震是由人工爆破、矿山开采、水库蓄水或深井注水等引起的地震。此类原因引起的地震一般不太强烈。

（2）按展源深浅程度分类，分为浅源地震、中源地震和深源地震。① 浅源地震指震源深度在 70 km 以内，一年中全世界所有地展释放能量的约 85%来自浅源地震。② 中源地震指震源深度为 70~300 km，一年中全世界所有地震释放能量的约 1%来自中源地震。③ 深源地震指震源深度超过 300 km，一年中全世界所有地震释放能量的约 3%来自深源地震。

一般的规律是：震源浅，破坏重，影响范围小；震源深，破坏轻，波及范围大。

6.1.1.2 地震成因

1. 断层说

岩石层不停运动，连续变动产生地应力，当地应力超过某处岩层强度的极限值，发生褶皱、岩层破坏、断裂错动，从而引起振动，并以波的形式向地面传播，形成地震。如图6.1。

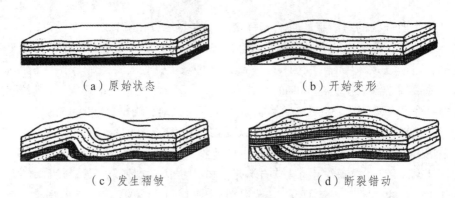

（a）原始状态　　　　　　　　　　　　（b）开始变形

（c）发生褶皱　　　　　　　　　　　　（d）断裂错动

图6.1　地壳构造变动与地震形成示意图

2. 板块构造学说

地壳由美洲板块、非洲板块、欧亚板块、印澳板块、太平洋板块和南极洲板块六大板块组。这些板块在地幔对流等因素产生的巨大能量作用下产生运动，使板块之间相互挤压和错动，致使其边缘附近的岩石层脆性破裂而引发地震。地球表层板块分布如图6.2所示。

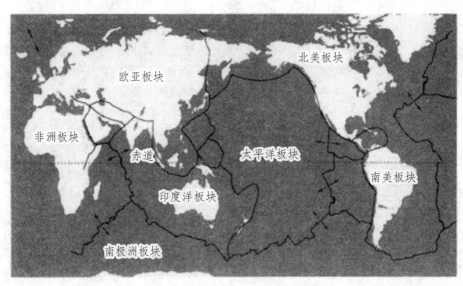

图例："——"板块边缘、"→ ←"板块汇聚、"← →"板块离散

图6.2　地壳板块示意图

地下岩层断裂时，往往不是沿着一个平面发生，而是形成一个由一系列裂缝组成的破碎地带，并且这个破碎地带的所有岩层不可能同时达到新的平衡。因此，每次大地震的发生一般都不是孤立的，大地震前后总有很多次中小地震发生。

6.1.1.3 常用地震术语

常用地震术语示意如图 6.3 所示。

地壳岩层发生断裂破坏、错动，产生剧烈振动的地方叫作震源。从震源到地面的垂直距离称为震源深度。一般来说，对于同样大小的地震，震源深度较小时，波及的范围小而破坏程度相对较大；震源深度较大时，则波及范围大而破坏程度较小。大多数破坏性地震的震源深度为 5~20 km，属于浅源地震。

震源在地面上的投影点称为震中，震中及其附近的地方称为震中区。通常情况下，震中区的震害最严重，也称为极震区。从地面上任意一点到震中的距离称为震中距。一次地震中，烈度相同点的外包线称为等震线。

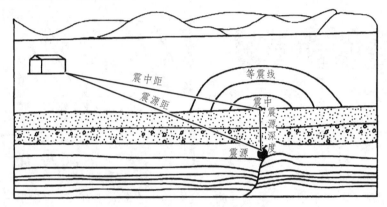

图 6.3 常用地震术语示意图

6.1.1.4 地震波

当震源处岩层发生断裂、错动产生振动时，岩层所积累的变形能突然释放，以波的形式从震源向四周传播，这种波称为地震波。

地震波包括在地球内部传播的体波和只限于在地面传播的面波。

体波又包括两种形式的波，及纵波和横波。在纵波传播的过程中，其介质质点的振动方向与波的前进方向一致，又称为压缩波或疏密波；纵波的特点是周期较短，振幅较小。横波传播的过程中，其介质质点的振动方向与波的前进方向垂直，又称为剪切波；横波的周期较长，振幅较大。纵波和横波质点振动形式见图 6.4。

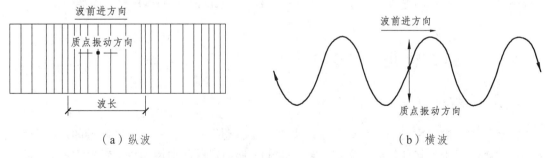

（a）纵波　　　　　　　　　　　　　　　（b）横波

图 6.4 纵波和横波

由弹性理论计算的纵波与横波的传播速度可知，纵波比横波传播速度快。在仪器的观测记录纸上，纵波先于横波到达，故纵波也称为"初波"（或称为 P 波），横波也称为"次波"（或称为 S 波）。

在地面（自由表面）或地壳表层各不同地质层界面处传播的波称为面波，又称 L 波。它是体波经地层界面多次反射形成的次生波，由于地壳表层物质形成的年代不同等地质原因，地壳成层状结构，很容易产生面波，所以面波是地震波研究的主要内容之一。在地面，一般存在两种面波的运动，即瑞利波（R 波）和勒夫波（Q 波）。瑞利波传播时，质点在波的传播方向与地面法线所确定的平面内以滚动形式作逆进椭圆运动（图 6.5）。勒夫波传播时，质点在地面上作垂直于波传播方向的振动，以蛇形方式前进（图 6.6）。面波振幅大、周期长，只在地表附近传播，振幅随深度的增加而迅速减小，速度约为横波的 90%，面波比体波衰减慢，能传播到很远的地方。

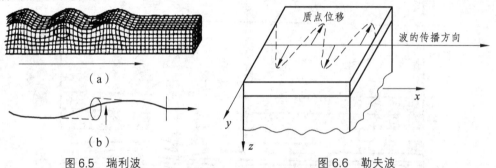

图 6.5　瑞利波　　　　　　　　　　　图 6.6　勒夫波

图 6.7 中绘制了震中距很大时的地震波，最先到达的是纵波（P），表现出周期短、振幅小的特点。其次到达的是横波（S），表现出周期长、振幅较大的特点。接着是面波（L）中的勒夫波（Q）和瑞利波（R）。

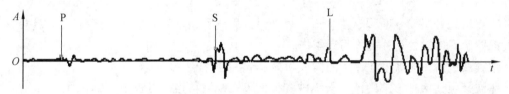

图 6.7　震中距很大时的地震波

地震现象表明，纵波使建筑物产生上下颠簸，剪切波使建筑物产生水平方向摇晃，而面波则使建筑物既产生上下颠簸又产生左右摇晃。一般当剪切波和面波都同时到达时质点运动最为强烈。由于面波的能量比体波要打，所以造成建筑物和地表的破坏是以面波为主的。

6.2　地震震级与地震烈度

6.2.1　地震动

由地震波传播所引发的地面振动，通常称为地震动。其中，在震中区附近的地震动称为近场地震动。对于近场地震动，人们一般通过记录地面运动的加速度来了解地震动的特征。对加速度记录进行积分，可以得到地面运动的速度与位移。一般说来，地震动在空间上具有 3 个平动方向的分量，3 个转动方向的分量。

图 6.8 是一个典型的地震记录，其中加速度时程 $a(t)$ 是实测的，而速度时程 $v(t)$ 和位移时程 $d(t)$ 是用加速度曲线积分得到的。从众多的震纪录中可以得出下述几点认识：

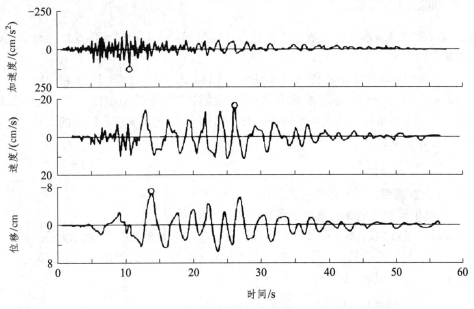

图 6.8　典型的地震记录

（1）地震动的加速度富含高频成分，地震动的位移富含长周期成分。从简单的印象看，加速度过程的主周期或平均周期短，位移过程的主周期长。

（2）有些地震动的强震阶段持续时间长达几十秒，有的仅为几秒。

（3）有些地震动的最大加速度值只偶尔出现一两次，而次大值则小得多，但另一些地震动的最大值和大小差不多的次大值频繁出现。

（4）有的地震主周期长，有的则短。

综合几十年来人们根据地震动宏观震害分析和测量数据的分析和总结，一般认为，对于工程抗震而言，地震动的特性可以通过三个要素来描述，即地震动的振幅、频谱和持时。这三个要素的不同组合决定着各类结构的安全。工程结构的地震破坏与地震动三要素密切相关。

地震动振幅可以是指地震动加速度、速度、位移三者之一的峰值、最大值或某种意义上的有效值。该值可以被看作地震动强弱的量。目前国内外工程抗震中用得最多的是加速度峰值的最大值，简称为峰值加速度。地震动幅值的大小受震级、震源机制、传播途径、震中距、局部场地条件等因素的影响。

地震动频谱特性是指地震动对具有不同自振周期的结构的反应特性，通常可以用反应谱、功率谱和傅里叶谱来表示。反应谱是工程中最常见的形式，现已成为工程抗震设计的基础。震级、震中距和场地条件对地震动的频谱特性有着重要的影响，震级越大、震中距越远，地震动记录的长周期分量越显著。硬土地基上的地震动记录包含较丰富的频率成分，而软土且土层厚地基上的地震动记录卓越周期长周期成分显著。另外，震源机制也对地震动的频谱特性也有着重要影响。

地震动持时特性：地震动持时对结构的破坏程度有着较大的影响。在相同的地面运动最大加速度作用下，当强震的持续时间长，则该地点的地震烈度高，结构物的地震破坏重；反之，当强震的持续时间短，则该地点的地震烈度低，结构物的破坏轻。

6.2.2 地震震级与烈度

地震震级是度量地震中震源所释放能量多少的指标。人们通过地震地面运动的振幅来量测地震震级。

1935 年，美国地震学家里希特（C.F.Richter）首先提出了震级的概念，采用 Wood-Anderson 式标准地震仪（周期 0.8 s，阻尼系数为 0.8，放大倍数 2 800 的地震仪）在距离展中 100 km 处记录到的以微米为单位的最大水平地面位移 A 的常用对数值来表示震级的大小。即里氏震级，其计算公式如下：

$$M = \lg A \tag{6-1}$$

式中　M——地震震级，通常称为里氏震级；

　　　A——由记录到的地震曲线图上得到的最大振幅（μm）。

地震震级是表征地震大小或强弱的指标，是一次地震释放能量多少的度量，它是地震的基本参数之一。一次地震只有一个震级。震级直接与震源释放的能量的多少有关，可以用式（6-2）表示。

$$\lg E = 11.8 + 1.5M \tag{6-2}$$

式中　M——地震震级；

　　　E——地震能量（J）。

6.3　多高层钢筋混凝土框架结构的震害

钢筋混凝土框架结构房屋是我国工业与民用建筑较常用的结构形式，层数一般在 15 层以下，多数为 5~10 层。框架结构的特点是建筑平面布置灵活，可以取得较大的使用空间，具有较好的延性。但其整体侧向刚度较小，在强烈地震作用下侧向变形较大，易造成部分框架柱失稳破坏，由于赘余度较少，容易形成连续倒塌机制，从而导致结构整体倾覆倒塌。同时，非结构构件破坏比较严重，不仅地震中危及人身安全和造成较大的财产损失，而且震后的加固修复费用很高。总结震害经验教训，有助于搞好此类房屋的抗震设计。

震害调查表明，钢筋混凝土框架结构的震害主要有以下几种情况：平面或立面布置不规则造成的破坏，框架结构在遭遇较大地震时，发生在梁端、柱端和梁柱结点核心区的破坏，以及填充墙等非结构构件的破坏。一般来说，柱的震害重于梁，柱顶震害重于柱底，角柱震害重于内柱，底层柱震害重于一般柱。此外，框架结构的填允墙也容易发生破坏。

6.3.1 框架梁的震害及其分析

钢筋混凝上框架梁的震害多发生在梁端。通常是梁的两端出现上下贯通的垂直裂缝和交叉斜裂缝。产生这种震害的主要原因如下：在水平地震的反复作用下，梁端将产生较大的变号弯矩，因而使梁端产生上下贯通的垂直裂缝，严重时梁端纵向钢筋将屈服，形成塑性铰。

同时，在水平地震反复作用下，混凝土抗剪能力将降低，当腹筋（箍筋和弯筋）不足时，将在梁端出现交叉斜裂缝或混凝土剪压破坏。此外，在梁负弯矩钢筋切断处由于其受弯承载力的突变，也容易产生裂缝，并可能使梁发生剪切破坏。

6.3.2 框架柱的震害及其分析

钢筋混凝土框架柱的震害主要有以下几种情况。

6.3.2.1 一般柱

1. 柱　顶

在柱的上端出现水平裂缝和斜裂缝，或交叉斜裂缝，混凝土局部压碎，柱端形成塑性铰。严重者，混凝土剥落，箍筋外鼓崩断，柱筋屈曲成灯笼状，如图6.9。

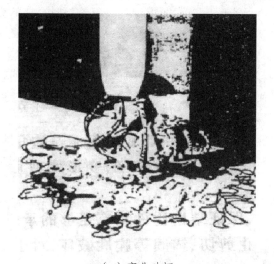 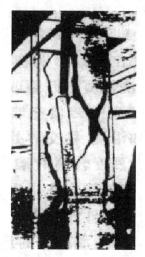

（a）弯曲破坏　　　　　　　　（b）剪切破坏

图6.9　框架柱震害示例

2. 柱　底

一般在离地面100~400 mm处产生贯通的周圈水平裂缝。

3. 柱　身

当地震剪力较大而柱的受剪承载力不足时，柱身可能出现交叉斜裂缝或S形裂缝，甚至箍筋崩断，如图6.9（b）所示。例如，在1976年唐山地震时，天津754厂一某车间为5层框架结构，由于刚度不均匀，在第2层的中柱产生严重的X形裂缝。

6.3.2.2 角　柱

对于钢筋混凝土框架的角柱，由于双向受弯、受剪以及扭转的共同作用，其震害比内柱严重。严重的上、下柱身错动，钢筋从柱内拔出。

6.3.2.3 短　柱

钢筋混凝上规柱系指柱的高度 H 与柱截面高度 h 之比（H/h）小于4的柱。在框架房屋中，如有错层、夹层、半高的填充墙，或不适当地设置某些拉梁时，容易形成短柱。短柱的刚度大，所受的地震剪力也大，易产生剪切破坏，严重时发生脆性错断。

6.3.2.4 柱牛腿

钢筋混凝土柱牛腿在地震作用产生的水平拉力作用下，柱边混凝土拉裂，严重的，外侧混凝土压碎，或预埋件被拔出。

6.3.3 梁柱节点的震害及其分析

在水平地震反复作用下，钢筋混凝土框架结构的梁柱结点主要承受剪力和压力，其核心区会产生对角方向的斜裂缝或交叉斜裂缝，当节点核区受剪承载力不足时会引起剪切破坏，核心区产生通长的斜裂缝，箍筋屈服、外鼓，甚至裂断。当节点区剪压比较大时，箍筋有时可能未屈服，而混凝土剪压酥碎和剥落。当节点内箍筋很少或没有箍筋时，柱的纵向钢筋压屈外鼓（如图 6.10）。此外，有时会因梁的纵向钢筋锚固长度不足而被从节点中拔出，产生锚固破坏，并将混凝土拉裂。

对于装配式框架结构，其连接处容易发生脆性断裂，特别是焊接钢筋处容易拉断。预制构件接缝处后浇混凝土开裂或散落。

此外，框架中嵌砌的砖填充墙容易发生斜裂缝、交叉斜裂缝和沿墙、柱交界处的裂缝；端墙、窗间墙和门窗洞口边角部位也容易产生裂缝，而且更为严重。烈度较高时墙体容易倒塌。由于框架的变形属剪切型、下部层间位移大，因此，下部的填充墙震害往往重于上部。由上述框架结构构件的震害经验可见，保证结构构件具有足够的承载力和延性，并采取合理的构造措施，加强对混凝土的约束防止剪切、锚固等脆性破坏，对于提高框架结构的抗震性能是十分重要的。

图 6.10 柱顶破坏

6.3.4 结构平面或竖向布置不当引起的震害

平面布置对称、均匀的结构在地面平动作用下，一般仅发生平移振动，各构件的侧移量相等，水平地震作用按构件刚度分配，因而各构件受力比较均匀。而平面布置不对称的结构，由于刚心偏在一边，质心与刚心不重合，即使在地面平动作用下，也会引起扭转振动。其结果是，远离刚心的构件，侧移量很大，所分担的水平地震剪力也显著增大。很容易因超出其允许抗力和变形极限而发生严重破坏，甚至导致整个结构因一侧构件失效而倒塌。图 6.11 中的两栋建筑分别是马那瓜中央银行和美洲银行的平面布置，两栋建筑相距不远，在 1972 年尼加拉瓜的马那瓜地震中，前者因为扭转振动造成很大破坏，而后者因为平面布置均匀对称，几乎没有损坏。

结构竖向布置不当主要是指结构的刚度和强度沿高度不均匀，形成薄弱层，在强烈的地震下，薄弱层产生过大侧移，造成严重破坏。比如，临街的商住楼，上部的住宅楼墙体较多，刚度较大；而底下几层商场需要设置大空间，墙体很少，刚度很小，从而形成薄弱层。2008年的汶川地震中，就有不少临街建筑的下面几层商场严重破坏，甚至整体坍塌的例子。

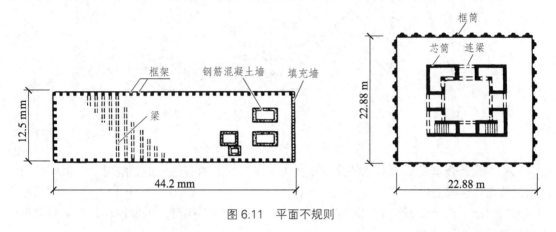

图 6.11　平面不规则

6.4　工程结构的抗震设防

6.4.1　工程抗震设防总目标

抗震设防目标是指建筑结构遭遇不同水准的地震影响时，对其结构、构件、使用功能、设备的损坏程度，以及人身安全的总要求，即对建筑结构所具有的抗震安全性的要求。

工程抗震的成效很大程度上取决于所采用的工程设防标准，而制定合理的设防标准不仅需要可靠的科学和技术依据，并同时受到社会经济、政治等条件的制约。合理、可行的设防标准需要在保证地震安全性以及获得良好的经济效益和社会影响之间取得平衡。

近年来，国内外抗震设防目标的发展总趋势是要求建筑物在使用期间，对不同频率和强度的地震，应具有不同的抵抗能力，即"小震不坏、中震可修、大震不倒"。我国《抗震规范》也采用了这一抗震设防指导思想，称为"三水准"的抗震设防目标。

根据大量数据分析，确定我国地震烈度的概率分布符合极值Ⅲ型分布。当设计基准期为50 年时，则 50 年内众值烈度的超越概率为 63.2%，这就是第一水准烈度，称为多遇地震或小震；50 年内超越概率为 10% 的烈度大体上相当于现行地震区划图规定的基本烈度，将其定义为第二水准烈度，即中震；50 年内超越概率为 2% 的烈度为罕遇地震烈度，可作为第三水准烈度，即大震。三种烈度的关系如图 6.12 所示。由烈度概率分布分析可知，基本烈度与众值烈度相差约 1.55 度，基本烈度与罕遇烈度相差约 1 度。与各地震烈度水准相应的抗震设防目标是：在一般情况下（不是所有情况下）结构在多遇地震作用下，处于正常使用状态，从结构抗震分析角度，可视为弹性体系；在相应于基本烈度的地震作用下，结构进入非弹性工作阶段，但非弹性变形或结构体形的损坏控制在可修复的范围内，在罕遇地震作用下，结构内力及变形在弹塑性阶段继续发展，有较大的非弹性变形，有可能产生严重破坏，但不应倒塌。

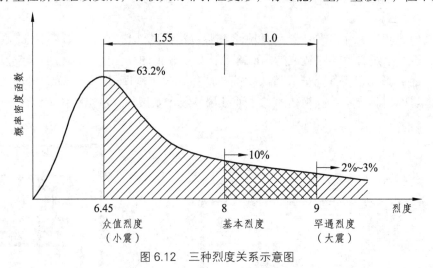

图 6.12　三种烈度关系示意图

第一水准：当遭受低于本地区设防烈度（基本烈度）的多遇地震影响时，一般不受损坏或不需修理可继续使用。

第二水准：当遭受相当于本地区抗震设防烈度的地震影响时，可能损坏，经一般修理或不需修理仍可继续使用。

第三水准：当遭受高于本地区抗震设防烈度的地震影响时。不致倒塌或发生危及生命的严重破坏。

6.4.2　两阶段设计方法

为了实现上述三水准的抗震设防要求，《抗震规范》采用了二阶段抗震设计方法：

第一阶段设计是多遇地震下的承载力验算和弹性变形计算。取第一水准的地震动参数计算结构的弹性地震作用标准值和相应的地震作用效应，然后与其他荷载作用效应按一定的组合系数进行组合，并对结构构件截面进行承载力验算，对较高的建筑物还要求进行变形验算，以控制其侧向变形。这样，既满足了第一水准下具有必要的承载力可靠度，又满足第二水准的损坏可修的目标。对大多数结构，可只进行第一阶段设计计算，其他则通过概念设计和抗震构造措施来满足第三水准的设计要求。

第二阶段设计是罕遇地震作用下的弹塑性变形验算。对特殊要求的建筑、地震时易倒塌的结构以及有明显薄弱层的不规则结构，除进行第一阶段设计外，还要按大震的地震动参数进行结构薄弱部位的弹塑性层间变形验算，并采取相应的抗震构造措施，以实现第三水准的设防要求。

6.4.3　建筑的抗震设防类别

抗震设防是为了使建筑物免于地震破坏或减轻地震破坏，在工程建设时对建筑物进行抗震设计并采取抗震措施。抗震设计主要包括地震作用计算和抗力计算；抗震措施指除地震作用计算和抗力计算以外的抗震设计内容，包括抗震构造措施。我国《建筑抗震设计规范》（GB50011—2010）规定，烈度在 6 度及以上地区的建筑，必须进行抗震设防。

抗震设防通常包括三个环节：

（1）确定抗震设防要求，即确定建筑物必须达到的抗御地震灾害的能力。

（2）抗震设计，采取基础、结构等抗震措施，达到抗震设防要求。

（3）抗震施工，严格按照抗震设计施工，保证建筑质量。

上述三个环节相辅相成密不可分，都必须认真进行。

抗震设计中，根据使用功能的重要性把建筑物分为甲、乙、丙、丁四个抗震设防类别。甲类建筑为重大建筑工程和地震时可能发生严重次生灾害的建筑，包括：（1）中央级、省级的电视调频广播发射塔建筑，国际电信楼、国际海缆登陆站、国际卫星地球站、中央级的电信枢纽（含卫星地球站）；（2）研究、中试生产和存放剧毒生物制品、天然人工细菌与病毒（如鼠疫、霍乱、伤寒等）的建筑；（3）三级特等医院的住院部、医技楼、门诊部。乙类建筑为地震时使用功能不能中断或需尽快恢复的建筑。丙类建筑为除甲、乙、丁类以外的一般建筑。丁类建筑应属于抗震次要建筑。

表 6.1　建筑的抗震设防标准

建筑抗震设防类别	地震作用计算	抗震措施
甲类	应高于本地区抗震设防烈度的要求，其值应按批准的地震安全性评价结果确定	当抗震设防烈度为 6~8 度时，应符合本地区抗震设防烈度提高 1 度的要求。当为 9 度时，应符合比 9 度抗震设防更高的要求
乙类	应符合本地区抗震设防烈度的要求（6 度时可不进行计算）	一般情况下，当抗震设防烈度为 6~8 度时，应符合本地区抗震设防烈度提高 1 度的要求。当为 9 度时，应符合比 9 度抗震设防更高的要求
丙类	应符合本地区抗震设防烈度的要求（6 度时可不进行计算）	应符合本地区抗震设防烈度的要求
丁类	一般情况下，应符合本地区抗震设防烈度的要求（6 度时可不进行计算）	允许比本地区抗震设防烈度的要求适当降低，但抗震设防烈度为 6 度时不得降低

各抗震设防类别建筑的抗震设防标准，应符合下列要求：

甲类建筑，地震作用应高于本地区抗震设防烈度的要求，其值按批准的地震安全性评价结果确定。抗震措施，当抗震设防烈度为 6~8 度时，应符合本地区抗震设防烈度提高 1 度的要求；当为 9 度时，应符合比 9 度抗震设防更高的要求。

乙类建筑，地震作用应符合本地区抗震设防烈度的要求。抗震措施，一般情况下，当抗震设防烈度为 6~8 度时，应符合本地区抗震设防烈度提高 1 度的要求；当为 9 度时，应符合比 9 度抗震设防更高的要求。地基基础的抗震措施，要符合有关规定。对较小的乙类建筑，当其结构改用抗震性能较好的结构类型时，允许其仍按本地区抗震设防烈度的要求采取抗震措施。

丙类建筑，地震作用和抗震措施均应符合本地区抗震设防烈度的要求。

丁类建筑，一般情况下，地震作用仍应符合本地区抗震设防烈度的要求。抗震措施允许比本地区抗震设防烈度的要求适当降低，但抗震设防烈度为6度时不得降低。

当抗震设防烈度为6度时，除规范有具体规定外，对乙、丙、丁类建筑可不进行地震作用计算，但仍采取相应的抗震措施。

6.5 场地、地基和基础

6.5.1 概　述

场地是指具有相似反应谱特征的工程群体所在地，其范围相当于厂区、居民小区和自然村或不小于 1.0 km^2 的平面面积。

地震对建筑物的作用是通过场地、地基和基础传递给上部结构的，因此场地特征很大程度上影响着建筑物的地震响应。国内外大量震害表明，不同场地上的建筑震害是有差异的，尤其是建筑场地的地质条件和地形、地貌对建筑物震害有显著影响。另外，场地与地基又是负责支承上部结构的，地震时，场地和地基的不稳定也会引起建筑物和构筑物破坏，也就是说，地震时，首先是场地和地基受到破坏，从而产生建筑物和构筑物破坏，并引起其他灾害。

本章将通过对工程地质、地形地貌以及岩土工程环境等场地条件的分析，研究场地条件对基础和上部结构震害的影响，从而合理选择有利建筑场地以及地基或基础的抗震措施，避免和减轻地震对土木工程设施的破坏。

6.5.2 建筑地段的选择

《建筑抗震设计规范》（GB50011—2010）总结了我国地震灾害和抗震工程经验，并参考了国外的场地地段划分标准，将建筑场地划分为对建筑抗震有利、一般、不利和危险地段（如表 6.2），从宏观上指导工程设计人员合理选择建筑场地。具体的规定为：在建筑物选址时，应选择对抗震有利的地段；对不利地段，应提出避开要求；当无法避开时，应采取有效的抗震措施；对危险地段，则严禁建造甲、乙类建筑和住宅建筑，不应建造丙类建筑。

表 6.2　有利、一般、不利和危险地段的划分

地段类别	地质、地形、地貌
有利地段	稳定基岩，坚硬土，开阔、平坦、密实、均匀的中硬土等
一般地段	不属于有利、不利和危险地段
不利地段	软弱土，液化土，条状突出的山嘴，高耸孤立的山丘，非岩质的陡坡，河岸和边坡的边缘，平面分布上成因、岩性、状态明显不均匀的土层（如故河道、疏松的断破裂带、暗埋的塘浜沟谷和半填半挖地基）等
危险地段	地震时可能发生滑坡、崩塌、地陷、地裂、泥石流等及发震断裂带上可能发生地表错位的部位

6.5.3 建筑场地类别划分

场地类别划分是地震区岩土工程勘察的一项重要内容。震害调查显示：在一次地震中，同一类建筑在不同的场地条件下所受的破坏作用明显不同；在相同场地条件下，不同建筑物的破坏程度也有所不同。因此，为了定量考虑场地条件对建筑抗震设计的影响，我国抗震规范按场地土的等效剪切波速和场地覆盖厚度这两个因素将场地分为四类，以便有针对性地选用合理的设计参数和采取相应的抗震构造措施。

场地土，是指场地范围内的地基土。《建筑抗震设计规范》按土层等效剪切波速和场地覆盖层厚建筑场地土分为 5 类，当无实测剪切波速时，也可以根据岩土性状划分，具体划分方法见表 6.3。

表 6.3　岩土的名称和性状划分

土的类型	岩土名称和性状	土层剪切波速范围/（m/s）
岩石	坚硬，较硬且完整的岩石	$v_s > 800$
坚硬土或岩石	稳定岩石，密实的碎石土	$800 \geqslant v_s > 500$
中硬土	中密、稍密的碎石土，密实、中密的砾、粗、中砂，$f_{ak} > 150$ 的粘性土和粉土，坚硬黄土	$500 \geqslant v_s > 250$
中软土	稍密的砾、粗、中砂，除松散外的细、粉砂，$f_{ak} \leqslant 150$ 的粘性土和粉土，$f_{ak} > 130$ 的填土，可塑黄土	$250 \geqslant v_s > 150$
软弱土	淤泥和淤泥质土，松散的砂，新近沉积的粘性土和粉土，$f_{ak} \leqslant 130$ 的填土，流塑黄土	$v_s \leqslant 150$

注：f_{ak} 为地基土承载力特征值（kPa）；v_s 为岩土剪切波速。

6.5.3.1　场地土覆盖层厚度

前已述及，当一个地区发生地震时，由于场地覆盖层厚度不同引起的震害有很大差异。例如，1976 年唐山地震时，市区西南部（如原唐山矿院）基岩深度达 500~800 m。房屋倒塌近 100%；市区东北部，因覆盖层较薄，多数厂房（如唐山钢厂）虽然也位于极震区，但房屋倒塌率仅为 50%。一般来讲，震害随着覆盖层厚度的增加而加重。

覆盖层厚度的原意是指从地表面至地下基岩面的距离。从地震波传播的观点来看，基岩界面是地震波传播途径中的一个强烈的折射与反射面。

一般情况下，场地覆盖层厚度是指由地面至剪切波速大于 500 m/s 的土层或坚硬土（不应是孤石）顶面厚度。具体确定时应符合下列要求：

（1）当地面 5 m 以下存在剪切波速大于相邻上层土剪切波速的 2.5 倍的土层，且其下各层的剪切波速均不小于 400 m/s 时，可取地面至该土层顶面的距离和地面至剪切波速大于500 m/s，的坚硬土层（基岩层）顶面距离两者中的较小值。

（2）剪切波速大于 500 m/s 的孤石、透镜体，应视同周围土层。

（3）厚度不大于 5 m、剪切波速大于 500 m/s 和剪切波速大于 400 m/s 且大于相邻上层土剪切波速 2.5 倍的硬夹层，应视为刚体，从覆盖层中扣除，其厚度也不计入。

6.5.3.2　场地土剪切波速

场地土是指场地范围内深度在 20 m 左右的地基土。场地土层的软硬一般用其剪切波速来反映。

（1）对丁类建筑及层数不超过 10 层且高度不超过 30 m 的丙类建筑，可不进行剪切波速测定，但应根据岩土名称和性状按表 6.3 估计各层土的剪切波速。

（2）土层剪切波速测试孔的数量要求：

在初步勘察阶段，对大面积的同一地质单元，测量土层剪切波速的钻孔数为控制性孔数的 1/5~1/3，山河谷地可减少，但不少于 3 个；详勘时单幢建筑孔数不少于 2 个，对同一地质单元的密集建筑群孔数可减少，但每幢高层建筑不得少于 1 个。剪切波速试验方法可采用跨孔法、单孔法和面波法。各试验方法及要求详见有关的岩土工程勘察设计手册。

（3）根据各层土剪切波速计算场地土等效剪切波速：

当场地土为分层土时，需计算其等效剪切波速。等效剪切波速是规范规定的计算深度范围内的一个假想波速。它假设波速穿过计算深度所需的时间与计算深度范围内各层土对应的波速穿过相同深度的累计时间相同，即土层的等效剪切波速可按下列公式计算：

$$\frac{d_0}{v_{se}} = \sum_{i=1}^{n} \frac{d_i}{v_{si}} \tag{6-3}$$

$$v_{se} = \frac{d_0}{\sum_{i=1}^{n} \frac{d_i}{v_{si}}} \tag{6-4}$$

式中　v_{se}——土层等效剪切波速；

　　　d_0——计算深度（m），取覆盖层厚度和 20 m 两者的较小值；

　　　d_i——计算深度范围内第 i 土层的厚度（m）；

　　　n——计算深度范围内土层的分层数；

　　　v_{si}——计算深度范围内第 i 土层的剪切波速（m/s）。

6.5.3.3　场地的类别

如上所述，建筑场地类别是场地条件的基本表征，而不同场地上的地震动，其频谱特征值有明显的差别。通过总结国内外对场地划分的经验以及对震害的总结、理论分析和实际勘察资料，我国《建筑抗震设计规范》指出：建筑场地类别应根据土层等效剪切波速和场地覆盖层厚度划分为 4 个不同的类别（其中 1 类分为 I_0 和 I_1 两类），见表 6.4。

表 6.4　各类建筑场地的覆盖层厚度（单位：m）

岩石的剪切波速或土的等效剪切波速/（m/s）	场地类别				
	I_0	I_1	II	III	IV
$v_s > 800$	0				
$800 \geqslant v_s > 500$		0			
$500 \geqslant v_s > 250$		< 5	≥ 5		
$250 \geqslant v_s > 150$		< 3	3~50	> 50	
$v_s \leqslant 150$		< 3	3~15	15~80	> 80

表 6.4 的分类标准主要适用子剪切波速随深度递增的一般情况。在实际工程中，层状夹层的影响比较复杂，很难用单一指标反映，所以《建筑抗震设计规范》规定：当有可靠的剪切波速和覆盖层厚度且其值处于表 6.4 所列场地类别的分界线附近时，应允许按插值方法确定地震作用计算所用的设计特征周期。

当场地内有发震断裂时，应对断裂的工程影响进行评价。符合下列条件之一者，可忽略发震断裂错动对地面建筑的影响：抗震设防烈度小于 8 度；非全新世活动断裂；抗震设防烈度为 8 度和 9 度时，隐伏断裂的土层覆盖层厚度分别大于 60 和 90 m。如果不满足上述条件，则应避开主断裂带，其避让距离按表 6.5 采用。

表 6.5　发震断裂的最小避让距离（单位：m）

烈度	建筑抗震设防类别			
	甲	乙	丙	丁
8 度	专门研究	200 m	100 m	—
9 度	专门研究	400 m	200 m	—

在选择建筑场地时，应避开对建筑抗震不利地段，当需要在条状的突出山嘴、高耸孤立的山丘、非岩石和强风化岩石的陡坡、河岸和边坡边缘等不利地段建造丙类以及丙类以上建筑时，除保证其在地震作用下的稳定性外，还应估计不利地段对设计地震动参数可能产生的放大作用，其地震影响系数最大值应乘以增大系数。其值可根据不利地段的具体情况确定，在 1.10~1.60 范围内采用。

6.5.4　地基与基础的抗震验算

众所周知，基础在建筑结构中起着承上启下的作用，一方面要承担上部结构传来的荷载，另一方面要将内力传给基础下的地基。大量的历史震害资料的统计分析表明，一般土层地基在地震时很少发生问题，只有很少一部分是因为地基失效导致上部结构破坏的。这类能够导致上部结构破坏的地基多为液化地基、容易产生震陷的软弱粘上地基或严重不均匀地基。要特别注意的是，虽然造成地基失效的地基是一小部分，但这类地基震害却是不可忽视的。历次震害调查表明，一旦地基发生破坏，震害相当严重，而且震后的修复加固就相当困难。所以，设计地震区的建筑物，应根据场地土质的不同情况采用不同的处理方案，以及相应的抗震措施。

6.5.4.1　地基抗震设计原则

1. 软弱土地基

在地震区，对饱和的淤泥和淤泥质土、冲填土和杂填土、不均匀地基土等，不能不做任何处理直接作为建筑物的天然地基。工程实践证明，这些地基土在一般静力条件下具有一定的承载力，但在地震时由于地面运动的影响，会全部或部分地丧失承载能力，或者产生不均匀沉降，造成建筑物的破坏或影响建筑物正常使用。对软弱地基应采取地基处理措施，如地基土置换、振冲挤密、强夯等，消除地基的动力不稳定性；或者采用桩基等深基础，避开可能失效的地基对上部结构的不利影响。

2. 可不进行天然地基及基础抗震验算的建筑

根据国内多次强烈地震中建筑物遭受破坏的资料分析，下列在天然地基上的各类建筑物，极少产生因地基破坏而引起的结构破坏，故我国《建筑抗震设计规范》规定可不进行地基及基础的抗震承载力验算。

《建筑抗震设计规范》规定可不进行上部结构抗震验算的建筑：

地基主要受力层范围内不存在软弱黏性土的建筑：① 一般单层厂房和单层空旷房屋；② 砌体房屋；③ 不超过8层且高度在24 m以下的一般民用框架房屋和框架-抗震墙房屋；④ 基础荷载与③ 项相当的多层框架厂房和多层混凝土抗震墙房屋。这里所说的软弱黏性土层是指抗震设防烈度为7度、8度和9度时，地基土静承载能力标准值分别小于80 kPa、100 kPa和120 kPa的土层。

6.5.4.2 天然地基在地震作用下的抗震承载力验算

1. 地基土抗震承载力

地基土在静力作用下的承载力与地震作用下的承载力是有区别的。我们可以从以下两点来分析：其一，地基土在静荷载作用下，地基土将产生弹性变形和永久变形，其中弹性变形可在短时间内完成，但永久变形的完成则需要较长的时间。而地震作用是有限次数不等幅的随机荷载，其等效循环荷载不超过十几次到几十次，并且作用时间很短，所以只能是土层产生弹性变形，其结果是地震作用时地基的变形要比相同条件静荷载产生的地基变形要小得多。因此，有地震作用时地基土的抗震承载力应比地基土的静承载力。其二，地震是偶发事件，是特殊荷载，因而地基抗震承载力可靠度可以比静荷载作用时有所降低。

基于上述考虑，我国《建筑抗震设计规范》规定，在对天然地基基础进行抗震验算时，地基抗震承载力为

$$f_{aE} = \zeta_a f_a \qquad (6-5)$$

式中　　f_{aE}——调整后的地基承载力设计值（/kPa）；

　　　　ζ_a——地基抗震承载力调整系数，应按表6.6采用；

　　　　f_a——深宽修正后的地基承载力特征值，应按《建筑地基基础设计规范》（GB50007—2010）采用。

表6.6　地基土抗震承载力调整系数

岩土名称和性状	ζ_a
岩石，密实的碎石土，密实的砾、粗、中砂，$f_{ak} \geqslant 300$ 的黏性土和粉土	1.5
中密、稍密的碎石土，中密和稍密的砾、粗、中砂，密实和中密的细、粉砂，$150 \leqslant f_{ak} < 300$ 的黏性土和粉土，坚硬黄土	1.3
稍密的细、粉砂，$100 \leqslant f_{ak} < 150$ 的黏性土和粉土，可塑黄土	1.1
淤泥，淤泥质土，松散的砂，杂填土，新近堆积黄土和流塑黄土	1.0

表6.6列出的地基土抗震承载力调整系数 ζ_a，主要依据是参考国内外资料和相关规范的有关规定，考虑了地基土在有限次循环动力作用下强度一般较静强度有所提高和在地震作用下结构可靠度容许有一定程度降低这两方面因素，并按岩土名称、性能及其承载力特征值 ζ_a 来确定。

2. 天然地基的抗震验算

验算天然地基地震作用下的竖向承载力时，按地震作用效应标准组合（各作用分项系数均取 1.0）的基础底面平均压力和边缘最大压力应符合下列要求

$$p \leqslant f_{aE} \qquad\qquad (6-6)$$

$$p_{\max} \leqslant 1.2 f_{aE} \qquad\qquad (6-7)$$

式中　p——地震作用效应标准组合的基础底面平均压力；

　　　$p_{\max}$——地震作用效应标准组合的基础底面边缘最大压力；

　　　f_{aE}——调整后的地基抗震承载力。

高宽比大于 4 的高层建筑，在地震作用下基础底面不宜出现脱离区（零应力区），其他建筑，基础底面与地基土之间脱离区（零应力区）面积不应超过基础底面面积的 15%。根据这一规定，对基础底面为矩形的基础（如图 6.13 所示），其受压宽度 b' 与基础宽度 b 之比应大于85%，即 $b' \geqslant 0.85b$。

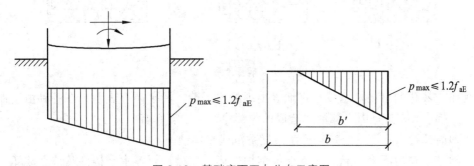

图 6.13　基础底面压力分布示意图

6.5.4.3　地基上的液化与防治措施

1. 地基土的液化

地下水位以下饱和的松砂和粉土在地震作用下，土颗粒间有压密的趋势，孔隙水压力增高及孔隙水向外运动，这样，一方面可能引起地面上发生喷水冒砂现象，另一方面更多的水分来不及排除，使土颗粒处于悬浮状态，形成有如"液体"一样的现象，称为液化。

砂土的液化机理可以用图 6.14 来说明。假定砂土是一些均匀的圆球，若震前处于松散状态，当受水平方向的周期振动作用时，颗粒要挤密，最终形成紧密的排列。在由松变密的过程中，如果土是饱和的，孔隙内充满水，且孔隙水在振动的短促期间内排不出去，就将出现从松到密的过渡阶段。这时颗粒离开原来位置，而又未落到新的稳定位置上，与四周颗粒脱离接触，处于悬浮状态，这种情况下颗粒的自重，连同作用在颗粒上的荷载将全部由孔隙水压力承担。

由上可知，饱和砂土的地震液化破坏，关键在于饱和砂土孔隙水压力变化。还可以用土力学原理作进一步的解释，饱和砂土的抗剪强度为

$$\tau_f = \bar{\sigma} \tan \phi = (\sigma - u) \tan \phi \qquad\qquad (6-8)$$

式中　$\bar{\sigma}$——剪切面上有效法向压应力（粒间压应力）；

　　　σ——剪切面上总的法向压应力；

u——剪切面上孔隙水压力；

ϕ——土的内摩擦角。

地震时，由于场地土做强烈振动，孔隙水压力 u 急剧增高，直至与总的法向压应力 σ 相等，即有效法向压应力 $\bar{\sigma} = \sigma - u = 0$ 时，砂土颗粒便呈悬浮状态。土体抗剪强度 $\tau_f = 0$，从而使场地土失去承载能力，砂土呈液体流动状态，称为液化现象。甚至砂土还可以从地面喷出，从而出现喷水冒砂现象。

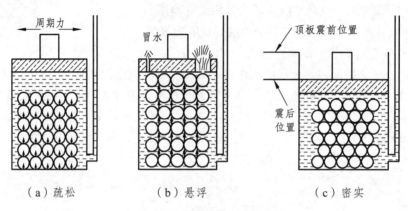

图 6.14　地基土液化机理

在现场，液化的出现标志就是在地表出现喷水冒砂。震害调查表明，在各种由于地基失效引起的震害中，80%是因土体液化造成的。液化产生的震害有：

（1）地面开裂、下沉使建筑物产生过度下沉或整体倾斜。

（2）地基不均匀沉降引起建筑物上部结构破坏，使梁、板等水平构件及节点破坏，从而使墙体开裂和建筑物形体变化处开裂。

（3）淹没农田，淤塞渠道，掏空路基。

（4）沿河岸出现裂缝、滑移，造成桥梁破坏等。

地基的液化受多种因素的影响，主要的因素有：

（1）土层的地质年代。地质年代越古老的饱和砂土越不容易液化。

（2）土的组成和密实程度。一般来说，颗粒均匀单一的土比颗粒级配良好的土容易液化，松砂比密砂容易液化；细砂比粗砂容易液化（这是因为细砂的渗透性较差，地震是容易产生超静孔隙水压力）。另外，粉土中黏性颗粒多的要比黏性颗粒少的不容易液化。这是因为随着土的黏聚力的增加，土颗粒不容易流失。

（3）液化土层的埋深。随着液化砂土层埋深的增大，砂土层上的有效覆盖应力增大，就不容易发生液化。

（4）地下水位深度。随着地下水位的上升，液化的可能性增大。

（5）地震烈度和持续时间。地震烈度越高，越容易发生液化；地震动持续时间越长，越容易发生液化。所以同等烈度情况下的远震与近震相比较，远震较近震更容易液化。

2. 液化的判别

当建筑物的地基有饱和砂土或饱和粉土时，应经过勘察试验预测其在未来地震时是否会出现液化，并确定是否需要采取相应的抗液化措施。

《抗震规范》规定，当基本烈度为 6 度时，一般情况下可不考虑对饱和砂土的液化判别和地基处理，但对液化沉陷敏感的乙类建筑，即由地基液化引起的沉陷可导致结构破坏或使结构不能正常使用的，均应按 7 度考虑；当基本烈度为 7~9 度时，乙类建筑可按本地区抗震设防烈度的要求进行判别和处理。

为了减少判别场地土液化的勘察工作量，饱和土液化的判别步骤分两步进行，即初步判别和标准贯入试验判别，凡是经初步判定为不液化或不考虑液化影响，则可不进行标准贯入试验判别。

1）初步判别

《抗震规范》规定，对于饱和的砂土或粉土（不含黄土），当符合下列条件之一时，可初步判别为不液化或不考虑液化影响的场地土：

（1）地质年代为第四纪晚更新世（Q_3）及其以前时，冲洪积形成的密实饱和砂土或粉土（不含黄土），7~9 度时可判为不液化土。

（2）粉土的粘粒（粒径小于 0.005 mm 的颗粒）含量百分率（%）在 7 度、8 度和 9 度分别不小于 10、13 和 16 时，可判为不液化土。

（3）天然地基的建筑，当上覆非液化土层厚度和地下水位深度符合下列条件之一时，可不考虑液化影响：

$$d_u > d_0 + d_b - 2 \qquad\qquad（6\text{-}9a）$$

$$d_w > d_0 + d_b - 3 \qquad\qquad（6\text{-}9b）$$

$$d_u + d_w > 1.5d_0 + 2d_b - 4.5 \qquad\qquad（6\text{-}9c）$$

式中　　d_u——上覆非液化土层厚度（m），计算时宜将淤泥和淤泥质土层扣除；

　　　　d_w——基础埋置深度（m），不超过 2 m 时采用 2 m；

　　　　d_0——地下水位深度（m），宜按建筑使用期内年平均最高水位采用，也可按近期内年最高水位采用；

　　　　d_b——液化土特征深度（m），按下表采用。

表 6.7　液化土特征深度

饱和土类别	7 度	8 度	9 度
粉　　土	6	7	8
砂　　土	7	8	9

2）标准贯入试验判别法

当初步判别认为需要进一步进行液化判别时，应采用标准贯入试验判别方法判别地面下 20 m 深度范围内土的液化；对可不进行天然地基及基础的抗震承载力验算的各类建筑，可只判别地面以下 15 m 范围内土的液化。当饱和土标准贯入锤击数（未经杆长修正）小于液化判别标准贯入锤击数临界值 N_{cr} 时，应判为液化土。当有成熟经验时，尚可采用其他判别方法，如进行室内动三轴、动单剪试验等。

在地面以下 20 m 深度范围内，液化判别标准贯入锤击数临界值可按下式计算：

$$N_{cr} = N_0\beta[\ln(0.6d_s + 1.5) - 0.1d_w]\sqrt{\frac{3}{\rho_c}} \qquad\qquad（6\text{-}10）$$

式中 N_{cr} ——液化判别标准贯入锤击数临界值；

N_0 ——液化判别标准贯入锤击数基准值，可按表取值；

d_s ——饱和土标准贯入点深度（m）；

ρ_c ——黏粒含量，当小于3%或为砂土时，应采用3%；

β ——调整系数，设计地震第一组取0.80，第二组取0.95，第三组取1.05。

表6.8　液化判别标准贯入锤击数基准值

设计基本地震加速度	0.10g	0.15g	0.20g	0.30g	0.40g
N_0	7	10	12	16	19

3. 地基液化等级

经详细判别后，弱地基土会发生液化，则应分析地基液化的危害程度，并采取相应的措施。地基液化的等级用液化指数 I_{lE} 表示。

对存在液化砂土层、粉土层的地基，应探明各液化土层的深度和厚度，按式计算每个钻孔的液化指数，并按表综合划分地基的液化等级，评价液化土层可能造成的危害程度。

$$I_{lE} = \sum_{i=1}^{n} (1 - \frac{N_i}{N_{cri}}) d_i W_i \qquad (6\text{-}11)$$

式中 I_{lE} ——液化指数；

n ——判别深度内每一个钻孔标准贯入试验点总数；

N_i, N_{cri} ——分别为 i 点标准贯入锤击数的实测值和临界值，当实测值大于临界值时取等于临界值；

d_i ——第 i 点所代表的土层厚度（m）；

W_i ——第 i 层考虑单位土层厚度的层位影响权系数。若判别深度为15 m，当该层中点深度不大于5 m时采用10，等于15 m时应取零值，5～15 m时应按线性内插值法取值；若判别深度为20 m，当该层中点深度不大于5 m时采用10，等于20 m时应取零值，5~20 m时应按线性内插值法取值。

由液化指数，按表6.9确定液化等级。

表6.9　液化等级的确定

液化指数	液化等级	地面喷水冒砂情况	对建筑物的危害程度
$0 < I_{lE} \leq 6$	轻微	地面无喷水冒砂，或仅在洼地、河边有零星的喷水冒砂点	危害性小，一般不致引起明显的震害
$6 < I_{lE} \leq 18$	中等	喷水冒砂可能性大，从轻微到严重均有，多数属中等	危害性较大，可造成不均匀沉陷和开裂，有时不均匀沉陷可达200 mm
$I_{lE} > 18$	严重	一般喷水冒砂都很严重，地面变形很明显	危害性大，不均匀沉陷可能大于200 mm，高重心结构可能产生不允许的倾斜

4. 液化的防治措施

目前常用的液化防治措施都是在总结大量震害经验的基础上提出的，综合考虑了建筑物的重要性和地基液化等级及其危害程度，再根据场地的实际情况具体确定。

当液化砂土层、粉土层较平坦且均匀时，宜按表选取地基抗液化措施；尚可计入上部结构重力荷载对液化危害的影响，根据对液化震陷量的估计适当调整抗液化措施。此外，不宜将未处理的液化土层作为天然地基持力层。

表 6.10　抗液化措施

建筑抗震设防类别	地基的液化等级		
	轻　微	中　等	严　重
乙类	部分消除液化沉陷，或对地基和上部结构处理	全部消除液化沉陷，或部分消除液化沉陷且对地基和上部结构处理	全部消除液化沉陷
丙类	基础和上部结构处理，亦可不采取措施	基础和上部结构处理，或更高要求的措施	全部消除液化沉陷，或部分消除液化沉陷且对地基和上部结构处理
丁类	可不采取措施	可不采取措施	地基和上部结构处理，或其他经济的措施

1）全部消除地基液化沉陷的措施应符合：

（1）采用桩基时，桩端深入液化深度以下稳定土层中的长度（不包括桩尖部分），应按计算确定，且对碎石土，砾、粗、中砂，坚硬粘性土和密实粉土尚不应小于 0.8 m，对其他非岩石尚不应小于 1.5 m。

（2）采用深基础时，基础底面埋入深度以下稳定土层中的深度，不应小于 0.5 m。

（3）采用加密法（如振冲、振动加密、砂桩挤密、强夯等）加固时，应处理至液化深度下界，且处理后土层的标准贯入锤击数的实测值不宜大于相应的临界值。

（4）挖除全部液化土层。

（5）采用加密法或换土法处理时，在基础边缘以外的处理宽度，应超过基础底面下处理深度的 1/2 且不小于基础宽度的 1/5。

2）部分消除地基液化沉陷的措施应符合：

（1）处理深度应使处理后的地基液化指数减少，当判别深度为 15 m 时，其值不宜大于 4，当判别深度为 20 m 时，其值不宜大于 5；对独立基础与条形基础，尚不应小于基础底面下液化特征深度和基础宽度的较大值。

（2）处理深度范围内，应挖除其液化土层或采用加密法加固，使处理后土层的标准贯入锤击数实测值不小于相应的临界值。

（3）基础边缘以外的处理宽度与全部清除地基液化沉陷时的要求相同。

3）减轻液化影响的基础和上部结构处理，可综合考虑采用下列措施：

（1）选择合适的基础埋置深度。

（2）调整基础底面积，减少基础偏心。

（3）加强基础的整体性和刚性，如采用箱基、筏基或钢筋混凝土十字形基础，加设基础圈梁、基础梁系等。

（4）减轻荷载，增强上部结构的整体刚度和均匀对称性，合理设置沉降缝，避免采用对不均匀沉降敏感的结构形式等。

（5）管道穿过建筑处应预留足够尺寸或采用柔性接头等。

6.5.4.4 基础抗震验算

（1）天然地基基础的抗震验算

地震发生时，常见的天然地基浅基础震害包括沉降、不均匀沉降、倾斜、局部倾斜、水平位移和受拉破坏等。对于承重结构，不均匀沉降常导致上部结构受力不均匀而引起建筑物开裂、倾斜甚至倒塌。倾斜与局部倾斜多由不均匀沉降引起，地震宏观震害经验表明，桩基础的抗震性能一般要优于同类结构的天然基础。但也发现了一些问题。《建筑抗震设计规范》（GB50011—2010）提出了桩基础抗震验算和构造要求。以减轻桩基础的震害。

（2）可不进行桩基础抗震承载力验算的范围

地震震害经验表明，对主要承受竖向荷载的桩基础，无论在液化地基还是非液化地基，抗震效果一般较好。因此，《建筑抗震设计规范》（GB50011—2010）规定，针对承受竖向荷载为主的低承台桩基础，当地面下无液化土层，且桩承台周围无淤泥、淤泥质土和地基承载力特征值不大于 100 kPa 的填土时，下列建筑可不进行桩基础的抗震验算：

① 抗震规范规定可不进行上部结构抗震验算的建筑。

② 7 度和 8 度时的下列建筑：

a. 一般的单层厂房、单层空旷房屋；

b. 不超过 8 层且高度在 24 m 以下的一般民用框架房屋；

c. 基础荷载与不超过 8 层且高度在 24 m 以下一般民用框架房屋相当的多层框架厂房和多层混凝土抗震墙房屋。

（3）非液化土中低承台桩基础的抗震验算，应符合下列规定：

单桩的竖向和水平向抗震承载力特征值可比非抗震设计时提高 25%。

当承台周围的回填土夯实至干密度不小于《建筑地基基础设计规范》（GB50007—2011）对填土的要求时，可由承台正面填土与桩共同承担水平地震作用；但不应计入承台地面与地基土间的摩擦阻力。

（4）存在液化土层的低承台桩基抗震验算，应符合下列规定：

承台埋深较浅时，不宜计入承台周围土的抗力或刚性地坪对水平地面作用的分担作用。

当桩承台底面上、下分别有厚度不小于 1.5、1.0 m 的非液化土层或非软弱土层时，可按下列两种情况进行桩的抗震验算，并按不利情况设计：

表 6.11　土层液化影响折减系数

实际标准贯入锤击数/临界标准贯入锤击数	深度 d_s / m	折减系数
不大于 0.6	$d_s \leqslant 10$	0
	$10 < d_s \leqslant 20$	1/3
大于 0.6 且不大于 0.8	$d_s \leqslant 10$	1/3
	$10 < d_s \leqslant 20$	2/3
大于 0.8 且不大于 1.0	$d_s \leqslant 10$	2/3
	$10 < d_s \leqslant 20$	1

桩承受全部地震作用，桩承载力按非液化土情况确定，但液化土的桩周摩擦力及桩水平抗力，均应乘以液化影响折减系数，其值按表 6.11 采用。

地震作用按水平地震系数最大值的 10%采用，桩承载力仍按非液化土的情况确定，但应扣除液化土层的全部摩擦阻力及桩承台下 2 m 深度范围内非液化土层的桩周摩擦力。

打入式预制桩及其他挤土桩，当平均桩距为 2.5~4 倍桩径且桩数不少于 5×5 时，可计入打桩对土的加密作用及桩身对液化土变形限制的有利影响。当打桩后桩间土的标准贯入锤击数达到不液化的要求时，单桩承载力可不折减，但对桩间持力层作强度校核时，桩群外侧的应力扩散角应取为零。打桩后桩间土的标准贯入锤击数宜由试验确定，也可按下式计算

$$N_1 = N_p + 100\rho(1 - e^{-0.3N_P}) \tag{6-12}$$

式中　N_1——打桩后的标准贯入锤击数；

　　　ρ——打入式预制桩的面积置换率；

　　　N_p——打桩前的标准贯入锤击数；

　　　e——打桩后土体的孔隙比。

（5）桩基的抗震措施

实践证明，桩基础的抗震性能较好，并可穿透液化土层或软弱土层，将建筑物荷载直接传递到下部稳定土层中。需要注意的是，桩尖埋入稳定土层的深度不应小于 1~2 m，并应进行必要的抗震验算。

桩基宜采用低承台，以便发挥承台周围土体的阻抗作用。按照《建筑抗震设计规范》（GB50011—2010）的要求，处于液化土中的桩基承台周围，宜用密实干土填筑夯实，若用砂土或粉土则应使土层的标准贯入锤击数不小于规定的液化判别标准贯入锤击数临界值。液化土和震陷软土中桩的配筋范围，应自桩顶至液化深度以下符合全部消除液化沉陷所要求的深度，其纵向钢筋应与桩顶部相同，箍筋应加粗加密。

6.6　单自由度体系的弹性地震反应分析

抗震设计中，当结构形式、布置等初步确定后，一般应进行抗震计算，结构抗震计算包括以下三方面内容：

（1）结构所受到的地震作用及其作用效应（包括弯矩、剪力、轴力和位移）的计算。

（2）将地震作用效应与其他荷载作用如结构的自重、楼屋面的可变荷载、风荷载等效应进行组合，确定结构构件的最不利内力。

（3）进行结构或构件截面抗震能力计算及抗震极限状态设计复核，使结构或构件满足抗震承载力与变形能力要求。

地震作用及其效应的分析方法有动力分析法和反应谱法两类。动力分析法需以结构和地震动输入为基础，建立动力模型和运动微分方程，用动力学理论计算地震动过程中结构反应的时间历程，又称时程分析法。

目前，我国和其他许多国家的抗震设计规范都采用反应谱理论来确定地震作用。这种计算理论是根据地震时地面运动的实测纪录，通过计算分析所绘制的加速度（在计算中通常采

用加速度相对值）反应谱曲线为依据的。所谓加速度反应谱曲线，就是单质点弹性体系在一定地震作用下，最大反应加速度与体系自振周期的函数曲线。如果已知体系的自振周期，那么利用加速度反应谱曲线或相应公式就可以很方便地确定体系的反应加速度，进而求出地震作用。

应用反应谱理论不仅可以解决单质点体系的地震反应计算问题，而且，在一定假设条件下，通过振型组合的方法还可以计算多质点体系的地震反应。

6.6.1　单质点弹性体系的地震反应

1. 运动方程的建立

为了研究单质点弹性体系的地震反应，我们首先建立体系在地震作用下的运动方程。图6.15 表示单质点弹性体系的计算简图。

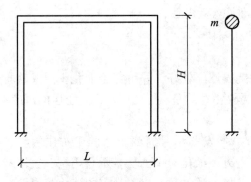

图 6.15　单质点弹性体系计算简图

由结构动力学方法可得到单质点弹性体系运动方程：

$$m\ddot{x}(t) + c\dot{x}(t) + kx(t) = -m\ddot{x}_g(t) \tag{6-13}$$

其中 $x_g(t)$ 表示地面水平位移，是时间 t 的函数，它的变化规律可自地震时地面运动实测记录求得；$x(t)$ 表示质点对于地面的相对弹性位移或相对位移反应，它也是时间 t 的函数，是待求的未知量。

若将式（6-13）与动力学中单质点弹性体系在动荷载 $F(t)$ 作用下的运动方程

$$m\ddot{x}(t) + c\dot{x}(t) + kx(t) = F(t) \tag{6-14}$$

进行比较，不难发现两个运动方程基本相同，其区别仅在于式（6-13）等号右边为地震时地面运动加速度与质量的乘积；而式（6-14）等号右边为作用在质点上的动荷载。由此可见，地面运动对质点的影响相当于在质点上加一个动荷载，其值等于 $m\ddot{x}_g(t)$，指向与地面运动加速度方向相反。因此，计算结构的地震反应时，必须知道地面运动加速度 $\ddot{x}_g(t)$ 的变化规律，而 $\ddot{x}_g(t)$ 可由地震时地面加速度记录得到。

为了使方程进一步简化，设

$$\omega^2 = \frac{k}{m} \tag{6-15}$$

$$\zeta = \frac{c}{2\sqrt{km}} = \frac{c}{2\omega m} \tag{6-16}$$

将上式代入式（6-13），经简化后得：

$$\ddot{x}(t) + 2\zeta\omega\dot{x}(t) + \omega^2 x(t) = -\ddot{x}_g(t) \tag{6-17}$$

式（6-17）就是所要建立的单质点弹性体系在地震作用下的运动微分方程。

2. 运动方程的解答

式（6-17）是一个二阶常系数线性非齐次微分方程，它的解包含两个部分：一个是对应于齐次微分方程的通解；另一个是微分方程的特解。前者代表自由振动，后者代表强迫运动。

1）运动方程的通解

为求方程（6-17）的全部解答，先讨论齐次方程

$$\ddot{x}(t) + 2\zeta\omega\dot{x}(t) + \omega^2 x(t) = 0 \tag{6-18}$$

的通解。由微分方程理论可知，其通解为：

$$x(t) = e^{-\zeta\omega t}(A\cos\omega't + B\sin\omega't) \tag{6-19}$$

式中 $\omega' = \omega\sqrt{1-\zeta^2}$；$A$ 和 B 为常数，其值可由问题的初始条件确定。当阻尼为 0 时，式（6-19）变为：

$$x(t) = A\cos\omega t + B\sin\omega t \tag{6-20}$$

式（6-20）为无阻尼单质点体系自由振动的通解，表示质点做简谐振动，这里 $\omega = \sqrt{k/m}$ 为无阻尼自振频率。对比式（6-19）和式（6-20）可知，有阻尼单质点体系的自由振动为按指数函数衰减的简谐振动，其振动频率为 $\omega' = \omega\sqrt{1-\zeta^2}$，$\omega'$ 称为有阻尼的自振频率。

根据初始条件 $t=0$ 可以确定常数 A 和 B，将 $t=0$ 和 $x(t) = x(0)$ 代入式（6-19）得：

$$A = x(0)$$

为确定常数 B，对时间 t 求一阶导数，并将 $t=0$，$\dot{x}(t) = \dot{x}(0)$ 代入，得：

$$B = \frac{\dot{x}(0) + \zeta\omega x(0)}{\omega'}$$

将 A、B 值代入式（6-9）得：

$$x(t) = e^{-\zeta\omega t}\left[x(0)\cos\omega't + \frac{\dot{x}(0) + \zeta\omega x(0)}{\omega'}\sin\omega't\right] \tag{6-21}$$

上式就是式（6-8）在给定的初始条件时的解答。

由 $\omega' = \omega\sqrt{1-\zeta^2}$ 和 $\zeta = c/2m\omega$ 可以看出，有阻尼自振频率 ω' 随阻尼系数 c 增大而减小，即阻尼愈大，自振频率愈慢。当阻尼系数达到某一数值 c_r 时，即

$$c = c_r = 2m\omega = 2\sqrt{km} \tag{6-22}$$

时，则 $\omega' = 0$，表示结构不再产生振动。这时的阻尼系数 c_r 称为临界阻尼系数。它是由结构的质量 m 和刚度 k 决定的，不同的结构有不同的阻尼系数。而

$$\zeta = \frac{c}{2m\omega} = \frac{c}{c_r} \tag{6-23}$$

上式表示结构的阻尼系数 c 与临界阻尼系数 c_r 的比值，所以 ζ 称为临界阻尼比，简称阻尼比。

在建筑抗震设计中，常采用阻尼比 ζ 表示结构的阻尼参数。由于阻尼比 ζ 的值很小，它的变化范围在 0.01 到 0.1 之间，因此，有阻尼自振频率 $\omega' = \omega\sqrt{1-\zeta^2}$ 和无阻尼自振频率 ω 很接近，因此计算体系的自振频率时，通常可不考虑阻尼的影响。

2）地震作用下运动方程的特解

进一步考察运动方程（6-17）

$$\ddot{x}(t) + 2\zeta\omega\dot{x}(t) + \omega^2 x(t) = -\ddot{x}_g(t) \tag{6-24}$$

可以看到，方程与单位质量的弹性体系在单位质量扰力作用下的运动方程基本相同，区别仅在于方程等号右端为地震地面加速度 $-\ddot{x}_g(t)$，所以，在求方程的解答时，可将 $-\ddot{x}_g(t)$ 看作是随时间而变化的单位质量的"扰力"。

为了便于求方程（6-17）的特解，我们将"扰力" $-\ddot{x}_g(t)$ 看作是无穷多个连续作用的微分脉冲，如图 6-16 所示。现在讨论任一微分脉冲的作用。设它在 $t = \tau - d\tau$ 开始作用，作用时间为 $d\tau$，此时微分脉冲的大小为 $-\ddot{x}_g(t)d\tau$。显然，体系在微分脉冲作用后仅产生自由振动。这时，体系的位移可按式（6-21）确定。但式中的 $x(0)$ 和 $\dot{x}(0)$ 应为微分脉冲作用后瞬时的位移和速度值。

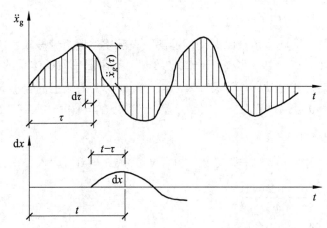

图 6-16　单自由度弹性体系地震作用下运动方程解答图

根据动量定理：

$$\dot{x}(0) = -\ddot{x}_g(\tau)d\tau \tag{6-25}$$

将 $x(0) = 0$ 和 $\dot{x}(0)$ 的值代入式（6-21），即可求得时间 τ 作用的微分脉冲所产生的位移反应

$$dx = -e^{-\zeta\omega(t-\tau)}\frac{\ddot{x}_g(\tau)}{\omega'}\sin\omega'(t-\tau)d\tau \tag{6-26}$$

将所有组成扰力的微分脉冲作用效果叠加，就可得到全部加载过程所引起的总反应。因此，将式（6-26）积分，可得时间为 t 的位移

$$x(t) = -\frac{1}{\omega'}\int_0^t \ddot{x}_g(\tau)\,e^{-\zeta\omega(t-\tau)}\sin\omega'(t-\tau)d\tau \tag{6-27}$$

上式就是非齐次线性微分方程（6-17）的特解，通称杜哈梅（Duhamel）积分。它与齐次微分方程（6-18）的通解式（6-21）之和就是微分方程（6-17）的全解。但是，由于结构阻尼的作用，自由振动很快就会衰减，公式（6-21）的影响通常可以忽略不计。

分析运动方程及其解答可以看到：地面运动加速度 $\ddot{x}_g(t)$ 直接影响体系地震反应的大小；而不同频率（或周期）的单自由度体系，在相同的地面运动下会有不同的地震反应；阻尼比 ζ 对体系的地震反应有直接的影响，阻尼比愈大则弹性反应愈小。

6.6.2 反应谱理论和单质点弹性体系水平地震作用

1. 水平地震作用基本公式

由结构力学可知，作用在质点上的惯性力等于质量 m 乘以它的绝对加速度，方向与加速度的方向相反，即

$$F(t) = -m\left[\ddot{x}_g(t) + \ddot{x}(t)\right] \tag{6-28}$$

式中 $F(t)$ 为作用在质点上的惯性力。其余符号意义同前。

如果将式（6-13）代入式（6-28），并考虑到 $c\dot{x}(t)$ 远小于 $kx(t)$ 而略去不计，则得：

$$F(t) = kx(t) = m\omega^2 x(t) \tag{6-29}$$

由上式可以看到，相对位移 $x(t)$ 与惯性力 $F(t)$ 成正比，因此，可以认为在某瞬时地震作用使结构产生相对位移是该瞬时的惯性力引起的。也就是为什么可以将惯性力理解为一种能反应地震影响的等效载荷的原因。

将式（6-27）代入式（6-29），并注意到 ω' 和 ω 的微小差别，令 $\omega = \omega'$，则得：

$$F(t) = m\omega \int_0^t \ddot{x}_g(\tau) e^{-\zeta\omega(t-\tau)} \sin\omega(t-\tau) \mathrm{d}\tau \tag{6-30}$$

由上式可见，水平地震作用是时间 t 的函数，它的大小和方向随时间 t 而变化。在结构抗震设计中，并不需要求出每一时刻的地震作用数值，而只需求出水平作用的最大绝对值。设 F 表示水平地震作用的最大绝对值，由式（6-30）得：

$$F = m\omega \left| \int_0^t \ddot{x}_g(\tau) e^{-\zeta\omega(t-\tau)} \sin\omega(t-\tau) \mathrm{d}\tau \right|_{\max} \tag{6-31}$$

或

$$F = mS_a \tag{6-32}$$

这里

$$S_a = \omega \left| \int_0^t \ddot{x}_g(\tau) e^{\zeta\omega(t-\tau)} \sin\omega(t-\tau) \mathrm{d}\tau \right|_{\max} \tag{6-33}$$

根据式（6-33），若给定地震时地面运动的加速度记录 $\ddot{x}_g(\tau)$ 和体系的阻尼比 ζ，则可计算出质点的最大加速度 S_a 和体系自振周期 T 的一条关系曲线，并且对于不同的 ζ 值就可得到不同的 $S_a - T$ 曲线。这类 $S_a - T$ 曲线称为加速度反应谱。

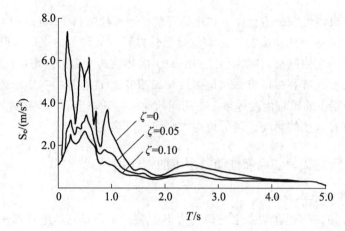

图 6.17　1940 年埃尔森特罗地震加速度反应谱

图 6.17 是根据 1940 年埃尔森特罗（El-centro）地震时，地面运动加速度记录绘出的加速度反应谱曲线。由图可见：

（1）加速度反应谱曲线为一多峰点曲线。当阻尼比等于零时，加速度反应谱的谱值最大，峰点突出。但是，不大的阻尼比也能使峰点下降很多，并且谱值随着阻尼比的增大而减小。

（2）当结构的自振周期较小时，随着周期的增大，其谱值急剧增加，但至峰值点后，则随着周期的增大其反应逐渐衰减，且渐趋平缓。

根据反应谱曲线，对于任何一个单自由度弹性体系，如果已知其自振周期 T 和阻尼比 ζ，就可以从曲线中查得该体系在特定地震记录下的绝对最大值，即：

$$F = mS_a \tag{6-34}$$

式（6-34）是计算水平地震作用的基本公式。为了便于应用，可在式中引入能反映地面运动强弱的地面运动最大加速度 $\left|\ddot{x}_g\right|_{\max}$，并将其改写成下列形式：

$$F = mS_a = mg\left(\frac{\left|\ddot{x}_g\right|_{\max}}{g}\right)\left(\frac{S_a}{\left|\ddot{x}_g\right|_{\max}}\right) = Gk\beta \tag{6-35}$$

式中 $k = \dfrac{\left|\ddot{x}_g\right|_{\max}}{g}$ 为地震系数，$\beta = \dfrac{S_a}{\left|\ddot{x}_g\right|_{\max}}$ 为动力系数。

地震系数 k 是地震动峰值加速度与重力加速度之比。显然，地面加速度愈大，地震的影响就愈强烈，即地震烈度愈大。所以，地震系数与地震烈度有关，都是地震强烈程度的参数。动力系数 β 是单质点弹性体系在地震作用下反应加速度与地面最大加速度之比，即也就是质点最大反应加速度对地面最大加速度放大的倍数。

$$\beta = \frac{S_a}{\left|\ddot{x}_g\right|_{\max}} = \frac{\omega}{\left|\ddot{x}_g\right|_{\max}}\left|\int_0^t \ddot{x}_g(\tau)\mathrm{e}^{\zeta\omega(t-\tau)}\sin\omega(t-\tau)\mathrm{d}\tau\right|_{\max} \tag{6-36}$$

与最大绝对加速度反应 S_a 一样，对于一个给定的地面加速度记录 $\ddot{x}_g(t)$ 和结构阻尼比 ζ，用式（6-36）可以计算出对应不同的结构自振周期 T 作为横坐标，可以绘制出 $\beta\text{-}T$ 曲线，称

为动力系数反应谱曲线或 β 谱曲线。由于地面运动最大加速度 $\left|\ddot{x}_g\right|_{\max}$，对于给定的地震是个常数，所以 β 谱曲线的形式与加速度反应谱曲线完全一致，只是纵坐标数值不同。

为了简化计算，将上述地震系数 k 和动力系数 β 的乘积用 a 来表示，并称为地震影响系数。

$$a = k\beta \tag{6-37}$$

因为

$$\alpha = k\beta = \frac{\left|\ddot{x}_g\right|_{\max}}{g} \times \frac{S_a}{\left|\ddot{x}_g\right|_{\max}} = \frac{S_a}{g} \tag{6-38}$$

这样，式（6-34）可以写成

$$F_{Ek} = aG \tag{6-39}$$

式中　F_{Ek}——水平地震作用标准值；

　　　G——建筑的重力荷载代表值（标准值）。

　　　a——地震影响系数，是单质点弹性体系在地震时最大反应加速度（以重力加速度 g 为单位）。另一方面，若将式（6-39）写成 $a = F_{Ek}/G$，则可以看出，地震影响系数乃是作用在质点上的地震作用与结构重力荷载代表值之比。从式（6-38）可以看出，水平地震影响系数的 α–T 曲线与加速度反应曲线 S_a–T 形状完全一样。

根据式（6-39），单自由度结构的水平地震作用标准值可以通过地震响应系数和重力荷载代表值进行计算。下面分别介绍重力荷载代表值和地震响应系数的确定。

2. 重力荷载代表值

在计算结构的水平地震作用标准值和竖向地震作用标准值时，都要用到集中在质点处的重力荷载代表值 G。《抗震规范》规定，结构的重力荷载代表值应取结构和配件自重标准值 G_k 加上各可变荷载组合值 $\sum_{i=1}^{n} \psi_{Qi} Q_{ik}$，即：

$$G = G_k + \sum_{i=1}^{n} \psi_{Qi} Q_{ik} \tag{6-40}$$

式中　Q_{ik}——第 i 个可变荷载标准值；

　　　ψ_{Qi}——第 i 个变荷载的组合值系数，见表 6.12。

表 6.12　组合值系数

可 变 荷 载 种 类		组合值系数
雪荷载		0.5
屋面积灰荷载		0.5
屋面活荷载		不计入
按实际情况考虑的楼面活荷载		1.0
按等效均布荷载考虑的楼面活荷载	藏书库、档案库	0.8
	其他民用建筑	0.5
吊车悬吊物重力	硬钩吊车	0.3
	软钩吊车	不计入

注：硬钩吊车的吊重较大时，组合值系数应按实际情况采用。

由于民用建筑楼面活荷载按等效均布荷载考虑时变化较大，考虑其地震时遇合的概率，取组合值系数为 0.5。考虑到藏书馆等活动荷载在地震时遇合的概率较大，故按等效楼面均布荷载计算活荷载时，其组合值系数取为 0.8。如果楼面活荷载按实际情况考虑，应按最不利情况取值，此时组合值系数取 1.0。

3. 设计反应谱

地震是随机的，即使在同一地点、相同的地震烈度，前后两次地震记录到的底面运动加速度时程曲线 $\ddot{x}_g(t)$ 也有很大的差别。不同的加速度时程曲线 $\ddot{x}_g(t)$ 可以算得不同的反应谱曲线，虽然它们之间有着某些共同特征，但毕竟存在着许多差别。在进行工程结构设计时，也无法预知该建筑物将会遇到怎样的地震。因此，仅用某一次地震加速度时程所得到的反应谱曲线 $S_a(T)$ 或者 $a(T)$ 作为设计标准来计算地震作用是不恰当的。为此，规范根据同一场地上所得到的强震时地面运动加速度记录 $\ddot{x}_g(t)$ 分别计算出它的反应谱曲线，然后将这些谱曲线进行统计分析，求出其中最有代表性的平均反应谱曲线作为设计依据，通常称这样的谱曲线为抗震设计反应谱。

《建筑抗震设计规范》给出的抗震设计反应谱曲线如图 6-18 所示。地震影响系数 a 作可以根据烈度、场地类别、设计地震分组以及结构自振周期和阻尼比通过图 6-18 所示的地震影响系数曲线确定。

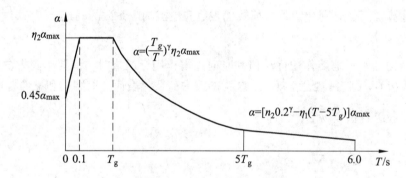

a—地震影响系数；α_{max}—地震影响系数最大值；η_1—直线下降段的下降斜率调整系数；

γ—衰减系数；T_g—特征周期；η_2—阻尼调整系数；T—结构自振周期

图 6-18　地震影响系数曲线

图 6-18 中设计反应谱曲线的形状参数和阻尼调整系数应符合下列要求：

（1）除有专门规定外，建筑结构的阻尼比应取 0.05，地震影响系数的阻尼调整系数应按 1.0 取用，形状参数应符合下列规定：

① 直线上升段，周期小于 0.1 s 的区段。

② 水平段，周期自 0.1 s 至特征周期 T_g 的区段，地震影响系数应取最大值 α_{max}。

③ 曲线下降段，自特征周期至 5 倍特征周期区段，衰减指数 γ 应取 0.9。

④ 直线下降段，自 5 倍特征周期至 6 s 区段，下降斜率调整系数 η_1 应取 0.02。

（2）当建筑结构的阻尼比按有关规定不等于 0.05 时，地震影响系数曲线的阻尼调整系数和形状参数应符合下列规定：

直线下降段的下降斜率调整系数为：

$$\eta_1 = 0.02 + \frac{0.05 - \zeta}{4 + 32\zeta} \qquad (6\text{-}41)$$

曲线下降段的衰减指数为：

$$\gamma = 0.9 + \frac{0.05 - \xi}{0.3 + 6\xi} \qquad (6\text{-}42)$$

阻尼调整系数为：

$$\eta_2 = 1 + \frac{0.05 - \xi}{0.08 + 1.6\xi} \qquad (6\text{-}43)$$

表 6.13　与基本烈度对应的地震系数和水平地震影响系数 α_{max}

抗震设防烈度		6	7	8	9
地震类别	多遇地震	0.04	0.08（0.12）	0.16（0.24）	0.32
	罕遇地震	0.28	0.50（0.72）	0.90（1.20）	1.40

注：括号中的数值分别用于设计基本地震加速度为 $0.15g$ 和 $0.30g$ 的地区。

表 6.14　特征周期值 T_g

设计地震分组	场 地 类 别				
	I_0	I_1	II	III	IV
第一组	0.20	0.25	0.35	0.45	0.65
第二组	0.25	0.30	0.40	0.55	0.75
第三组	0.30	0.35	0.45	0.65	0.90

6.7　多自由度弹性体系的地震反应分析

6.7.1　多质点体系

在进行结构动力分析时，为了简化计算，对于质量比较集中的结构，我们可以将它视作单质点体系，已如上述。对于质量比较分散的结构，为了能比较如实地反映其动力性能，可将其简化成多质点体系。例如，多层房屋当楼盖为刚性楼盖时，可把质量集中在每二层楼面[图 6.19（a）]；多跨不等高的单层厂房可以把质量集中到各个屋盖[图 6.19（b）]；而烟囱则可根据计算要求将其分为若干段，然后将各段折算成质点[图 6.19（c）]。对于一个多质点体系，当体系只在平面内作单向水平振动时，则有多少个质点就有多少个自由度。

求解结构地震作用的方法有两大类：一类是拟静力方法；另一类为直接动力方法。

多自由度体系的水平地震作用可采用第一类方法，也就是振型分解反应谱方法，在一定条件下还可采用更为简单的底部剪力法。本教材着重介绍底部剪力法。

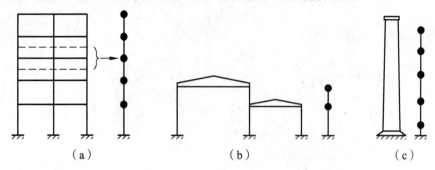

图 6.19 多自由度体系结构示意图

6.7.2 多自由度体系在地震作用下的运动方程

为简单起见，我们先考虑两个自由度的体系，然后推广到两个以上自由度的体系。图 6.20（a）为一简化成二质点体系的二层房屋在单向地震作用下，在某一个瞬间的变形情况与受力情况。与前述单自由度体系相似，取质点 1 作隔离体，如图 6.20（b）所示。作用于质点 1 上的力有惯性力、恢复力和阻尼力。两自由度体系的两个自由度的质量分别为 m_1、m_2，第一层和第二层的层间刚度分别为 k_1、k_2，阻尼系数为 c_1、c_2，如图 6.20（c）。

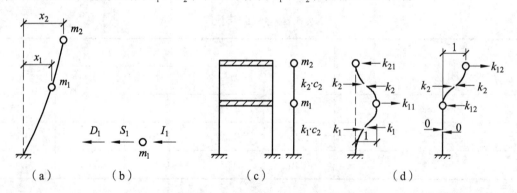

图 6.20 2 自由度结构质点隔离受力图

地面运动加速度：$\ddot{x}_g(t)$

质点相对加速度：$\ddot{x}_1(t)$、$\ddot{x}_2(t)$

质点绝对加速度：$\ddot{x}_1(t)+\ddot{x}_g$，$\ddot{x}_2(t)+\ddot{x}_g$

质点 1 的运动方程：

惯性力：$f_{I1}=m_1[\ddot{x}_1(t)+\ddot{x}_g(t)]$

恢复力：$f_{S1}=-f_{11}+f_{12}=-k_1x_1(t)+k_2[x_2(t)-x_1(t)]$

平衡方程：$f_{I1}+f_{S1}=0$

$$m_1\ddot{x}_1(t)+(k_1+k_2)\,x_1(t)-k_2x_2(t)=-m_1\ddot{x}_g(t) \tag{6-44a}$$

质点 2 的运动方程：

惯性力：$f_{I2} = -m_2[\ddot{x}_2(t) + \ddot{x}_g(t)]$

恢复力：$f_{S2} = -f_{S21} = -k_2[x_2(t) - x_1(t)]$

平衡方程：$f_{I2} + f_{S2} = 0$

$$m_2\ddot{x}_2(t) + k_2x_2(t) - k_2x_1(t) = -m_2\ddot{x}_g(t) \qquad (6\text{-}44b)$$

合写成矩阵形式

$$\begin{bmatrix} m_1 & 0 \\ 0 & m_2 \end{bmatrix}\begin{Bmatrix} \ddot{x}_1(t) \\ \ddot{x}_2(t) \end{Bmatrix} + \begin{bmatrix} k_1+k_2 & -k_2 \\ -k_2 & k_2 \end{bmatrix}\begin{Bmatrix} x_1(t) \\ x_2(t) \end{Bmatrix} = -\begin{bmatrix} m_1 & 0 \\ 0 & m_2 \end{bmatrix}\begin{Bmatrix} \ddot{x}_g(t) \\ \ddot{x}_g(t) \end{Bmatrix} \qquad (6\text{-}45)$$

即：$[M]\{\ddot{x}(t)\} + [K]\{x(t)\} = -[M]\{I\}\ddot{x}_g(t)$

其中：$M = \begin{bmatrix} m_1 & 0 \\ 0 & m_2 \end{bmatrix}$，$K = \begin{bmatrix} k_1+k_2 & -k_2 \\ -k_2 & k_2 \end{bmatrix} = \begin{bmatrix} k_{11} & k_{12} \\ k_{21} & k_{22} \end{bmatrix}$

式中：k_{ij} 为使质点 j 产生单位位移而质点 i 保持不动时，在质点 i 处引起的弹性反力，见图 6.20（d）。

考虑阻尼时：

$$[M]\{\ddot{x}(t)\} + [C]\{\dot{x}(t)\} + [K]\{x(t)\} = -[M]\{I\}\ddot{x}_g(t) \qquad (6\text{-}46)$$

阻尼矩阵采用瑞利阻尼：$[C] = \alpha_0[M] + \alpha_1[K]$

当体系为一般多自由度体系时，公式中各项分别为：

$$[m] = \begin{bmatrix} m_1 & & & 0 \\ & m_2 & & \\ & & \cdots & \\ 0 & & & m_n \end{bmatrix}; \quad [c] = \begin{bmatrix} c_{11} & c_{12} & \cdots & c_{1n} \\ c_{21} & c_{22} & \cdots & c_{2n} \\ \vdots & \vdots & & \vdots \\ c_{n1} & c_{n2} & \cdots & c_{nn} \end{bmatrix}$$

$$[k] = \begin{bmatrix} k_{11} & k_{12} & \cdots & k_{1n} \\ k_{21} & k_{22} & \cdots & k_{2n} \\ \vdots & \vdots & & \vdots \\ k_{n1} & k_{n2} & \cdots & k_{nn} \end{bmatrix}; \quad \{\ddot{x}\} = \begin{Bmatrix} \ddot{x}_1 \\ \ddot{x}_2 \\ \vdots \\ \ddot{x}_n \end{Bmatrix}; \quad \{\dot{x}\} = \begin{Bmatrix} \dot{x}_1 \\ \dot{x}_2 \\ \vdots \\ \dot{x}_n \end{Bmatrix}; \quad \{x\} = \begin{Bmatrix} x_1 \\ x_2 \\ \vdots \\ x_n \end{Bmatrix}$$

对于上述运动方程，一般常采用振型分解法求解。这一方法需要利用多自由度弹性体系的振型及其对应的自振周期，它们是由分析体系的自由振动得来的。为此，须先讨论多自由度体系的自由振动问题。

6.7.3 多自由度体系的自振频率

将公式（6-46）中的阻尼项和右端项略去，即可得到多自由度体系的无阻尼自由振动方程：

$$[M]\{\ddot{x}(t)\} + [K]\{x(t)\} = 0 \qquad (6\text{-}47)$$

假设方程（6-47）的解为：

$$\{x(t)\} = \{X\}\sin(\omega t + \phi) \qquad (6\text{-}48a)$$

$$\{\ddot{x}(t)\} = -\omega^2\{X\}\sin(\omega t + \phi) = -\omega^2\{x(t)\} \tag{6-48b}$$

式中　$\{X\}$——体系的振动幅值向量，即振型；　ϕ——初相角。

将式（6-48）代入式（6-47）得

$$([K] - \omega^2[M])\{X\} = 0 \tag{6-49}$$

$\{X\}$为体系的振动幅值向量，其元素 $X_1, X_2, \cdots, X_n$ 不可能全部为零，否则体系就不可能产生振动。因此，为了得到$\{X\}$的非零解，系数行列式必须为零，即：

$$\left| [K] - \omega^2[M] \right| = 0$$

也可以写成：

$$\begin{vmatrix} k_{11} - \omega^2 m_1 & k_{12} & \cdots & k_{1n} \\ k_{21} & k_{22} - \omega^2 m_2 & \cdots & k_{2n} \\ \vdots & \vdots & & \vdots \\ k_{n1} & k_{n2} & \cdots & k_{nn} - \omega^2 m_n \end{vmatrix} = 0 \tag{6-50}$$

式（6-50）展开后是一个以 ω^2 为未知数的一元 n 次方程，可以求出这个方程的 n 个根（特征值）$\omega_1^2, \omega_2^2, \cdots, \omega_n^2$，得到体系的 n 个自振频率。式（6-50）称为体系的频率方程。将求得的 n 个频率按由小到大的顺序排列：

$$\omega_1 < \omega_2 < \cdots < \omega_j \cdots < \omega_n$$

由 n 个 ω 值可以求得 n 个自振周期 T（$T_j = \dfrac{2\pi}{\omega_j}$），将 n 个自振周期由大到小顺序排列：

$$T_1 > T_2 > \cdots > T_j \cdots > T_n$$

其中对应第一阵型的自振频率 ω_1 和自振周期 T_1。

考虑两自由度情况，假定位移矢量：

$$\{x(t)\} = \begin{Bmatrix} x_1(t) \\ x_2(t) \end{Bmatrix} = \begin{Bmatrix} x_1 \\ x_2 \end{Bmatrix}\sin(\omega t + \phi) \tag{6-51}$$

代入

$$-[M]\begin{Bmatrix} x_1 \\ x_2 \end{Bmatrix}\omega^2\sin(\omega t + \phi) + [K]\begin{Bmatrix} x_1 \\ x_2 \end{Bmatrix}\sin(\omega t + \phi) = 0 \tag{6-52}$$

$$([K] - \omega^2[M])\begin{Bmatrix} x_1 \\ x_2 \end{Bmatrix} = 0$$

$$([K] - \omega^2[M]) = 0$$

$$\begin{bmatrix} k_1 + k_2 - m_1\omega^2 & -k_2 \\ -k_2 & k_2 - m_2\omega^2 \end{bmatrix} = 0$$

$$(\omega^2)^2 - \left(\frac{k_1 + k_2}{m_1} + \frac{k_2}{m_2} \right)\omega^2 + \frac{k_1 k_2}{m_1 m_2} = 0$$

$$\omega^2 = \frac{1}{2}\left[\frac{k_1+k_2}{m_1}+\frac{k_2}{m_2}\pm\sqrt{\left(\frac{k_1}{m_1}-\frac{k_2}{m_2}\right)+\frac{b_2}{m_1}\left(\frac{2k_1+k_2}{m_1}+\frac{2k_2}{m_2}\right)}\right]\qquad(6\text{-}53)$$

由此可求得 ω 的两个正号实根，它们就是体系的两个自振圆频率。其中较小的一个 ω_1 称为第一自振圆频率或基本自振圆频率，较大的一个 ω_2 称第二自振圆频率。

对一般的多自由度体系，运动方程相同，式中的各项如下：

$$[k]=\begin{bmatrix}k_{11}&k_{12}&\cdots&k_{1n}\\k_{21}&k_{22}&\cdots&k_{2n}\\\vdots&\vdots&&\vdots\\k_{n1}&k_{n2}&\cdots&k_{nn}\end{bmatrix};\quad [m]=\begin{bmatrix}m_1&&&0\\&m_2&&\\&&\cdots&\\0&&&m_n\end{bmatrix};\quad \{X\}=\begin{Bmatrix}X_1\\X_2\\\vdots\\X_n\end{Bmatrix}$$

频率方程为：

$$\left\|[k]-\omega^2[m]\right\|=0\qquad(6\text{-}54)$$

根据公式（6-54）可以计算出多自由度体系的各阶频率。

6.7.4 多自由度体系的水平地震作用计算方法

多质点弹性体系的水平地震作用的计算可采用振型分解反应谱法，在一定的条件下还可采用比较简单的底部剪力法。

1. 振型分解反应谱法

地震作用就是地震时作用在结构质点 i 的惯性力，而惯性力是质点质量与绝对加速度的乘积，它的方向恒与加速度方向相反，多质点弹性体系在地震影响下，在质点 i 上所产生的地震作用等于质点短上的惯性力，即：

$$F_i(t)=-m_i[\ddot{x}_g(t)+\ddot{x}_i(t)]\qquad(6\text{-}55)$$

$$\ddot{x}_g(t)=\sum_{j=1}^{n}\gamma_j\ddot{x}_g(t)X_{ji}$$

$$\ddot{x}_i(t)=\sum_{j=1}^{n}\gamma_j\ddot{\Delta}_j(t)X_{ji}$$

$$\sum_{i=1}^{n}\gamma_i\{X_i\}=\{I\}$$

得到惯性力等于：

$$F_i(t)=-m_i\sum_{j=1}^{n}\gamma_j X_{ji}\left[\ddot{x}_g(t)+\ddot{\Delta}_j(t)\right]\qquad(6\text{-}56)$$

其中，$\ddot{\Delta}_j(t)+\ddot{x}_g(t)$ 为第 j 阵型对应的单质点体系振子的绝对加速度，该振子的自振频率为 ω_j。阻尼比为 ζ_j。在第 j 阵型第 i 质点上的地震作用最大绝对值，可写成：

$$F_{ij}=m_i\gamma_j X_{ij}\left|\ddot{\Delta}_j(t)+\ddot{x}_g(t)\right|_{\max}\qquad(6\text{-}57)$$

根据地震反应谱的定义令：

$$a_j=\frac{\left|\ddot{\Delta}_j(t)+\ddot{x}_g(t)\right|_{\max}}{g},\quad G_i=m_i g$$

则式（6-57）可写成：

$$F_{ij} = \alpha_j \gamma_j G_i X_{ij} \ (i=1,2,\cdots,n; j=1,2,\cdots,n)$$ （6-58）

式中　F_{ij}——第 j 振型第 i 质点的水平地震作用标准值；

　　　α_j——相应于第 j 阵型自振周期的影响系数；

　　　γ_j——第 j 阵型参与系数，$\gamma_j = \dfrac{\sum\limits_{i=1}^{n} G_i X_{ij}}{\sum\limits_{i=1}^{n} G_i X_{ij}^2}$；

　　　X_{ij}——质点 i 在第 j 振型的水平相对位移，即振型位移；

　　　G_i——集中于 i 质点的重力荷载代表值。

求出第 j 振型质点 i 上的水平地震作用 F_{ij} 后，就可按一般结构力学方法计算相应于各振型时结构的弯矩、剪力、轴向力和变形，这些统称为地震作用效应 S_j。但根据振型分解反应谱法确定的相应于各振型的地震作用 F_{ij} 均为最大值，因此地震作用效应 S_j 也为最大值。但结构振动时，相应于各振型的最大地震作用效应 S_j 一般不会同时发生，这就产生了振型组合的问题。

《建筑抗震设计规范》根据随机振动理论，得出了结构地震作用效应"平方和开平方"的近似计算公式：

$$S_{EK} = \sqrt{\sum S_j^2}$$ （6-59）

式中　S_{EK}——水平地震作用标准值的效应；

　　　S_j——第 j 振型水平地震作用标准值的效应，可只取前 2~3 个振型。当基本自振周期大于 1.5 s 或房屋高宽比大于 5 时，振型个数应适当增加。

2. 多自由度体系的底部剪力法

按振型分解法求解多自由度体系的地震反应时，需要计算结构的各阶频率和振型，运算较繁。为了简化计算，规范进一步提出了近似计算结构水平地震作用的底部剪力法。此法的主要思路是：先算出作用于结构的总水平地震作用，即作用于结构底部的剪力，然后将总水平地震作用按照一定的规律分配到各个质点上，从而得到各个质点的水平地震作用。底部剪力法的最主要优点是不需进行烦琐的频率和振型分析。

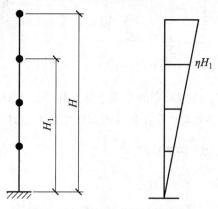

图 6-21　底部剪力法计算简图

1）底部剪力法的基本公式

底部剪力法属于一种近似方法，是针对某些建筑结构的振动特点提出的简化方法。因此，底部剪力法具有一定的适用范围。规范规定，对于以下两类建筑结构可采用底部剪力法进行抗震计算：

（1）高度不超过 40 m、以剪切变形为主且质量和刚度沿高度分布比较均匀的结构。

（2）近似于单质点体系的结构。

上述结构在振动过程中具有如下特点：

① 地震位移反应以基本振型为主。

② 基本振型接近于倒三角形分布。

根据以上特点，假定只考虑第一振型的贡献，忽略高阶振型的影响，并将第一振型处理为倒三角形直线分布，如图 6-21 所示。因此，体系振动时质点 i 处的振幅与该质点距地面的高度成正比，即

$$X_{1i} = \eta H_i \tag{6-60}$$

式中　η——比例常数。

根据式（6-58）作用在第 i 质点上的水平地震作用为：

$$F_i = \alpha_1 \gamma_1 \eta H_i G_i \tag{6-61}$$

结构总水平地震作用标准值（底部剪力）为

$$F_{EK} = \sum_{i=1}^{n} F_i = \alpha_1 \gamma_1 \eta \sum_{i=1}^{n} G_i H_i \tag{6-62}$$

由上式得

$$\alpha_1 \gamma_1 \eta = \frac{F_{EK}}{\sum\limits_{i=1}^{n} G_i H_i} \tag{6-63}$$

将上式代入式（6-63），得出计算 F_i 的表达式

$$F_i = \frac{G_i H_i}{\sum\limits_{j=1}^{n} G_i H_i} F_{EK} \tag{6-64}$$

式中　F_{EK}——结构总水平地震作用标准值（底部剪力）；

　　　　F_i——质点 i 的水平地震作用标准值；

　　　　G_i，G_j——集中质点 i，j 的重力荷载代表值，按 6.6.2 节确定；

　　　　H_i，H_j——质点 i、j 的计算高度。

式（6-64）即为按底部剪力法计算质点 i 水平地震作用的基本公式。由该式可看出，如果已知 F_{EK}，则可方便地计算 F_i。因此，问题的关键是 F_{EK} 等于多少。为简化计算，我们可根据底部剪力相等的原则，将多质点体系等效为一个与其基本周期相同的单质点体系，这样就可方便地用单自由度体系公式（6-65）计算底部剪力值，即

$$F_{EK} = \alpha_1 G_{eq} \tag{6-65}$$

$$G_{eq} = c \sum_{i=1}^{n} G_i \tag{6-66}$$

式中　G_{eq}——结构等效总重力荷载；

　　　G_i——集中于质点 i 的重力荷载代表值；

　　　c——等效系数。根据统计结果分析，其大小与结构的基本周期及场地条件有关。

当结构的基本周期小于 0.75s 时，可近似取 0.85；对于单质点体系等于 1.0。适用于用底部剪力法计算地震作用的结构的基本周期一般都小于 0.75s，所以《抗震规范》规定对于多质点体系取 $c=0.85$，对于单质点体系取 $c=1.0$。

因此，多质点体系的等效总重力荷载即为：

$$G_{eq} = 0.85 \sum_{i=1}^{n} G_i \tag{6-67}$$

对于基本周期较低的结构，计算结果误差较小。因此公式适用于基本周期 $T_1 \leq 1.4T_g$ 的结构。对于周期较长（$T_1 > 1.4T_g$ 时），需考虑高振型影响的结构，按上述公式计算的结果，结构顶部的地震剪力偏小，还需进行调整。

2）顶部地震作用的调整

调整的方法是将结构总地震作用的一部分作为集中力作用于结构的顶部，再将余下的部分按倒三角形分配给各质点。

顶部附加的集中水平地震作用可表示为

$$\Delta F_n = \delta_n F_{EK} \tag{6-68}$$

式中　δ_n——顶部附加地震作用系数；

　　　ΔF_n——顶部附加水平地震作用。

δ_n 的确定：对于多层钢筋混凝土和钢结构，根据场地的特征周期 T_g 及结构的基本周期 T_1 确定；对于多层内框架砖房取 0.2；其他房屋可以不考虑 δ_n，即 $\delta_n = 0$。

$$F_i = \frac{G_i H_i}{\sum_{j=1}^{n} G_i H_i} F_{EK} (1 - \delta_n) \tag{6-69}$$

表 6.15　顶部附加地震作用系数

T_g / s	δ_n
$T_g \leq 0.35$	$0.08T_1 + 0.07$
$0.35 < T_g \leq 0.55$	$0.08T_1 + 0.01$
$T_g \geq 0.55$	$0.08T_1 - 0.02$

3）其他需要注意的问题

当房屋顶部有突出屋面的小建筑时，其顶部的地震作用可按上述公式计算。附加集中水平地震作用应置于主体房屋的顶部而不置于小建筑物的顶部。

底部剪力法适用于质量和刚度沿高度分布比较均匀的结构，当房屋顶部有突出屋面的小建筑时，重量与刚度突然变小，地震时将产生鞭端效应，使小建筑的反应特别强烈。因此，《抗震规范》规定：当采用底部剪力法计算此类小建筑的地震作用效应时，应乘以增大系数 3，但增大部分不应向下传递，但计算与该突出部分相连的构件时应予以计入。

6.8 建筑抗震概念设计

由于地震动的随机性和建筑物自身特性的不确定性，地震造成的破坏程度很难准确预测。因此，进行结构抗震设计时应多因素综合考虑。建筑抗震设计应包括三个层面的内容和要求，即抗震概念设计，抗震计算和验算，抗震构造措施。

抗震概念设计是指根据地震灾害和工程经验等所形成的结构总体设计准则、设计思想，进行结构的总体布置、确定细部构造的设计过程，对从根本上消除建筑中的抗震薄弱环节、构造良好结构抗震性能具有重要的决定作用；抗震计算和验算为抗震设计提供定量手段；抗震构造布置，保证非结构构件安全，采用隔震、消能技术，确保材料和施工质量等。

6.8.1 有利场地的选择

大量震害表明，建筑场地的地质状况、地形地貌对建筑物震害有很大影响。因此，在地震区选择建筑场地时，宜选择对建筑抗震有利的地段；尽量避开对建筑抗震不利的地段；甲类、乙类、丙类建筑不应选择地震危险地段。有利、一般、不利和危险地段的划分见表6.16。

表 6.16 有利、不利和危险地段的划分

类　　别	地质、地形、地段
有利地段	稳定基岩、坚硬土，开阔、平坦、密实、均匀的中硬土等
一般地段	不属于有利、不利和危险的地段
不利地段	软弱土，条状突出的山嘴，液化土，高耸孤立的山丘，陡坡，陡坎，河岸和边坡的边缘，平面分布上的成因，岩性，状态明显不均匀的土层（含故河道、疏松的断层破碎带、暗埋的塘滨沟谷及半填半挖地基），高含水量的可塑黄土，地表存在结构性裂缝等
危险地段	地震是可能发生滑坡、崩塌、地陷、地裂、泥石流及发震断裂带上可能发生地表位错的部位

6.8.2 合理选用建筑体型

在建筑设计和结构设计阶段，建筑物的平面、竖向布置宜规则、对称；质量、侧向刚度及承载力避免突变。结构对称，有利于减轻结构的地震扭转效应。形状规则的建筑物，地震时各部分的振动易协调一致，减小应力集中的可能性，有利于抗震。质量和刚度及承载力均匀，一方面是指在结构平面方向，应尽量使结构刚度中心（抗侧力中心）和质量中心（地震作用中心）重合，否则，平面、竖向不规则的结构（表6.17和表6.18），扭转效应会使远离刚度中心的构件产生严重的震害；另一方面是指沿结构立面高度方向，结构质量、侧向刚度及承载力不宜突变，即竖向抗侧力构件的截面尺寸和材料强度宜自下而上逐渐变化，避免变形集中的薄弱层出现，对结构抗震有利。对于因建筑或工艺要求所必需的体型复杂的结构，可通过设置防震缝使其规则化，但应注意使设缝后形成的每个单元的自振周期避开场地土的卓越周期。

表 6.17　平面不规则的类型

不规则类型	定义和参考指标
扭转不规则	在规定的水平作用下，楼层的最大弹性水平位移（或层间位移），大于该楼层两端弹性水平位移（或层间位移）平均值的 1.2 倍
凹凸不规则	结构平面凹进一侧的尺寸，大于相应投影方向总尺寸的 30%
楼板局部不连续	楼板的尺寸和平面刚度急剧变化，例如：有效楼板宽度小于该楼板典型宽度的 50%，或开洞面积大于该楼板面积的 30%，或较大的楼层错层

表 6.18　竖向不规则的类型

不规则类型	定义和参考指标
侧向刚度不规则	该层的侧向刚度小于相邻上一层的 70%，或小于其上相邻三个楼层侧向刚度平均值的 80%；除顶层外，局部收进的水平尺寸大于相邻下一层的 25%
竖向抗侧力构件不连续	竖向抗侧力构件（柱、抗震墙、抗震支撑）的内力由水平转换构件（梁、桁架等）向下传递
楼层承载力突变	抗侧力结构的层间受剪承载力小于相邻上一楼层的 80%

6.8.3　采用合理抗震结构体系

抗震结构体系一般要求如下：

（1）应合理地选择结构类型，设计结构物既要考虑其抗震的安全性，同时也要尽可能的经济，不同材料及其结构体系在不同的地震烈度下其适用高度范围是不同的。《抗震规范》对砌体结构、钢筋混凝土框架结构、框架-抗震墙结构的最大适用高度作了规定。

（2）选择结构的自振周期应尽可能与场地卓越周期错开，否则地震时，结构将发生类共振现象而加重震害。1985 年墨西哥城大地震，强震记录谱分析发现场地卓越周期约为 2s，故使自振周期接近 2s 的建筑物大批倒塌或严重破坏。

（3）结构应具有明确的计算简图，具有合理的地震作用传递路径；应具有良好的整体性和变形能力。结构体系的抗震能力综合表现在强度、刚度和变形能力三者的统一，即抗震结构体系应具备必要的强度和良好的延性或变形能力，如果抗震结构体系有较高的抗侧强度，但同时缺乏足够的延性，这样的结构在地震时很容易破坏。例如不配筋又无钢筋混凝土构造柱的砌体结构，其抗震性能是很不好的。另一方面，如果结构有较大的延性，但抗侧力的强度不符合要求，这样的结构在强烈地震作用下，必然产生相当大的变形，如纯框架结构，其抗震性能也是不理想的。震害调查表明，在历次地震中，钢筋混凝土纯框架的严重破坏，甚至倒塌者屡见不鲜。因此，重视结构整体性与变形能力是防止在大震下结构倒塌的关键。

不同的结构体系，可以通过不同的设计和抗震构造措施来增强结构与构件的变形能力。如钢筋混凝土框架结构体系可以设计成强剪弱弯、强节点弱构件等，地震时梁产生较大弯曲变形；对砌体结构可以采用配筋墙体、构造柱-圈梁体系；对混凝土小型砌块结构体系，则采用配筋砌体、芯柱-构造柱-圈梁体系等措施增加结构延性。

（4）设计多道防线。为避免因部分结构或构件失效而导致整个体系丧失抗震能力或丧失对重力的承载能力，要求结构体系由若干延性较好的不同体系组成，且由延性较好的构件连接起来协同工作。例如，在框架-抗震墙体系中，延性的抗震墙是第一道防线，令其承担全部地震力，延性框架是第二道防线，要承担墙体开裂后转移到框架的部分地震剪力。又如在框架填充墙结构中，抗侧力的砖填充墙是第一道防线，承担大部分地震剪力。框架既起了对砖墙的约束作用以提高墙体的承载力和变形能力，又承担了砖墙开裂后转移的部分地震力。对于单层工业厂房，柱间支撑是第一道抗震防线，承担了厂房纵向的大部分地震力，未设支撑的开间柱则承担因支撑损坏而转移的地震力。此外，也可以设置人工塑性铰、利用框架的填充墙、设置耗能装置等方法作为建筑的第一道抗震防线。

（5）防止薄弱层塑形变形集中。对可能出现的薄弱部位，宜采取有效措施加以改善。

《抗震规范》引入屈服强度比或屈服强度系数 $\xi_i = Q_{yi}/Q_{ei}$，根据各层 ξ_i 沿高度的分布折线图判定最小 ξ_i 值及分布曲线的其他凹点将是结构抗震的薄弱部位，它们在强烈地震作用下率先屈服而现出较大的弹塑性层间变形。

式中的 Q_{yi} 即为各层的实际抗剪屈服强度，它是按实际配筋的材料强度标准值以及构件轴力等计算而得；Q_{ei} 为假定该层不屈服而求出的弹性层间剪力。

6.8.4 保证非结构构件安全

非结构构件一般包括女儿墙、填充维护墙、玻璃幕墙、吊顶、屋顶电讯塔、饰面装置等。非结构构件的存在，将影响结构的自振特性。同时，地震时他们一般会先期破坏。因此，应特别注意非结构构件与主体结构之间应有可靠的连接或锚固，避免地震时脱落伤人。

1. 采用隔震、消能减震技术

对抗震安全性和使用功能有较高要求或专门要求的建筑结构，可以采用隔震设计或消能减震设计。结构隔震设计是指在建筑结构的基础、底部或下部与上部结构之间设置橡胶隔震支座和阻尼装置等部件，组成具有整体复位功能的隔震层，以延长整个结构体系的自振周期，减小输入上部结构的水平地震作用。结构消能减震设计是指在建筑结构中设置消能器，通过消能器的相对变形和相对速度提供附加阻尼以消耗输入结构的地震能。建筑结构的隔震设计和消能减震设计应符合相关标准的规定，也可按建筑抗震性能化目标进行设计。

2. 结构材料和施工质量

抗震结构的材料选用和施工质量应予以重视。抗震结构对材料和施工质量的具体要求应在设计文件上注明，如所用材料强度等级的最低限制，抗震构造措施的施工要求等，并在施工过程中保证按其执行。

6.9 多高层钢筋混凝土框架结构抗震计算与抗震设计

在框架结构中，框架柱既是主要的竖向承重构件，又是主要的抗侧力构件。由于框架柱的截面尺寸比较小，使框架结构的抗侧刚度比较小，在水平荷载作用下结构的侧移较大，并且以剪切变形为主。因此，要使框架结构具有较好的抗震性能，必须把框架结构设计成延性较好的结构。

结构的延性越好耗散地震能量的能力就越强。延性一般指极限变形与屈服变形之比，延性有截面、构件和结构三个层次。对钢筋混凝土结构来说，截面的延性取决于破坏形式（是剪切破坏还是弯曲破坏），弯曲破坏时截面的延性取决于受压区高度，受压区高度越小截面的转动就越大、截面延性越好，结构的延性取决于构件的延性以及各构件之间的强度对比。框架结构的主要承重构件是梁和柱，由子框架柱要承受较大的轴向压力，柱截面的受压区高度较大，所以框架柱的延性总比框架梁的延性差，框架结构应主要通过框架梁的弯曲塑性变形来消耗地震能量。

6.9.1 框架结构抗震设计的一般规定

1. 抗震等级

抗震等级是确定抗震分析及抗震措施的标准，它既考虑了技术要求又考虑了经济条件。而且将随着设计方法的改进和经济水平的提高，其标准将会作相应的调整。

科研成果与震害资料表明，对钢筋混凝土房屋的抗震要求不仅与地震烈度有关，而且还与结构类型与高度有关。同一建筑中不同的结构部位，同一结构形式在不同建筑形式中所起的作用不同，对抗震的要求也不相同。结构体系相同，烈度不同，其要求也不相同，等等。抗震规范中抗震等级共分为四级，其中一级代表最高要求的抗震等级。可以按照不同地震烈度、场地类别、建筑类别、结构体系和建筑高度按表 6.19 确定相应结构的抗震等级。

表 6.19　现浇钢筋混凝土房屋的抗震等级

结构类型		设 防 烈 度						
		6		7		8		9
框架结构	高度	≤24	>24	≤24	>24	≤24	>24	≤24
	框架	四	三	三	二	二	一	一
	大跨度框架	三		二		一		一
框架–抗震墙	高度	≤60	>60	≤24	25~60	>60	≤24	25~60	>60	≤24	25~50
	框架	四	三	四	三	二	三	二	一	二	一
	抗震墙	三		三	二		二	一		一
抗震墙结构	高度	≤80	>80	≤24	25~80	>80	≤24	25~80	>80	≤24	25~60
	抗震墙	四	三	四	三	二	三	二	一	二	一

规范中的四种建筑分类，甲类建筑要求特殊考虑，丙类建筑属于一般性大批量建筑。表6.19 是按照丙类建筑及不同烈度、场地、结构体系和房屋高度而划分的抗震等级。对于其他建筑类别，可根据情况加以调整抗震等级。乙类建筑按提高一度考虑（9 度时不再提高）；丁类建筑按降低一度考虑（6 度时不再降低）。房屋高度指地面以上高度，不包括局部突出部分。结构的计算与构造措施应与抗震等级相适应。

应当注意，在框架-抗震墙结构中，当抗震墙部分承受的地震倾覆力矩不大于结构总地震倾覆力矩的 50%时，其框架部分的抗震等级应按框架结构抗震等级考虑。这是由于这时框架–抗震墙结构的变形形式接近于框架结构，其框架部分起主要抗侧力作用，不能降低等级。

2. 不同结构体系适用的房屋最大高度

规范中规定的适用的房屋最大高度，主要是考虑了地震烈度、场地类别、结构抗震性能、使用要求、经济效果，以及规范中已规定的抗震措施特点，由工程经验粗略判定提出来的（见

表 6-20）。随着研究工作的进展与设计方法的改进，其限值将作相应调整。房屋的总高度是确定结构体系及其限制侧移值的重要影响因素之一，不同的结构体系，不同的地震烈度等因素对其适用的最大高度也将不一样。

表 6-20 是按现浇钢筋混凝土规则结构制订的。对于不规则结构、有框支层抗震墙结构或 Ⅳ 类场地上结构，其适用的最大高度应根据具体情况适当地降低。对于不规则或在 Ⅳ 类场地上的结构，可降低 20%左右。有框支层的抗震墙结构,抗震的不利因素明显,可考虑降低 20%～30%；而且对 6 度、7 度和 8 度且房屋高度超过 120 m、100 m 和 80 m 时，不宜采用有框支层的现浇抗震墙结构；9 度时，不应采用。

在选择结构体系时,应注意钢筋混凝土房屋的自振周期与场地的特征周期 T_g 尽可能错开,以减小地震作用。对建筑装修要求较高的房屋和高层建筑,应优先采用框架–抗震墙结构或抗震墙结构。

表 6.20 现浇钢筋混凝土房屋适用的最大高度

结构类型		烈　度				
		6	7	8（0.2g）	8（0.3g）	9
框架		60	50	40	35	24
框架－抗震墙		130	120	100	80	50
抗震墙		130	120	100	80	60
部分框支抗震墙		120	100	80	50	不应采用
筒体	框架－核心筒	150	130	100	90	70
	筒中同	180	150	120	100	80
板柱－抗震墙		80	70	55	40	不应采用

注：房屋高度指室外地面到檐口的高度。

6.9.2　框架结构的内力和位移计算

根据上一节抗震设计的一般规定，确定了框架的平面与竖向布置之后，参考已有的工程设计经验及柱子的轴压比控制值，即可初步确定梁、柱的截面尺寸及材料强度等级，在此基础之上再进行结构的抗震计算。

1. 地震作用计算

规范规定，高度不超过 40 m，以剪切变形为主的且质量和刚度沿高度分布比较均匀的结构，以及近于单质点体系的结构，可以采用底部剪力法等简化方法进行结构抗震计算；其他一般情况宜采用振型分解反应谱法；对特别不规则的建筑、甲类建筑和 7 度及 8 度的 Ⅰ 类、Ⅱ 类场地，房屋高度超过 80 m 的建筑，8 度Ⅲ类、Ⅳ类场地及 9 度，房屋高度超过 60 m 的建筑，宜采用时程分析法进行补充计算。

地震作用计算步骤如下：

1）确定结构的计算简图

根据前面 6.6 节重力荷载代表值的计算方法与规定,把各层重量集中在楼盖、屋盖标高处,并确定各质点重力荷载代表值。

2）确定结构的自振周期

对于质量和刚度沿高度分布比较均匀的框架结构、框架剪力墙结构和剪力墙结构，其基本自振周期可按式（6-70）计算：

$$T_1 = 1.7\Psi_T\sqrt{u_T} \qquad\qquad (6\text{-}70)$$

式中　T_1——结构基本自振周期（s）；

　　　u_T——假想的结构顶点水平位移（m），即假想把集中在各楼层处的重力荷载代表值作为该楼层水平荷载，计算的结构顶点弹性水平位移；

　　　Ψ_T——考虑非承重墙刚度对结构自振周期影响的折减系数。当非承重墙体为砌体墙时，高层建筑结构的计算自振周期可按下列规定取值：

框架结构可取 0.6~0.7；

框架-剪力墙结构可取 0.7~0.8；

剪力墙结构可取 0.8~1.0；

框架-核心筒结构可取 0.8~0.9。

对于其他结构体系或采用其他非承重墙体时，可根据工程情况确定周期折减系数。

3）地震作用计算

一般情况下，只考虑水平地震作用，并沿框架结构的两个主轴方向进行计算。对于高度不超过 40 m 以剪力变形为主的框架结构的水平地震作用标准值，可按本章 6.7.4 的底部剪力法进行计算。

2. 多遇地震作用下框架结构的抗震变形验算

框架（包括填充墙框架）宜进行低于本地区设防烈度的多遇地震作用下结构的抗震变形验算，其层间弹性位移 Δu_e 及结构顶点位移 u_e 应符合下列要求：

$$\Delta u_e \leqslant [\theta_e]h \qquad\qquad (6\text{-}71)$$

$$u_e \leqslant [\theta_e]_H H \qquad\qquad (6\text{-}72)$$

计算层间弹性位移的方法很多，当只考虑梁柱的弯曲变形时，其位移计算公式为：

$$\Delta u_{ei} = \frac{v_i}{\sum D_i} \qquad\qquad (6\text{-}73)$$

$$u_e = \sum_{i=1}^{n}\Delta u_{ei} \qquad\qquad (6\text{-}74)$$

式中　$[\theta_e]$——层间弹性位移转角限值，轻质隔墙为 1/400，砌体填充墙为 1/450，考虑砖填充墙抗侧力作用时为 1/550；

　　　$[\theta_e]_H$——结构顶点弹性位移转角限值，轻质隔墙为 1/500，砌体填充墙为 1/550；

　　　h，H——层高与建筑总高度；

　　　v_i，$\sum D_i$——i 层楼层地震剪力标准值与抗侧移刚度的 D 值。

当建筑物的高宽比 $H/B > 4$ 时，宜在式（6-74）中考虑框架柱的轴向变形所引起的水平位移值并将其计入 Δu_{ei} 之内。

3. 水平地震作用下框架的内力分析

在水平地震作用下框架的内力计算可以采用电算法；如果采用手算时，一般采用迭代法、反弯点法及 D 值法。当梁柱的线刚度比大于 3 时，可以采用反弯点法；当梁柱的线刚度比小于 3 时，可以采用 D 值法。D 值法是改进型的反弯点法，考虑了框架节点转动的影响与反弯点位置的变化。具体计算方法参见本书前面的内容。

4. 竖向荷载作用下的框架内力分析

竖向荷载作用下，框架梁柱内力计算常用的方法有分层法和弯矩二次分配法。具体计算过程参见本书前面的内容。竖向荷载计算还需注意以下问题：

当框架梁与楼板整体现浇时，现浇楼板可作为框架梁的有效翼缘。框架梁形成了 T 形或 L 形截面。计算梁截面的惯性矩时，一般边框架梁取 $I = 1.5I_0$，中框架梁取 $I = 2.0I_0$。I_0 为矩形截面梁的惯性矩。

由于节点处梁端负弯矩最大，因而配筋量大，施工困难，为保证梁端的延性和便于施工，对现浇和装配整体式框架在竖向荷载作用下的梁端负弯矩，可考虑塑性内力重分布乘以调幅系数 β，调幅系数的取值，对于装配式结构，$\beta = 0.7 \sim 0.8$；对于现浇结构，$\beta = 0.8 \sim 0.9$。调幅后，梁的跨中弯矩相应增加。值得注意的是，只有竖向荷载作用下的梁端弯矩可以调幅，水平荷载作用下的梁端弯矩不能考虑调幅。因此，必须是竖向荷载作用下的梁端弯矩调幅后，再与水平荷载产生的梁端弯矩进行组合。

据统计，国内高层民用建筑重力荷载一般为 12~15 kN/m^2，其中活荷载一般为 2 kN/m^2 左右，所占比例较小，其不利布置对结构内力的影响不大。因此，当活荷载不很大时，可按全部满载布置。这样，可不考虑框架侧移，以简化计算。当活荷载较大时，可将跨中弯矩乘以 1.1~1.2 系数加以修正，以考虑活荷载不利分布对跨中弯矩的影响。

6.9.3　框架结构的内力调整和截面抗震验算

6.9.3.1　内力组合

进行截面设计时，须先求得控制面上的最不利内力。对于框架梁，一般选梁的两端和跨中截面为其控制面；对于柱，则选柱上、下截面作为控制截面。内力不利组合就是控制截面上某项内力最大的内力组合。

多层、高层钢筋混凝土框架结构的抗震设计中，应考虑下面几种荷载效应与地震作用效应的基本组合，按下式计算：

$$S = \gamma_G S_{GE} + \psi_w \gamma_w S_{wk} + \gamma_{Eh} S_{Ehk} \tag{6-75}$$

式中　γ_G ——重力作用分项系数，取 $\gamma_G = 1.20$；

　　　γ_{Eh} ——水平地震作用分项系数，取 $\gamma_{Eh} = 1.30$；

　　　γ_w ——风荷载作用分项系数，取 $\gamma_w = 1.40$；

　　　ψ_w ——风荷载组合系数，一般结构取 $\psi_w = 0$，对风荷载起控制作用的高层建筑，

　　　　　取 $\psi_w = 0.2$；

　　　S_{GE} ——重力荷载代表值效应；

　　　S_{Ehk} ——水平地震作用标准值效应，尚应乘以相应的增大系数或调整系数；

S_{wk} ——风荷载标准值效应；

S_G ——永久荷载代表值效应。

在上述荷载组合结果和前面不考虑地震作用组合结果，取最不利的情况进行结构截面设计，设计时框架梁、柱应满足下式：

$$S \leqslant R / \gamma_{RE} \tag{6-76}$$

式中 S ——结构构件内力组合的设计值，包括组合的弯矩、轴向力和剪力设计值；

   R ——结构构件承载力设计值；

   γ_{RE} ——承载力抗震调整系数，按表 6.21。

表 6.21 承载力抗震调整系数

材料	结构构件	受力状态	γ_{RE}
钢	柱，梁，支撑，节点板件，螺栓，焊缝柱，支撑	强度	0.75
		稳定	0.80
砌体	两端均有构造住、芯柱的抗震墙	受剪	0.9
	其他抗震墙	受剪	1.0
混凝土	梁	受弯	0.75
	轴压比小于 0.15 的柱	偏压	0.75
	轴压比不小于 0.15 的柱	偏压	0.80
	抗震墙	偏压	0.85
	各类构件	受剪、偏压	0.85

6.9.3.2 框架结构的内力调整

框架结构的震害经验和试验研究结果表明，框架结构抗震设计必须遵守三条原则："强柱弱梁""强剪弱弯""强节点弱构件"。这里所谓的"强"和"弱"是相对而言的，是指前后两者的强度对比。这三条原则就是框架结构内力调整的依据，内力调整是在框架结构内力组合之后、构件截面强度验算之前进行的。

1. 按强柱弱梁原则调整柱端弯拒设计值

试验和分析结果表明，框架结构的变形能力与框架的破坏机制密切相关。如果把框架设计成"强柱弱梁"型，使梁先于柱屈服，柱子除底层柱根部可能屈服之外均基本处于弹性状态，如图 6.22（a）所示，这样，整个框架将成为总体机制，有较大的内力重分布和耗能能力，极限层间位移增大，抗震性能好。反之，如果把框架设计成"强梁弱柱"型，则柱子先出现塑性铰，而梁处于弹性状态，形成楼层机制，如图 6.22（b）所示，随着地面运动的不同，塑性变形集中可能在不同的楼层出现，楼层机制耗能少、延性差。因此，框架结构必须按强柱弱梁原则设计，即要使梁端的塑性铰先出、多出，尽量减少或推迟往端塑性铰的出现，特别是要避免在同一层各柱的两端都出现塑性铰而形成薄弱层。

由于地震的复杂性、楼板内钢筋的影响和钢筋屈服强度的超强等因素，实现"强柱弱梁"难以通过精确的计算。我国《建筑抗震设计规范》（GB50ll—2010）采用增大柱端弯矩设计值的方法。《建筑抗震设计规范》（GB5011—2010）规定，一、二、三、四级框架的梁柱节点处，除框架顶层和柱轴压比小于 0.15 者及框支梁与框支柱的节点外，柱端组合的弯矩设计值应符合下式要求：

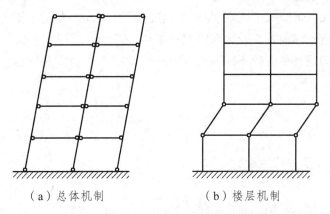

（a）总体机制　　　　　　　（b）楼层机制

图 6.22　框架的两类破坏机制

$$\sum M_c = \eta_c \sum M_b \tag{6-77}$$

一级框架结构和 9 度的一级框架可不符合上式要求，但应符合下式要求

$$\sum M_c = 1.2 \sum M_{bua} \tag{6-78}$$

式中　$\sum M_c$ ——节点上下柱端截面顺时针或反时针方向组合的弯矩设计值之和，上下柱端的弯矩设计值，可按弹性分析分配；

$\sum M_b$ ——节点左右梁端截面反时针或顺时针方向组合的弯矩设计值之和，一级框架节点左右梁端均为负弯矩时，绝对值较小的弯矩应取零；

$\sum M_{bua}$ ——节点左右梁端截面反时针或顺时针方向实配的正截面抗震受弯承载力所对应的弯矩值之和，根据实配钢筋面积（计入梁受压筋和相关楼板钢筋）和材料强度标准值确定；

η_c ——框架柱端弯矩增大系数；对框架结构，一、二、三、四级可分别取 1.7、1.5、1.3、1.2；其他结构类型中的框架，一级可取 1.4，二级可取 1.2，三、四级可取 1.1。

当反弯点不在柱的层高范围内时，说明该层的框架梁相对较弱，为避免在竖向荷载和地震共同作用下变形集中，压屈失稳，柱端截面组合的弯矩设计值可乘以上述柱端弯矩增大系数。

由于地震是往复作用，两个方向的弯矩设计值均要满足要求。当柱子考虑顺时针方向之和时，梁考虑反时针方向之和；反之亦然。即使对于强柱弱梁的总体机制，在底层的柱底截面也会出现塑性铰。如果该部位过早出现塑性铰，将影响整个框架强柱弱梁塑性铰机制的发展。此外，底层柱的反弯点位置具有较大的不确定性。因此，增大底层柱配筋，可以推迟其塑性铰出现的时间，有利于提高框架的变形内力，故《建筑抗震设计规范》《GB5011—2010）还规定：一、二、三、四级框架结构的底层，柱下端截面组合的弯矩设计值，应分别乘以增大系数 1.7、1.5、1.3、1.2 底层柱纵向钢筋应按上下端的不利情况配置。

2. 按强剪弱弯原则调整梁柱剪力设计值

防止梁、柱在弯曲屈服之前出现剪切破坏是抗震概念设计的要求，它意味着构件的受剪承载力要大于构件弯曲破坏时实际达到的剪力。由于地震的复杂性、楼板的影响和钢筋屈服强度的超强等因素，上述原则难以通过精确的计算真正实现。为了简化计算与方便设计，《建筑抗震设计规范》（GB5011—2010）在配筋不超过计算配筋10%的前提下，采用对梁、柱的端部截面组合的剪力进行调整的简化方法。对框架梁，《建筑抗震设计规范》（GB5011—2010）梁端截面组合的剪力设计值应按下式调整规定：一、二、三、四级的框架柱：

$$V_c = \eta_{Vc} \frac{M_c^t + M_c^b}{H_n} \qquad (6\text{-}79)$$

一级框架结构和9度的一级框架柱，可不按式（6-79）调整，但应符合下式要求

$$V_c = 1.2 \frac{M_{cua}^t + M_{cua}^b}{H_n} \qquad (6\text{-}80)$$

式中　η_{vc}——柱剪力增大系数，对框架结构，一、二、三、四级可分别取1.5、1.3、1.2、1.1；对其他结构类型的框架，一级取1.4，二级取1.2，三、四级取1.1；

H_n——柱的净高；

M_c^t，M_c^b——柱的上、下端顺时针或反时针方向截面组合的弯矩设计值；

M_{cua}^t，M_{cua}^b——柱的上、下端顺时针或反时针方向实配的正截面抗震承载力所对应的弯矩值，可根据实际配筋面积、材料强度标准值和轴向力确定：

为了保证在出现塑性铰时梁不被剪坏，即实现强剪弱弯，一、二、三级抗震设计时，梁端部塑性铰区的设计剪力要根据梁的抗弯承载能力的大小决定，满足"强剪弱弯"的抗震设计目标。设计剪力按下式计算：

$$V = 1.1 \frac{M_{bua}^l + M_{bua}^r}{l_n} + V_{Gb} \qquad (6\text{-}81a)$$

对于一级抗震的框架结构和9度的一级框架梁，可不按上式调整，但应符合下式要求：

$$V = \eta_{Vb} \frac{M_b^l + M_b^r}{l_n} + V_{Gb} \qquad (6\text{-}81b)$$

式中　η_{Vb}——梁端剪力增大系数，一级取1.3，二级取1.2，三级取1.1；

l_n——梁的净跨；

V_{Gb}——梁在重力荷载代表值作用下，按简支梁分析的梁端截面剪力设计值；

M_b^l，M_b^r——梁左、右端顺时针或反时针方向截面组合的弯矩设计值；

M_{bua}^l，M_{bua}^r——梁左、右端顺时针或反时针方向实配的正截面抗震承载力所对应的弯矩值，可根据实际配筋面积、材料强度标准值确定。

3. 梁、柱的剪压比限值

剪压比是截面上平均剪应力与混凝土轴心抗压强度设计值的比值，用以说明截面上承受名义剪应力的大小。

梁、柱截面出现斜裂缝之前，构件剪力基本上由混凝土抗剪强度来承受。如果构件截面的剪压比过大，混凝土就会过早被压坏，待箍筋充分发挥作用时，混凝土抗剪承载力已极大

138

地降低。因此，必须对梁、柱的剪压比加以限制。实际上，对梁、柱的剪压比的限制，就是对梁、柱最小截面的限制。

根据反复荷载下配筋率较高的梁剪切试验资料，其极限剪压比平均值约为 0.24。当剪压比大于 0.3 时，即使增加配箍，也容易发生斜压破坏。

抗震规范规定，钢筋混凝土结构的梁、柱，其截面组合的剪力设计值应符合下列要求：

跨高比大于 2.5 的梁和连梁及剪跨比大于 2 的柱：

$$V \leqslant \frac{1}{\gamma_{RE}}(0.20 f_c bh) \tag{6-82}$$

跨高比不大于 2.5 的连梁、剪跨比不大于 2 的柱：

$$V \leqslant \frac{1}{\gamma_{RE}}(0.15 f_c bh) \tag{6-83}$$

剪跨比应按下式计算：

$$\lambda = M^c / (V^c h_0) \tag{6-84}$$

式中　λ——剪跨比，应按柱端、梁端截面组合弯矩设计值 M^c、对应的截面组合剪力设计值 V^c 以及截面的有效高度 h_0 确定，并取上下端计算结果的较大值；反弯点位于柱高中部的框架柱可按柱净高与 2 倍柱截面高度之比计算；

　　　　V——调整后的梁端、柱端截面组合的剪力设计值；

　　　　f_c——混凝土轴心抗压强度设计值；

　　　　b——梁、柱截面宽度；圆形截面柱可按面积相等的方形截面柱计算；

　　　　h_0——截面的有效高度。

4. 柱子的轴压比限制

轴压比是指柱组合的轴压力设计值与柱的全截面面积和混凝土轴心抗压强度设计值乘积之比值。轴压比是影响柱子破坏形态和延性的主要因素之一。试验表明，柱的位移延性随轴压比增大而急剧下降，尤其在高轴压比条件下，箍筋对柱的变形能力的影响越来越不明显。随着轴压比的大小，柱将呈现两种破坏形态，即混凝土压碎而受拉钢筋并未屈服的小偏心受压破坏和受拉钢筋先屈服的具有良好延性的大偏心受压破坏。框架柱的抗震设计一般应控制在大偏心受压破坏的范围内。因此必须控制轴压比限值。轴压比限值不宜超过表 6.22 的规定，建造于Ⅳ类场地且较高的高层建筑，柱轴压比限值应适当减小。

表 6.22　柱轴压比限值

结构类型	抗震等级			
	一	二	三	四
框架柱	0.65	0.75	0.85	0.90
框架-抗震墙、板柱-抗震墙及筒体	0.75	0.85	0.90	0.95
部分框支抗震墙	0.60	0.70	—	—

5. 梁柱截面承载力验算

完成梁柱的内力组合和内力调整后，可按照本书前面章节的方法进行梁柱正截面和斜截面的承载力计算。

6.10　多高层钢筋混凝土框架结构的抗震要求及构造

6.10.1　框架梁的构造要求

（1）梁的截面尺寸，宜符合下列各项要求：

① 截面宽度不宜小于 200 mm。

② 截面高宽比不宜大于 4。

③ 净跨与截面高度之比不宜小于 4。

（2）采用梁宽大于柱宽的扁梁时，楼板应现浇，梁中线宜与柱中线重合，扁梁应双向布置，且不宜用于一级框架结构。

扁梁的截面尺寸应符合下列要求，并应满足现行有关规范对挠度和裂缝宽度的规定：

$$b_b \leq 2b_c, \quad b_b \leq b_c + h_b, \quad h_b \geq 16d \qquad (6\text{-}85)$$

式中　b_c——柱截面宽度，圆形截面取柱直径的 0.8 倍；

b_b，h_b——梁截面宽度和高度；

d——柱纵筋直径。

（3）梁的钢筋配置，应符合下列各项要求：

① 梁端纵向受拉钢筋的配筋率不应大于 2.5%。且计入受压钢筋的梁端混凝土受压区高度和有效高度之比，一级不应大于 0.25，二、二级不应大于 0.35。

② 梁端截面的底面和顶面纵向钢筋配筋量的比值，除按计算确定外，一级小应小于 0.5，二、三级不应小于 0.3。

③ 梁端箍筋加密区的长度、箍筋最大间距和最小直径应按表 6.23 采用，当梁端纵向受拉钢筋配筋率大于 2% 时，表中箍筋最小直径数值应增大 2 mm。

表 6.23　梁端箍筋加密区的长度、箍筋的最大间距和最小直径

抗震等级	加密区长度（采用较大值 mm）	箍筋最大间距（采用最小值 mm）	箍筋最小直径
一	$2h_b$，500	$h_b/4$，$6d$，100	10
二	$1.5h_b$，500	$h_b/4$，$8d$，100	8
三	$1.5h_b$，500	$h_b/4$，$8d$，150	8
四	$1.5h_b$，500	$h_b/4$，$8d$，150	6

注：① d 为纵向钢筋直径，h_b 为梁截面高度；② 箍筋直径大于 12 mm、数量不少于 4 肢且肢距不大于 150 mm 时，一、二级的最大间距应允许适当放宽，但不得大于 150 mm。

（4）梁的纵向钢筋配置，尚应符合下列各项要求：① 沿梁全长顶面和底面的配筋，一、二级不应少于 2ϕ4，且分别不应少于梁两端顶面和底面纵向配筋中较大截面面积的 1/4，三、四级不应少于 2ϕ12；② 一、二、三级框架梁内贯通中柱的每根纵向钢筋直径，对矩形截面柱，不宜大于柱在该方向截面尺寸的 1/20；对圆形截面柱，不宜大于纵向钢筋所在位置柱截面弦长的 1/20。

（5）梁端加密区的箍筋肢距，一级不宜大于 200 mm 和 20 倍箍筋直径的较大值，二、三级不宜大于 250 mm 和 20 倍箍筋直径的较大值，四级不宜大于 300 mm。

6.10.2 框架柱的构造要求

（1）柱的截面尺寸，宜符合下列各项要求：

① 截面的宽度和高度均不宜小于 300 mm；圆柱直径不宜小于 350 mm。

② 柱的剪跨比宜大于 2。

③ 截面长边与短边的边长比不宜大于 3。

（2）柱的钢筋配置，应符合下列各项要求：

柱纵向钢筋的最小总配筋率应按表 6.24 采用，同时每一侧配筋率不应小于 0.2%；对建造于Ⅳ类场地且较高的高层建筑，表中的数值应增加 0.1。

表 6.24　柱截面纵向钢筋的最小总配筋率（百分率）

类　别	抗震等级			
	一	二	三	四
中柱和边柱	0.9（1.0）	0.7（0.8）	0.6（0.7）	0.5（0.6）
角柱、框支柱	1.1	0.9	0.8	0.7

注：① 表中括号内数值用于框架结构的柱；② 钢筋强度标准值小于 400 MPa 时，表中数值应增加 0.1，钢筋强度标准值为 400 MPa 时，表中数值应增加 0.05；③ 混凝土强度等级高于 C60 时，上述数值应相应增加 0.1。

（3）柱的纵向钢筋配置，尚应符合下列各项要求：

① 宜对称配置。

② 截面尺寸大于 400 mm 的柱，纵向钢筋间距不宜大于 200 mm。

③ 柱总配筋率不应大于 5%。

④ 一级且剪跨比不大于 2 的柱，每侧纵向钢筋配筋率不宜大于 1.2%。

⑤ 边柱、角柱及抗震墙端柱在地震作用组合产生小偏心受拉时，柱内纵筋总截面面积应比计算值增加 25%。

⑥ 柱纵向钢筋的绑扎接头应避开柱端的箍筋加密区。

（4）柱箍筋在规定范围内应加密，加密区的箍筋间距和直径，应符合下列要求：

① 一般情况下，箍筋的最大间距和最小直径，应按表 6.25 采用。

表 6.25　柱箍筋加密区的箍筋最大间距和最小直径

抗震等级	箍筋最大间距（采用最小值 mm）	箍筋最小直径
一	6d，100	10
二	8d，100	8
三	8d，150	8
四	8d，150	6（柱根 8）

注：① d 为纵向钢筋直径；② 柱根指底层柱下端箍筋加密区。

② 一级框架柱的箍筋直径大于 12 mm 且箍筋肢距不大于 150 mm 及二级框架柱的箍筋直径不小于 10 mm 且箍筋肢距不大于 200 mm 时，除柱根外最大间距应允许采用 150 mm；三级框架柱的截面尺寸不大于 400 mm 时，箍筋最小直径应允许采用 6 mm；四级框架柱剪跨比不大于 2 时，箍筋直径不应小于 8 mm。

③ 框支柱和剪跨比不大于 2 的柱，箍筋间距不应大于 100 mm。

（5）柱的箍筋加密范围，应按下列规定采用：

① 柱端，取截面高度（圆柱直径），柱净高的 1/6 和 500 mm 三者的最大值。

② 底层柱，柱根不小于柱净高的 1/3；当有刚性地面时，除柱端外尚应取刚性地面上下各 500 mm。

③ 剪跨比不大于 2 的柱和因设置填充墙等形成的柱净高与柱截面高度之比不大于 4 的柱，取全高。

④ 框支柱，取全高。

⑤ 一级及二级框架的角柱，取全高。

（6）柱箍筋加密区箍筋肢距，一级不宜大于 200 mm，二、三级不宜大于 250 mm 和 20 倍箍筋直径的较大值，四级不宜大于 300 mm，至少每隔一根纵向钢筋宜在两个方向有箍筋或拉筋约束；采用拉筋复合箍时，拉筋宜紧靠纵向钢筋并钩住箍筋。

（7）柱箍筋加密区的体积配箍率，应按下列规定采用：

$$\rho_v \geq \lambda_v f_c / f_{yv} \tag{6-86}$$

式中　ρ_v——柱箍筋加密区的体积配箍率，一级不应小于 0.8%，二级不应小于 0.6%，三、四级不应小于 0.4%；计算复合螺旋箍的体积配箍率时，其非螺旋箍的箍筋体积应乘以折减系数 0.80；

　　　　f_c——混凝土轴心抗压强度设计值，强度等级低于 C35 时，应按 C35 算；

　　　　f_{yv}——箍筋或拉筋抗拉强度设计值；

　　　　λ_v——最小配箍特征值，宜按表 6.26 采用。

表 6.26　柱箍筋加密区的箍筋最小配箍特征值

抗震等级	箍筋形式	柱 轴 压 比								
		≤0.3	0.4	0.5	0.6	0.7	0.8	0.9	1.0	1.05
一	普通箍、复合箍	0.10	0.11	0.13	0.15	0.17	0.20	0.23		
	螺旋箍、复合或连续复合矩形螺旋箍	0.08	0.09	0.11	0.13	0.15	0.18	0.21		
二	普通箍、复合箍	0.08	0.09	0.11	0.13	0.15	0.17	0.19	0.22	0.24
	螺旋箍、复合或连续复合矩形螺旋箍	0.06	0.07	0.09	0.11	0.13	0.15	0.17	0.20	0.22
三	普通箍、复合箍	0.06	0.07	0.09	0.11	0.13	0.15	0.17	0.20	0.22
	螺旋箍、复合或连续复合矩形螺旋箍	0.05	0.06	0.07	0.09	0.11	0.13	0.15	0.18	0.20

注：（1）普通箍指单个矩形箍和单个圆形箍；复合箍指由矩形、多边形、圆形箍或拉筋组成的箍筋；复合螺旋箍指由螺旋箍与矩形、多边形、圆形箍或拉筋组成的箍筋；连续复合矩形螺旋箍指全部螺旋箍为同一根钢筋加工而成的箍筋。

　　　（2）框支柱宜采用复合螺旋箍或井字复合箍，其最小配箍特征值应比表内数值增加 0.02，且体积配箍不应小于 1.5%。

　　　（3）剪跨比不大于 2 的柱宜采用复合螺旋箍或井字复合箍，其体积配箍率不应小于 1.2%，9 度时不应小于 1.5%；计算复合螺旋箍的体积配箍率时，其非螺旋箍的箍筋体积应乘以换算系数 0.8。

（8）柱箍筋非加密区的体积配箍率不宜小于加密区的 50%；箍筋间距，一、二级框架柱≤10 倍纵向钢筋直径，三、四级框架柱≤15 倍纵向钢筋直径。

（9）框架节点核芯区箍筋的最大间距和最小直径宜按本章 6.3.8 条采用，一、二、三级框架节点核芯区配箍特征值分别不宜小于 0.12、0.10 和 0.08 且体积配箍率分别不宜小于 0.6%、0.5%和 0.4%。柱剪跨比不大于 2 的框架节点核芯区配箍特征值不宜小于核心区上、下柱端的较大体积配箍率。

6.11　注册结构工程师考试抗震相关模拟试题

【题 1】按照我国现行抗震设计规范的规定，位于（　　）抗震设防烈度地区内的建筑物应考虑抗震设防。

A. 抗震设防烈度为 5~9 度

B. 抗震设防烈度为 5~8 度

C. 抗震设防烈度为 5~10 度

D. 抗震设防烈度为 6~9 度

[答案]（D）

【题 2】按我国抗震设计规范设计的建筑，当遭受低于本地区设防烈度的多遇地震影响时，建筑物应（　　）。

A. 主体结构不受损坏或不需要修理仍可继续使用

B. 可能损坏，经一般性修理或不需修理仍可继续使用

C. 不致发生危及生命的严重破坏

D. 不致倒塌

[答案]（A）

【题 3】　现有四种不同功能的建筑：①　具有外科手术室的乡镇卫生院的医疗用房；②　营业面积为 10 000 m^2 的人群密集的多层商业建筑；③　乡镇小学的学生食堂；④　高度超过 100 m 的住宅。试问，由上述建筑组成的下列不同组合中，何项的抗震设防类别全部都应不低于重点设防类（乙类）？（2000 年注册试题）

A. ①　②　③

B. ①　②　③　④

C. ①　②　④

D. ②　③　④

[答案]（A）

【题 4】某 18 层钢筋混凝土框剪结构高 58 米，7 度设防，丙类建筑，场地二类，下列关于框架剪力墙抗震等级确定正确的是：

A. 框架三级，剪力墙二级

B. 框架三级，剪力墙三级

C. 框架二级，剪力墙二级

D. 无法确定

[答案]（A）

【题 5】（2003 年真题）：对于质量和刚度均对称的高层结构进行地震作用分析时，下述何项意见正确？（　　）

A. 可不考虑偶然偏心影响

B. 考虑偶然偏心影响，结构总地震作用标准值应增大 5% ~ 30%

C. 采用振型分解反应谱法计算时考虑偶然偏心影响；采用底部剪力法时则不考虑

D. 计算双向地震作用时不考虑偶然偏心影响

[答案]（D）

A 项，根据《高层建筑混凝土结构技术规程》（JGJ3—2010）第 4.3.3 条，计算单向地震时应考虑偶然偏心的影响，错误；C、D 项根据本条条文说明，采用底部剪力法时也应考虑偶然偏心的影响，计算双向地震作用时不考虑偶然偏心影响，C 故错误、D 项正确。

【题 6】下列关于高层建筑钢筋混凝土框架—剪力墙结构中剪力墙布置的一些观点，其中何项无不妥之处?（   ）

A. 剪力墙是主要抗侧力构件，数量尽量多一些，全部剪力墙抗弯刚度之和越大越好

B. 抗震设计时，剪力墙的布置宜使各主轴方向的侧向刚度接近，非地震区抗风设计时，则可根据各主轴风力大小布置，使结构满足承载力和位移要求

C. 剪力墙应布置在建筑物周边，增大建筑物的抗扭刚度

D. 非地震区抗风设计时，剪力墙的数量应使框架部分承受的倾覆力矩大于结构总倾覆力矩的 50%

[答案]（B）

答案解析：A 项，根据《高层建筑混凝土结构技术规程》（JGJ—2010）第 8.1.2 条条文说明，剪力墙应适量，刚柔并济；C 项，根据 8.1.8 条，纵向剪力墙不宜集中布置在房屋的两尽端；D 项，根据规范第 8.1.3 条条文说明，非抗震设计时，框架-剪力墙结果中剪力墙的数量和布置，应使结构满足承载力和位移要求。

【题 7】选择建筑场地时，下列对建筑抗震不利的是（   ）。

A. 地震时可能发生滑坡的地段　　　　B. 地震时可能发生崩塌的地段

C. 地震时可能发生地裂的地段　　　　D. 断层破碎带地段

正答：（D）

根据《建筑抗震设计规范》第 4.1.1 条解答。

【题 8】在地震区选择建筑场地时，下列（   ）要求是合理的。

A. 不应在地震时可能发生地裂的地段建造丙类建筑

B. 场地内存在发震断裂时，应坚决避开

C. 不应在液化土上建造乙类建筑

D. 甲类建筑应建造在坚硬土上

正答：（A）

根据《建筑抗震设计规范》第 4.1.1 条表 4.1.1 的规定，地震时可能发生地裂的地段属于危险地段，应避免选做建筑场地。

【题 9】对抗震要求属于危险地段的是（   ）地质类型。

A. 软弱土、液化土　　　　　　　　　B. 河岸、不均匀土层

C. 可能发生滑坡、崩塌、地陷、地裂　D. 湿陷性黄土

正答：（C）

根据《建筑抗震设计规范》第 4.1.1 条表 4.1.1 解答。

【题 10】选择建筑场地时，下列（   ）地段是对建筑抗震危险的地段。

A. 液化土　　　　　　　　　　　　　B. 高耸孤立的山丘

C. 古河道　　　　　　　　　　　　　D. 地震时可能发生地裂的地段

正答：（D）

根据《建筑抗震设计规范》第 4.1.1 条表 4.1.1，危险地段是指地震时可能发生滑坡、崩塌、地陷、地裂、泥石流等及发震断裂带上可能发生地基错位的部位。

【题 11】防震缝的设置

条件：一等高框架剪力墙结构，8 度抗震设防，其建筑平面如图 6-23 所示。拟设四条防震缝①、②、③、④。

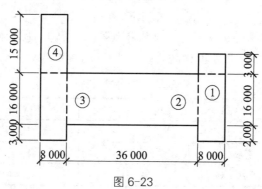

图 6-23

问题：哪条防震缝是必须设置的？

答案：根据《抗震设计规范》第 3.4.3 条的"条文说明"图 3.4.3-2 给出的典型示例：

防震缝①：$B/B_{max} = 3/(3+16+2) = 0.14 < 0.3$　不必设置。

防震缝②、③不必设置。

防震缝④：$B/B_{max} = 15/(15+16+3) = 0.44 > 0.3$，是必须设置的。

【题 12】确定场地类别

条件：已知某建筑场地的地质钻探资料如表 6.27 所示。

表 6.27　场地的地质钻探资料

层底深度/m	土层厚度/m	土层名称	土层剪切波速/（m/s）
9.5	9.5	砂	170
37.8	28.3	淤泥质黏土	135
48.6	10.8	砂	240
60.1	11.5	淤泥质粉质黏土	200
68.0	7.9	细砂	330
86.5	18.5	砾石夹砂	550

要求：试确定该建筑场地的类别。

答案：（1）确定地面下 20 m 范围内土的类型

剪切波从地表到 20 m 深度范围的传播时间：

$$t = \sum_{i=1}^{n}(d_i/v_{si}) = 9.5/170 + 10.5/135 = 0.134 \text{ s}$$

等效剪切波速：$v_{se} = d_0/t = 20/0.134 = 149.3 \text{ m/s}$

查《建筑抗震设计规范》表 4.1.3 等效剪切波速：$v_{se} < 150 \text{ m/s}$，故表层土属于软弱土。

（2）确定覆盖层厚度

由表 4.1.1 可知 68 m 以下的土层为砾石夹砂，土层剪切波速大于 500 m/s，覆盖层厚度应定为 68 m。

（3）确定建筑场地的类别

根据表层土的等效剪切波速 v_{se}<150 m/s 和覆盖层厚度 68 m（在 15~80 m 范围内）两个条件，查《建筑抗震设计规范》表 4.1.6 得该建筑场地的类别属Ⅲ类。

【题 13】液化的初判

条件：钻孔地质资料如表 6.28 所示，地质年代属 Q_3 以后，地下水位接近地表，取地下水深度为零，基础埋深取 3 m，按 7 度设防。

表 6.28　钻孔地质资料

序号	土层名称	黏粒含量 ρ_c/%	厚度/m	层底深度/m
1	杂填土		1.2	1.2
2	粉质黏土		1.4	2.6
3	淤泥质土		2.2	4.8
4	黏土		5.0	9.8
5	粉土	2	3.4	13.2
6	粉砂	0	2.7	15.9
7	粉砂	0	2.6	18.5
8	粉土	8	9.4	27.9

要求：试进行液化的初判。

答案：由于地质年代属 Q_3 以后，因此《建筑抗震设计规范》第 4.3.3 条初判第 1 款不符合。7 度设防，粉土中最大黏粒含量为 8，因此《建筑抗震设计规范》第 4.3.3 条第 2 款也不符合。考查《建筑抗震设计规范》第 4.3.3 条第 3 款时先确定相应数值：

$d_w = 0$；$d_b = 3$；$d_u = 9.8\text{m} - 2.2\text{m} = 7.6\text{m}$（2.2 m 为淤泥质土）；$d_0 = 6$（《建筑抗震设计规范》表 4.3.3）

《建筑抗震设计规范》式（4.3.3-1）为 7.6 > 6+3-2=7

《建筑抗震设计规范》式（4.3.3-1）为 0 < 6+3-3=6

《建筑抗震设计规范》式（4.3.3-1）为 0+7.6 < 1.5×6+2×3-4.5=11.5

满足第一个式子，可不考虑液化影响。

【题 14】10 层框架结构柱下独立基础抗震验算

条件：某 10 层框架高 34 m，横向为双跨，跨度为 5.4 m、6.6 m、柱距为 36 m。

地表下 2 m 开始为粉质黏土，孔隙比 $e = 0.787$，液性指数 $I_L = 0.6$，承载力特征值 $f_{ak} = 180 \text{ kPa}$，土层厚度一般为 6~7 m，地下水在 -8 m 以下。基础埋深 $d = 3 \text{ m}$。

设防烈度为 8 度，Ⅲ类场地，设计地震分组第二组，场地特征周期为 0.55 s。

作用在一层中柱柱底的内力标准组合为：轴力 $N = 2627 \text{ kN}$；弯矩 $M = 568 \text{ kN·m}$；剪力 $V = 189 \text{ kN}$。近似认为纵、横两个方向的内力相同。

要求：独立基础的抗震验算。

答案：独立基础尺寸经试算后取 3.2 m×4.3 m，见图 6-24。

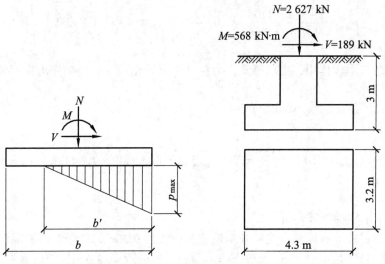

图 6.24　独立基础受力简图

（1）承载力特征值的深、宽修正

地基承载力特征值的深、宽修正会式为

$$f_a = f_{ak} + \eta_b\gamma(D-3) + \eta_d\gamma_m(d-0.5)$$

查《建筑地基基础设计规范》表 5.2.4，对于 e 及 I_L 均小于 0.85 的黏性土，取 $\eta_b = 0.3$，$\eta_d = 1.6$。基础底面以上土的加权平均重度 $\gamma_m = 20\ \mathrm{kN/m^3}$ 和基底以下土的重度 $\gamma = 20\ \mathrm{kN/m^3}$。将 $f_{ak} = 180\ \mathrm{kPa}$，$b = 3.2\ \mathrm{m}$ 和基础埋深 $d = 3\ \mathrm{m}$ 代入上式，得

$$f_a = [180 + 0.3 \times 20 \times (3.2-3) + 1.6 \times 20 \times (3-0.5)] = 261.2\ \mathrm{kPa}$$

（2）确定地基抗震承载力 f_{aE}

自《建筑抗震设计规范》表 4.2.3 中查出，$f = 180\ \mathrm{kPa}$ 的黏性土，地基抗震承载力调整系数 $\zeta_a = 1.3$，得到

$$f_{aE} = 1.3 \times 261.2 = 339.6\ \mathrm{kPa}$$

（3）验算横向地震作用时的地基承载力

由图 6.24 看到，作用于基础底面的轴压力

$$N_{底} = N + 3.2 \times 4.3 \times 3 \times 20 = 2\,627 + 835.6 = 3\,452.6\ \mathrm{kN}$$

基础底面平均压力

$$p = \frac{N_{底}}{A} = \frac{3\,452.6}{3.2 \times 4.3} = 250.9\ \mathrm{kPa} < f_{aE} = 339.6\ \mathrm{kPa}$$

边缘最大压力　　$p_{max} = \dfrac{N_{底}}{A} + \dfrac{M_{底}}{W}$

式中

$$M_{底} = 568 + 189 \times 3 = 1135\ \mathrm{kN \cdot m}$$

$$A = 3.2 \times 4.3 = 13.76\ \mathrm{m^2}, \quad W = 3.2 \times 4.3^2 / 6 = 9.86\ \mathrm{m^3}$$

代入，得

$$p_{max} = \frac{3\,452.6}{13.76} + \frac{1135}{9.86} = 250.9 + 115.1 = 366 \text{ kPa} < 1.2 \times 339.6 = 407.5 \text{ kPa}$$

满足要求。

（4）验算纵向地震作用，由题意知内力标准组合数值不变，但力矩方向要差 90°，此时基底抗弯模量 W 应为

$$W = 4.3 \times 3.2^2 / 6 = 7.34 \text{ m}^3$$

边缘最大压力

$$p_{max} = 250.9 + \frac{1135}{7.34} = 250.9 + 154.6 = 405.5 \text{ kPa} < 1.2 \times 339.6 \text{ kPa} = 407.5 \text{ kPa}$$

满足要求。

【题 15】 工程场地液化等级评价

条件：某工程按 8 度设防，设计基本地震加速度为 0.20g，其工程地质年代属 Q_4，钻孔资料自上向下为：砂土层至 2.1 m，砂砾层至 4.4 m，细砂层至 8.0 m，粉质黏土层至 15 m。砂土层及细砂层黏粒含量百分率均低于 8%，地下水位深度 1.0 m，基础埋深 1.5 m，设计地震场地分组属于第一组。试验结果见表 6.29。

表 6.29 液化分析表

测点	测点深度 d_{si}/m	标贯值 N_i	测点土层厚度 d_i/m	标贯临界值 N_{cri}	d_i 的中点深度 z_i/m	W_i	I_{lE}
1	1.4	5.0	1.1	7.2	1.6	10.0	3.4
2	5.0	7.0	1.1	13.5	5.1	10.0	5.3
3	6.0	11.0	1.0	14.7	1.9	9.0	2.3
4	7.0	16.0	1.0	15.7			

要求：对该工程场地液化可能作出评价。

答案：

（1）初判

地质年代属 Q_4，$d_0 = 8$

$$d_0 + d_b - 3 = 6.5 > d_w = 1$$

$$d_u = 0$$

$$1.5d_0 + 2d_b - 4.5 = 11.5 > d_w + d_u = 1$$

并且黏粒含量 $\rho_c < 13$。

均不满足液化条件，需进一步判别。

（2）标注贯入试验判别

① 按《建筑抗震设计规范》式 4.3.4 计算 N_{cri}，式中 $N_0 = 12$（8 度，0.20g），$d_w = 1.0$，$\beta = 0.8$（设计地震分组第一组），可能液化的砂土层和细砂层 $\rho_c = 3\%$。题中已给出各测点标贯值所代表土层厚度，计算结果见表 6.29。可见 4 点位不液化土层。

② 计算层位移影响函数。例如第一点，地下水位为 1.0 m，故上界为 1.0 m，土层厚度 1.1 m，故

$$z_1 = 1.0 + \frac{1.1}{2} = 1.55, \quad W_1 = 10$$

第二点，上界为砂砾层层底深 4.4 m，代表土层厚 1.1 m，故

$$z_1 = 4.4 + \frac{1.1}{2} = 4.95, \quad W_2 = 10$$

$$z_2 = 4.4 + \frac{1.1}{2} = 4.95, \quad W_2 = 10$$

其余类推。

③ 按《建筑抗震设计规范》式（4.3.5）计算各层液化指数，第一层的液化指数

$$I_{lE} = \left(1 - \frac{N_i}{N_{cri}}\right) d_i W_i = \left(1 - \frac{5}{9.4}\right) \times 1.1 \times 10 = 5.15$$

其余各层的计算结果见表。

最终给出 $I_{lE} = 12.16$，据《建筑抗震设计规范》表 4.3.5，液化等级为中等。

【题 16】重力荷载代表值的计算

条件：已知某多层砖房屋各项荷载见表 6.30。楼、屋盖层面积每层均为 200 m^2。

表 6.30　某多层砖房屋各项荷载

屋盖	屋面层恒载 3 640 N/m^2		雪荷载 300 N/m^2			女儿墙重量 120 kN	阳台拦板 30 kN	
第 6 层	楼盖恒载 3 640 N/m^2	楼面活载 1 800 N/m^2	阳台拦板 44 kN	山墙 230 kN	横墙 640 kN	外纵墙（包括钢窗）590 kN	内纵墙 230 kN	隔墙 50 kN
第 2~5 层	楼盖恒载 3 640 N/m^2	楼面活载 1 800 N/m^2	阳台拦板 44 kN	山墙 220 kN	横墙 620 kN	外纵墙（包括钢窗）560 kN	内纵墙 240 kN	隔墙 48 kN
第 1 层	楼盖恒载 3 640 N/m^2	楼面活载 1 800 N/m^2		山墙 260 kN	横墙 1 020 kN	外纵墙（包括钢窗）660 kN	内纵墙 370 kN	隔墙 42 kN

要求：计算各楼层的重力荷载代表值，总重力荷载代表值。

答案：由《建筑抗震设计规范》表 5.1.3，查得雪荷载的组合值系数为 0.5，楼面活荷载组合值系数为 0.5。并把第 6 层的半层墙重等重力集中于顶层，故

$$G_6 = (3.64 + 0.5 \times 0.3) \times 200 + 120 + 30 + \frac{1}{2} \times (230 + 640 + 590 + 230 + 50)$$

$$= 758 + 150 + \frac{1}{2} \times 1740 = 1\,778 \text{ kN}$$

$$G_5 = (3.64 + 0.5 \times 1.8) \times 200 + 44 + \frac{1}{2} \times 1740 + \frac{1}{2} \times (220 + 620 + 560 + 240 + 48)$$

$$= 908 + 44 + 870 + \frac{1}{2} \times 1\,688 = 2\,666 \text{ kN}$$

$$G_4 = G_3 = G_2 = 908 + 44 + 1\,688 = 2\,640 \text{ kN}$$

$$G_1 = 908 + 44 + \frac{1}{2} \times 1\,688 + \frac{1}{2} \times (260 + 1020 + 660 + 370 + 42)$$

$$= 952 + 844 + \frac{1}{2} \times 2\,352 = 2\,972 \text{ kN}$$

总重力荷载代表值：

$$\sum_{i=1}^{6} G_i = 1\,778 + 2\,666 + 3 \times 2\,640 + 2\,972 = 15\,336 \text{ kN}$$

【题 17】某 11 层住宅，刚框架结构、质量、刚度沿高度基本均匀，各层高如图 6.25，抗震设防烈度 7 度。假设水平地震影响系数 $\alpha_1 = 0.22$，屋面恒荷载标准值为 4 300 kN，等效活荷载标准值为 480 kN，雪荷载标准值为 160 kN，各层楼盖处恒荷载标准值为 4 100 kN，等效活荷载标准值为 550 kN，问结构总水平地震作用标准值 F_{EK}（kN）与下列何值相近？

注：按《高层民用建筑钢结构技术规程》底部剪力法计算。

A. 8 317　　　　　　B. 8 398　　　　　　C. 9 000　　　　　　D. 8 499

答案（C）

按《高层民用建筑钢结构技术规程》4.3.4-1。

$$F_{EK} = \alpha_1 G_{eq} = 0.22 \times 0.85 \times (4\,300 + 4\,100 \times 10 + 160 \times 0.5 + 550 \times 10 \times 0.5) = 9\,000.3 \text{ kN}$$

【题 18】某 11 层住宅，刚框架结构、质量、刚度沿高度基本均匀，各层高如图 6.25，抗震设防烈度 7 度。假设屋盖和楼盖处荷重代表值为 G，与结构总水平地震作用等效的底部剪力标准值 $F_{EK} = 10\,000$ kN，基本自振周期 $T_1 = 1.1$ s，问顶层总水平地震作用标准值与下列何值相近？

A. 3 000　　　　　　B. 2 400　　　　　　C. 1 600　　　　　　D. 1 400

您的选项（　　）

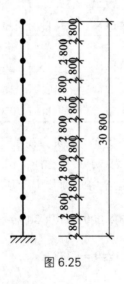

图 6.25

正确答案是 A，主要作答过程：

按《高层民用建筑钢结构技术规程》4.3.4 题目中的建筑可采用底部剪力法。由于基本自振周期 $T_1 = 1.1$ s > 1.4　$T_g = 1.4 \times 0.35 = 0.49$，故

$$\delta_n = 0.08 T_1 + 0.07 = 0.158$$

$$\Delta F_n = \delta_n F_{EX} = 0.158 \times 10\,000 = 1\,580 \text{ kN}$$

$$F_{11} = \frac{G_{11} H_{11}}{\sum\limits_{j=1}^{11} G_j H_j} F_{EK}(1 - \delta_n) + \Delta F_n$$

$$= 1\ 580+30\ 800\ G \times 10\ 000 \times (1-0.158)/[2\ 800 \times 0.5 \times (1+11) \times 11]G$$

$$=2\ 983\ \text{kN}$$

题 19-21：某 12 层现浇钢筋混凝土框架—剪力墙民用办公楼，如图 6-26 所示，质量和刚度沿竖向分布均匀，房屋高度为 48 m，丙类建筑，抗震设防烈度为 7 度，Ⅱ类建筑场地，设计地震分组为第一组，混凝土强度等级为 C40。

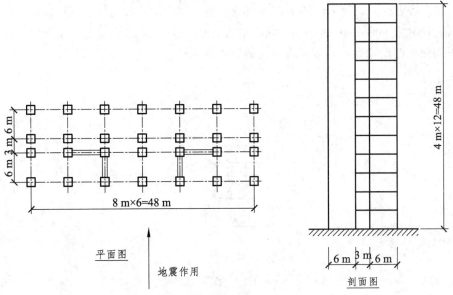

图 6.26　框架-剪力墙平面布置和立面图

【题 19】已知该建筑各层荷载的标准值如下：屋面永久荷载为 8 kN/m^2，屋面活荷载为 2 kN/m^2，雪荷载 0.4 kN/m^2；楼面永久荷载为 10 kN/m^2，楼面活荷载（等效均布）为 2 kN/m^2。屋面及各楼层面积均为 760 m^2。试问，结构总重力荷载代表值（kN），应与下列何项数值最为接近？

（A）98 040　　　　　（B）98 192　　　　　（C）98 800　　　　　（D）106 780

[答案]（　　）

[答案]（B）

[解答]根据《建筑抗震设计规范》5.1.3 条

屋面：$G_{12}=(8+0.5 \times 0.4) \times 760\ \text{kN}=6\ 232\ \text{kN}$

楼面：$G_{1-11}=(10+0.5 \times 2) \times 760\ \text{kN}=8\ 360\ \text{kN}$

$G=(6\ 232+11 \times 8\ 360)\ \text{kN}=98\ 192\ \text{kN}$

【题 20】在基本振型地震作用下，为方便计算，假定结构总地震倾覆力矩为 7.4×10^5 kN·m，剪力墙部分承受的地震倾覆力矩 $M_w=3.4 \times 10^5$ kN·m。试问，该建筑的框架和剪力墙的抗震等级，应为下列何项所示？

A. 框架二级，剪力墙二级　　　　　　　B. 框架二级，剪力墙三级

C. 框架三级，剪力墙二级　　　　　　　D. 框架三级，剪力墙三级

[答案]（　　）

[答案]（A）

[解答]　框架部分承受的地震倾覆力矩

151

$$M_c = M_0 - M_w = (7.4 \times 10^5 - 3.4 \times 10^5) \text{ kN·m} = 4 \times 10^5 \text{ kN·m}$$

$$\frac{M_c}{M_0} = \frac{4.0 \times 10^5}{7.4 \times 10^5} = 0.54 = 54\% > 50\%$$

根据《高层建筑混凝土结构技术规程》8.1.3 条，框架部分的抗震等级按框架采用，查表 4.8.2，框架为二级；剪力墙为二级。

【题 21】假定框架、剪力墙的抗震等级为二级，第四层的剪力墙边框柱断面如图 6.27 所示，其截面尺寸为 600 mm×600 mm；纵筋采用 HRB400（Φ）级钢筋。关于纵向钢筋的配置，试问，下列何项配筋才能满足规程规定的最低构造要求？

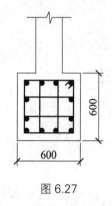

图 6.27

A. 12Φ16   B. 12Φ18   C. 12Φ20   D. 12Φ22

[答案]（   ）

[答案]（B）

[解答]　根据《高层建筑混凝土结构技术规程》8.2.2条及6.4.3条，柱配筋：

$$A_s = 600 \times 600 \times 0.85\% \text{ mm}^2 = 3\ 060 \text{ mm}^2，配 12Φ18（A_s = 3\ 054 \text{ mm}^2）$$

同时，根据《高层建筑混凝土结构技术规程》7.1.4 条确定加强区高度，加强区高度：1/10×48 m=4.8 m；底部二层高度为 8 m。取底部两层为加强部位。第四层为非底部加强区，根据《高层建筑混凝土结构技术规程》第 7.2.15 条，端柱为构造边缘构件。又根据《高层建筑混凝土结构技术规程》7.2.16 条和表 7.2.16，本题目中短柱竖向配筋不应小于 0.006A_c 和 6Φ12，由于 0.6%A_c < A_s=0.85%A，故配 12Φ18 满足要求。

第7章 多层框架结构工程实例荷载计算

7.1 工程概况

建筑类型：五层框架结构宿舍楼。

工程简介：建筑占地面积为 662.7 m²，建筑面积为 3 317.6 m²，建筑消防高度为 16.7 m，楼盖和屋盖均采用现浇钢筋混凝土框架结构，墙体采用 B05 级加气混凝土砌块，墙体 200 厚，外墙 250 厚。本工程建筑安全等级为二级，结构设计使用年限为 50 年。

自然条件：经相关部门勘探确定该建筑场地类别为 II 类，场地土类型为中软场地土，抗震设防烈度为 7 度。基本风压为 0.35 kN/m²，基本雪压为 0.4 kN/m²。

材料选用：梁板柱均采用 C40 混凝土，梁柱主筋采用 HRB400 级钢筋，箍筋采用 HPB300 级钢筋；板采用 HPB300 级钢筋。

7.2 结构布置

根据《建筑抗震设计规范》第 3.5.3 条第 3 款，第 6.1.5 条的要求，采用方柱，沿主轴线双向设置框架，根据建筑功能要求和板的合理厚度布置楼板和次梁。

7.2.1 框架柱

确定框架柱的截面尺寸时，现根据下列经验公式估算首层柱的最大轴力：

$$N = \gamma_G \times \omega \times S \times n \times \beta_1 \times \beta_2 \tag{7-1}$$

式中 N——柱的轴力设计值；

     γ_G——重力荷载分项系数，取 1.2；

     ω——单位面积重量，按经验取值，取 12 ~ 14 kN/m²；

     S——柱的负载楼面面积；

     n——柱设计截面以上楼层数；

     β_1——抗震等级为一二级时，角柱取 1.3，其余柱取 1.0；非抗震设计时取 1.0；

     β_2——考虑水平力影响的轴力增大系数，非抗震设计和抗震设防烈度为 6 度时，取 1.0；

       抗震设防烈度为 7 度，8 度，9 度时，分别取 1.05，1.1，1.2。

最大负载的柱为 B 处，柱的最大轴力设计值估算为：

$$N = \gamma_G \times \omega \times S \times n \times \beta_1 \times \beta_2 = 1.2 \times 12 \times 7.2 \times \frac{6.9 + 4.8}{2} \times 5 \times 1.0 \times 1.05 = 3\,184.72 \text{ kN}$$

柱截面应满足允许轴压比要求，即：$\mu_c = N_c / (A_c f_c) \leq [\mu_c]$

式中　$[\mu_c]$——框架柱的允许轴压比，根据《建筑抗震设计规范》第 6.3.6 条确定，框架抗震等级为三级时，取 $[\mu_c]=0.85$；

　　　f_c——混凝土轴心抗压设计值，C40 时取 $f_c=19.1$ N/mm。

柱截面采用方柱，$b_c = h_c$，则 $b_c = h_c = 432.2$ mm，取 450 mm。

框架柱中柱截面尺寸取 $b_c \times h_c = 450$ mm×450 mm；边柱截面尺寸取 $b_c \times h_c = 400$ mm×450 mm。

7.2.2　框架梁

由《建筑抗震设计规范》第 6.3.1 条得：梁的截面宽度不宜小于 200 mm；截面高宽比小于 4；梁净跨与截面高度之比宜大于 4。按满足刚度条件的经验数值，框架梁确定如下：

1 ~ 16 轴横向框架梁：

$$h_1 = (1/14 \sim 1/8) L_1 = (1/14 \sim 1/8) \times 6\,900 = 492.86 \sim 862.5 \text{ mm}$$

取 $h_1 = 600$ mm

$$b_1 = (1/3 \sim 1/2) h_1 = (1/3 \sim 1/2) \times 600 = 200 \sim 300 \text{ mm}$$

取 $b_1 = 200$ mm

$$h_2 = (1/14 \sim 1/8) L_2 = (1/14 \sim 1/8) \times 4\,800 = 342.86 \sim 600 \text{ mm}$$

取 $h_2 = 600$ mm

$$b_2 = (1/3 \sim 1/2) h_2 = (1/3 \sim 1/2) \times 600 = 200 \sim 300 \text{ mm}$$

取 $b_2 = 200$ mm

$A \sim C$ 轴纵向框架梁：

$$h = (1/14 \sim 1/8) L = (1/14 \sim 1/8) \times 7\,200 = 514.29 \sim 900 \text{ mm}$$

取 $h = 600$ mm

$$b = (1/3 \sim 1/2) h = (1/3 \sim 1/2) \times 600 = 200 \sim 300 \text{ mm}$$

取 $b = 250$ mm

1 ~ 16 轴横向次梁：

$$h_1 = (1/18 \sim 1/12) L_1 = (1/18 \sim 1/12) \times 4\,800 = 266.67 \sim 400 \text{ mm}$$

取 $h_1 = 400$ mm

$$b_1 = (1/3 \sim 1/2) h_1 = (1/3 \sim 1/2) \times 400 = 133.33 \sim 200 \text{ mm}$$

取 $b_1 = 200$ mm

$$h_2 = (1/18 \sim 1/12) L_2 = (1/18 \sim 1/12) \times 6\,900 = 383.33 \sim 575 \text{ mm}$$

取 $h_2 = 550$ mm

$$b_2 = (1/3 \sim 1/2) h_2 = (1/3 \sim 1/2) \times 550 = 183.33 \sim 275 \text{ mm}$$

取 $b_2 = 200$ mm

$A \sim C$ 轴纵向次梁：

$$h=（1/18\sim1/12）L=（1/18\sim1/12）\times7\,200=400\sim600\ mm$$

取 h=550 mm

$$b=（1/3\sim1/2）h=（1/3\sim1/2）\times550=183.33\sim275\ mm$$

取 b=200 mm

7.2.3 结构平面布置图

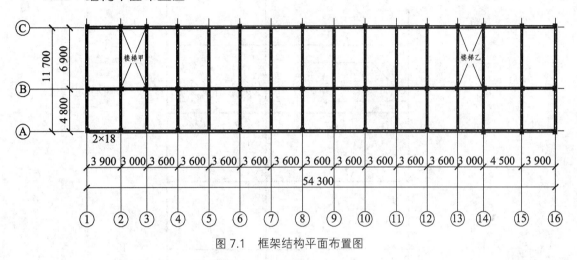

图 7.1 框架结构平面布置图

7.3 计算单元

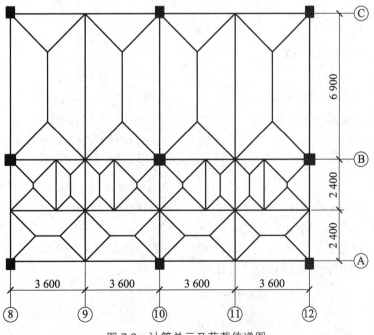

图 7.2 计算单元及荷载传递图

155

7.4 恒荷载计算

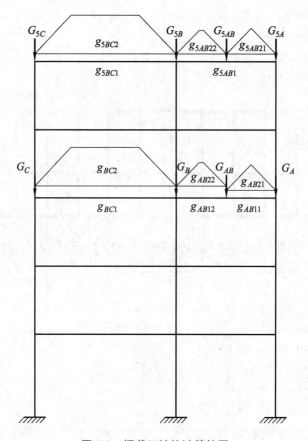

图 7.3 恒载下结构计算简图

1. 屋面框架梁线荷载标准值

20 mm 厚 1：2 水泥砂浆找平	$0.02×20=0.4$ kN/m²
100~140 厚（2%）找坡膨胀珍珠岩	$0.12×7=0.84$ kN/m²
100 厚现浇钢筋混凝土楼板	$0.10×25=2.5$ kN/m²
15 厚纸筋石灰抹底	$0.015×16=0.24$ kN/m²

屋面恒荷载　　　　　　　　　　　　　　3.98 kN/m²

250×600 框架梁（粉刷）自重　$0.25×0.6×25+2×（0.6-0.1）×0.02×17=4.09$ kN/m

200×600 框架梁（粉刷）自重　$0.2×0.6×25+2×（0.6-0.1）×0.02×17=3.34$ kN/m

200×400 非框架梁（粉刷）自重　$0.2×0.4×25+2×（0.4-0.1）×0.02×17=2.2$ kN/m

200×550 非框架梁（粉刷）自重　$0.2×0.55×25+2×（0.55-0.1）×0.02×17=3.06$ kN/m

因此，作用在顶层框架梁上的线荷载为：

$$g_{5AB1}=g_{5BC1}=3.34 \text{ kN/m}$$

$$g_{5BC2}=3.98×3.6=14.33 \text{ kN/m}$$

对于 AB 梁：

g_{5AB21}=3.98×2.4=9.55 kN/m

g_{5AB22}=3.98×2.2=8.76 kN/m

G_{5AB}=3.98×$\frac{1}{4}$×2.2×2.2×$\frac{2.5}{3.6}$×2+3.98×$\frac{1}{4}$×1.4×1.4×$\frac{0.7}{3.6}$×2+3.98×$\frac{1}{4}$×

2.4×（3.6+3.6-2.4）+ 0.2×0.4×25×3.6+2×（0.4-0.1）×0.02×17×3.6+

3.98×$\frac{1}{4}$×2.2×（2.4+2.4-2.2）×$\frac{1.4}{3.6}$+3.98×$\frac{1}{4}$×1.4×（2.4+2.4-1.4）×$\frac{1.4}{3.6}$+

0.2×0.4×25×2.4×$\frac{1.4}{3.6}$+2×（0.4-0.1）×0.02×17×2.4×$\frac{1.4}{3.6}$=32.94 kN

2. 楼面框架梁线荷载标准值

25 mm 厚水泥砂浆面层	0.025×20=0.50 kN/m²
100 厚现浇钢筋混凝土楼板	0.10×25=2.5 kN/m²
15 mm 厚纸筋石灰抹底	0.015×15=0.23 kN/m²

楼面恒荷载　　　　　　　　　3.23 kN/m²

加气混凝土砌块填充墙，双面粉刷，200 mm 厚 2.01 kN/m²，250 mm 厚 2.39 kN/m²

g_{BC1}=3.34+2.01×（3.2-0.6）=8.57 kN/m

g_{BC2}=3.23×3.6=11.63 kN/m

g_{AB11}=3.34 kN/m

g_{AB12}=3.34+2.01×（3.2-0.6）=8.57 kN/m

g_{AB21}=3.23×2.4=7.75 kN/m

g_{AB22}=3.23×2.2=7.11 kN/m

G_{AB}=3.23×$\frac{1}{4}$×2.2×2.2×$\frac{2.5}{3.6}$×2+3.23×$\frac{1}{4}$×1.4×1.4×$\frac{0.7}{3.6}$×2+3.23×$\frac{1}{4}$×2.4×

（3.6+3.6-2.4）+ 0.2×0.4×25×3.6+2×（0.4-0.1）×0.02×17×3.6+3.23×$\frac{1}{4}$×

2.2×（2.4+2.4-2.2）×$\frac{1.4}{3.6}$+3.23×$\frac{1}{4}$×1.4×（2.4+2.4-1.4）×$\frac{1.4}{3.6}$+0.2×0.4×

25×2.4×$\frac{1.4}{3.6}$+2×（0.4-0.1）×0.02×17×2.4×$\frac{1.4}{3.6}$+ 3.4×2.8×2.01-2.1×1×

2.01+2.1×1×0.2+（2.2×2.8×2.01-2.1×0.9×2.01+2.1×0.9×0.2）×$\frac{1.4}{3.6}$

=47.46 kN

3. 屋面框架框架节点集中荷载标准值

对于 C 柱：

边柱连系梁（粉刷）自重：[0.25×0.6×25+2×（0.6-0.1）×0.02×17]×7.2=29.45 kN

157

1 600 mm 高女儿墙：$1.6 \times 7.2 \times 2.01 = 23.15$ kN

连系梁传来屋面荷载：

$$3.98 \times \frac{1}{4} \times 3.6 \times 3.6 \times 2 + 3.98 \times \frac{1}{4} \times 3.6 \times （6.9 + 6.9 - 3.6）+ 3.34 \times 6.9 \times \frac{1}{2}$$

$$= 73.85 \text{ kN}$$

C 柱集中荷载为：$29.45 + 23.15 + 73.85 = 126.45$ kN

对于 B 柱：

连系梁自重：$3.34 \times 7.2 = 24.05$ kN

屋面荷载：

$$73.85 + 3.98 \times \frac{1}{4} \times 2.2 \times 2.2 \times （1 + 1 + \frac{1.1}{3.6}）+ 3.98 \times \frac{1}{4} \times 1.4 \times 1.4 \times （1 + 1 + \frac{2.9}{3.6}）+$$

$$3.98 \times \frac{1}{4} \times （2.4 + 2.4 - 2.2）\times 2.2 \times （0.5 + 0.5 + 0.5 \times \frac{2.2}{3.6}）+ 3.98 \times \frac{1}{4} \times （2.4 + 2.4 - 1.4）\times$$

$$1.4 \times （0.5 + 0.5 + 0.5 \times \frac{2.2}{3.6} + 0.75）+ 3.98 \times \frac{1}{4} \times （3.6 + 3.6 - 2.4）\times 2.4 \times 0.5 + 3.98 \times \frac{1}{4} \times$$

$$2.4 \times 2.4 \times 0.75 = 117.62 \text{ kN}$$

次梁自重：$3.06 \times 4.8 \times 0.5 + 2.2 \times 3.6 \times 0.5 + 2.2 \times 2.4 \times （0.5 + 0.5 + 0.5 \times \frac{2.2}{3.6}）= 18.20$ kN

B 柱集中荷载为：$24.05 + 117.62 + 18.20 = 159.87$ kN

对于 A 柱：

屋面荷载：

$$3.98 \times \frac{1}{4} \times 2.2 \times 2.2 \times \frac{1.1}{3.6} + 3.98 \times \frac{1}{4} \times 1.4 \times 1.4 \times \frac{2.9}{3.6} + 3.98 \times \frac{1}{4} \times （2.4 + 2.4 - 2.2）\times$$

$$2.2 \times 0.5 \times \frac{2.2}{3.6} + 3.98 \times \frac{1}{4} \times （2.4 + 2.4 - 1.4）\times 1.4 \times （0.5 + 0.5 \times \frac{2.2}{3.6}）+ 3.98 \times \frac{1}{4} \times$$

$$（3.6 + 3.6 - 2.4）\times 2.4 \times （1 + 1 + 0.5）+ 3.98 \times \frac{1}{4} \times 2.4 \times 2.4 \times （1 + 1.5）= 45.85 \text{ kN}$$

次梁荷载：$3.06 \times 4.8 \times 0.5 + 2.2 \times 3.6 \times 0.5 + 2.2 \times 2.4 \times 0.5 \times \frac{2.2}{3.6} = 12.92$ kN

A 柱集中荷载为：$29.45 + 23.15 + 45.85 + 12.91 = 111.37$ kN

4. 楼面框架框架节点集中荷载标准值

对于 C 柱：

边柱连系梁（粉刷）自重：$[0.25 \times 0.6 \times 25 + 2 \times （0.6 - 0.1）\times 0.02 \times 17] \times 7.2 = 29.45$ kN

钢窗自重：$1.6 \times 2.4 \times 0.45 \times 2 = 3.46$ kN

外墙自重：$（6.8 \times 2.6 - 2 \times 1.6 \times 2.4）\times 2.39 = 23.9$ kN

框架柱加柱侧粉刷：$0.4 \times 0.45 \times 3.2 \times 25 + 1.2 \times 0.02 \times 3.25 \times 17 = 15.73$ kN

楼面荷载：

158

$$3.98\times\frac{1}{4}\times3.6\times3.6\times2+3.98\times\frac{1}{4}\times3.6\times（6.9+6.9-3.6）+3.06\times6.9\times\frac{1}{2}+2.01\times$$

$$2.6\times6.9\times0.5=91.88\ kN$$

C 柱集中荷载为：29.45+3.46+23.9+15.73+91.88=164.42 kN

对于 B 柱：

连系梁自重：3.34×7.2=24.05 kN

连系梁传来屋面荷载：

$$3.23\times\frac{1}{4}\times3.6\times3.6\times2+3.23\times\frac{1}{4}\times3.6\times（6.9+6.9-3.6）+3.34\times6.9\times\frac{1}{2}=62.1\ kN$$

屋面荷载：

$$3.23\times\frac{1}{4}\times2.2\times2.2\times\left(1+1+\frac{1.1}{3.6}\right)+3.23\times\frac{1}{4}\times1.4\times1.4\times\left(1+1+\frac{2.9}{3.6}\right)+3.23\times\frac{1}{4}\times$$

$$（2.4+2.4-2.2）\times2.2\times\left(0.5+0.5+0.5\times\frac{2.2}{3.6}\right)+3.23\times\frac{1}{4}\times（2.4+2.4-1.4）\times1.4\times$$

$$\left(0.5+0.5+0.5\times\frac{2.2}{3.6}+0.75\right)+3.23\times\frac{1}{4}\times（3.6+3.6-2.4）\times2.4\times0.5+3.23\times\frac{1}{4}\times2.4\times$$

$$2.4\times0.75=35.52\ kN$$

次梁自重：

$$3.06\times4.8\times0.5+2.2\times3.6\times0.5+2.2\times2.4\times\left(0.5+0.5+0.5\times\frac{2.2}{3.6}\right)=18.20\ kN$$

填充墙及门重：

$$（3.4\times2.8\times2.01-2.1\times1\times2.01+2.1\times1\times0.2）\times0.5+（2.2\times2.8\times2.01-2.1\times0.9\times2.01+$$

$$2.1\times0.9\times0.2）\times\left(0.5+0.5+0.5\times\frac{1.4}{3.6}\right)=18.37\ kN$$

框架柱加柱侧粉刷：0.45×0.45×3.2×25+1.3×0.02×3.25×17=17.64 kN

B 柱集中荷载为：24.05+62.1+18.22+35.52+18.37+17.64=175.88 kN

对于 A 柱：

屋面荷载：

$$3.23\times\frac{1}{4}\times2.2\times2.2\times\frac{1.1}{3.6}+3.23\times\frac{1}{4}\times1.4\times1.4\times\frac{2.9}{3.6}+3.23\times\frac{1}{4}\times（2.4+2.4-2.2）\times$$

$$2.2\times0.5\times\frac{2.2}{3.6}+3.23\times\frac{1}{4}\times（2.4+2.4-1.4）\times1.4\times\left(0.5+0.5\times\frac{2.2}{3.6}\right)+3.23\times\frac{1}{4}\times$$

$$（3.6+3.6-2.4）\times2.4\times（1+1+0.5）+3.23\times\frac{1}{4}\times2.4\times2.4\times（1+0.5）=37.217\ kN$$

次梁荷载：$2.2\times3.6\times0.5+2.2\times2.4\times0.5\times\frac{2.2}{3.6}=5.57\ kN$

边柱连系梁（粉刷）自重：[0.25×0.6×25+2×（0.6-0.1）×0.02×17]×7.2=29.45 kN

钢窗自重：1.6×2.4×0.45×2=3.46 kN

外墙自重：（6.8×2.6-2×1.6×2.4）×2.39=23.9 kN

框架柱加柱侧粉刷：0.4×0.45×3.2×25+1.2×0.02×3.25×17=15.73 kN

填充墙及门重：

$$（3.4×2.8×2.01-2.1×1×2.01+2.1×1×0.2）×0.5+（2.2×2.8×2.01-2.1×0.9×2.01+$$

$$2.1×0.9×0.2）×0.5×\frac{1.4}{3.6}=9.41 \text{ kN}$$

A 柱集中荷载为：37.21+5.57+29.45+3.46+23.9+15.73+9.41=124.73 kN

7.5 屋面雪荷载计算

0.4 kN/m² （雪荷载和屋面活荷载不同时考虑，取两者中较大值）

7.6 活荷载计算

根据《建筑结构荷载规范》，楼面 2.0 kN/m²，走廊 2.5 kN/m²，卫生间 2.5 kN/m²，上人屋面 2.0 kN/m²。计算简图：

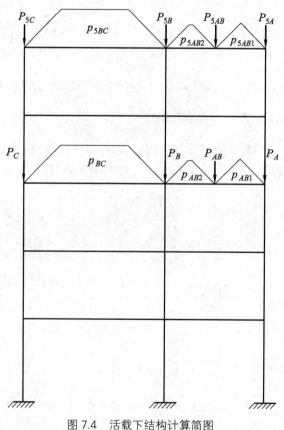

图 7.4　活载下结构计算简图

1. 屋面活载标准值

$$g_{5BC}=2\times3.6=7.2 \text{ kN/m}$$

$$g_{5AB1}=2\times2.4=4.8 \text{ kN/m}$$

$$g_{5AB2}=2\times2.2=4.4 \text{ kN/m}$$

$$P_{5A}=2\times\frac{1}{4}\times2.2\times2.2\times\frac{1.1}{3.6}+2\times\frac{1}{4}\times1.4\times1.4\times\frac{2.9}{3.6}+2\times\frac{1}{4}\times（2.4+2.4-2.2）\times$$

$$2.2\times0.5\times\frac{2.2}{3.6}+2\times\frac{1}{4}\times（2.4+2.4-1.4）\times1.4\times（0.5+0.5\times\frac{2.2}{3.6}）+2\times\frac{1}{4}\times$$

$$（3.6+3.6-2.4）\times2.4\times（1+1+0.5）+2\times\frac{1}{4}\times2.4\times2.4\times（1+0.5）=23.04 \text{ kN}$$

$$P_{5AB}=2\times\frac{1}{4}\times2.2\times2.2\times\frac{2.5}{3.6}\times2+2\times\frac{1}{4}\times1.4\times1.4\times\frac{0.7}{3.6}\times2+2\times\frac{1}{4}\times2.4\times（3.6+3.6-2.4）$$

$$+2\times\frac{1}{4}\times2.2\times（2.4+2.4-2.2）\times\frac{1.4}{3.6}+2\times\frac{1}{4}\times1.4\times（2.4+2.4-1.4）\times\frac{1.4}{3.6}$$

$$=11.54 \text{ kN}$$

$$P_{5B}=2\times\frac{1}{4}\times3.6\times3.6\times2+2\times\frac{1}{4}\times2.2\times2.2\times（1+1+\frac{1.1}{3.6}）+2\times\frac{1}{4}\times1.4\times1.4\times（1+1+\frac{2.9}{3.6}）+$$

$$2\times\frac{1}{4}\times（2.4+2.4-2.2）\times2.2\times（0.5+0.5+0.5\times\frac{2.2}{3.6}）+2\times\frac{1}{4}\times（2.4+2.4-1.4）\times$$

$$1.4\times（0.5+0.5+0.5\times\frac{2.2}{3.6}+0.75）+2\times\frac{1}{4}\times（3.6+3.6-2.4）\times2.4\times0.5+2\times\frac{1}{4}\times$$

$$2.4\times2.4\times0.75=34.96 \text{ kN}$$

$$P_{5C}=2\times\frac{1}{4}\times3.6\times3.6\times2=12.96 \text{ kN}$$

2. 楼面活载标准值

$$g_{BC}=2\times3.6=7.2 \text{ kN/m}$$

$$g_{AB1}=2.5\times2.4=6 \text{ kN/m}$$

$$g_{AB2}=2.5\times2.2=5.5 \text{ kN/m}$$

$$P_{A}=2.5\times\frac{1}{4}\times2.2\times2.2\times\frac{1.1}{3.6}+2.5\times\frac{1}{4}\times1.4\times1.4\times\frac{2.9}{3.6}+2.5\times\frac{1}{4}\times（2.4+2.4-2.2）\times$$

$$2.2\times0.5\times\frac{2.2}{3.6}+2\times\frac{1}{4}\times（2.4+2.4-1.4）\times1.4\times（0.5+0.5\times\frac{2.2}{3.6}）+2.5\times\frac{1}{4}\times$$

$$（3.6+3.6-2.4）\times2.4\times（1+1+0.5）+2.5\times\frac{1}{4}\times2.4\times2.4\times（1+0.5）=28.32 \text{ kN}$$

$$P_{AB}=2.5\times\frac{1}{4}\times2.2\times2.2\times\frac{2.5}{3.6}\times2+2.5\times\frac{1}{4}\times1.4\times1.4\times\frac{0.7}{3.6}\times2+2.5\times\frac{1}{4}\times2.4\times$$

$$（3.6+3.6-2.4）+2.5\times\frac{1}{4}\times2.2\times（2.4+2.4-2.2）\times\frac{1.4}{3.6}+2\times\frac{1}{4}\times1.4\times$$

$$（2.4+2.4-1.4）\times \frac{1.4}{3.6}=14.19 \text{ kN}$$

$$P_B=2\times \frac{1}{4}\times 3.6\times 3.6\times 2+2.5\times \frac{1}{4}\times 2.2\times 2.2\times（1+1+\frac{1.1}{3.6}）+2\times \frac{1}{4}\times 1.4\times 1.4\times$$

$$（1+1+\frac{2.9}{3.6}）+2.5\times \frac{1}{4}\times（2.4+2.4-2.2）\times 2.2\times（0.5+0.5+0.5\times \frac{2.2}{3.6}）+2\times \frac{1}{4}\times$$

$$（2.4+2.4-1.4）\times 1.4\times（0.5+0.5+0.5\times \frac{2.2}{3.6}+0.75）+2.5\times \frac{1}{4}\times（3.6+3.6-2.4）\times$$

$$2.4\times 0.5+2.5\times \frac{1}{4}\times 2.4\times 2.4\times 0.75=38.54 \text{ kN}$$

$$P_C=2\times \frac{1}{4}\times 3.6\times 3.6\times 2=12.96 \text{ kN}$$

7.7 风荷载计算

风荷载标准值计算公式为：

$$\omega=\beta_z\mu_s\mu_z\omega_0$$

因结构高度小于 30 m，可取风振系数 $\beta_z=1.0$；对于矩形平面建筑，风荷载体型系数 $\mu_s=1.3$；风压高度变化系数 μ_z 可查荷载规范，由《建筑结构荷载规范》（GB50009—2012）查得在地面粗糙度为 B 类的情况下，不同楼层高度对应的取值。将风荷载换算成作用于框架每层节点上的集中荷载 F_i，计算过程如下表所示。

表 7.1　风荷载标准值计算

层次	β_z	μ_s	z / m	μ_z	ω_0 / (kN·m^{-2})	A/m^2	F_i/kN
5	1.0	1.3	17.15	1.187	0.35	23.04	12.44
4	1.0	1.3	13.95	1.111	0.35	23.04	11.65
3	1.0	1.3	10.75	1.021	0.35	23.04	10.70
2	1.0	1.3	7.55	1.000	0.35	23.04	10.48
1	1.0	1.3	4.35	1.000	0.35	27.18	12.37

第8章 竖向荷载作用下的内力计算

8.1 恒荷载作用下的内力计算

8.1.1 线刚度计算

1. 梁、柱惯性矩计算

框架梁：

$$I_b = \frac{bh^3}{12} = \frac{200 \times 600^3}{12} = 3.6 \times 10^9 \, \text{mm}^4$$

则

$$I_1 = 1.5 I_b = 1.5 \times 3.6 \times 10^9 = 5.4 \times 10^9 \, \text{mm}^4$$

各层中柱：

$$I_0 = \frac{bh^3}{12} = \frac{450 \times 450^3}{12} = 3.417 \times 10^9 \, \text{mm}^4$$

各层边柱：

$$I_0 = \frac{bh^3}{12} = \frac{400 \times 450^3}{12} = 3.037 \, 5 \times 10^9 \, \text{mm}^4$$

2. 梁、柱线刚度计算

根据公式 $i = EI/L$，可以得出梁、柱的线刚度如下：

AB 跨梁：

$$i = 5.4 \times 10^9 E_c / 4.8 = 11.25 \times 10^{-4} E_c \, \text{m}^3$$

BC 跨梁：

$$i = 5.4 \times 10^9 E_c / 6.9 = 7.83 \times 10^{-4} E_c \, \text{m}^3$$

2~5 层中柱：

$$i = 3.417 \times 10^9 E_c / 3.2 = 10.68 \times 10^{-4} E_c \, \text{m}^3$$

底层中柱：

$$i = 3.417 \times 10^9 E_c / 4.85 = 7.05 \times 10^{-4} E_c \, \text{m}^3$$

2~5 层边柱：

$$i = 3.037 \, 5 \times 10^9 E_c / 3.2 = 9.49 \times 10^{-4} E_c \, \text{m}^3$$

底层边柱：

$$i = 3.037 \, 5 \times 10^9 E_c / 4.85 = 6.26 \times 10^{-4} E_c \, \text{m}^3$$

3. 梁、柱相对线刚度计算

梁、柱的相对线刚度标于图 8.1 中（括号中数字为相对线刚度）。

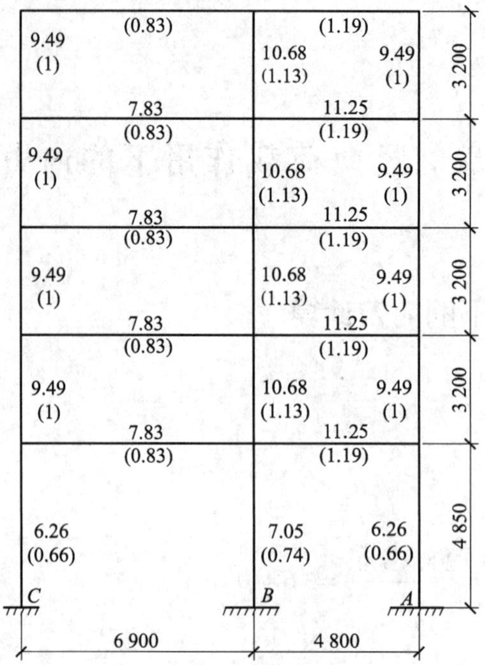

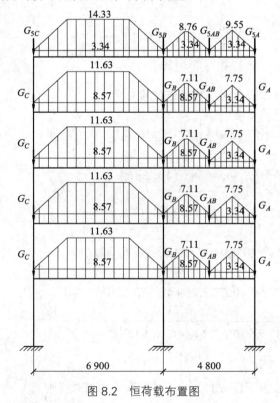

图 8.1 梁、柱相对线刚度

8.1.2 计算恒荷载的等效均布荷载

恒荷载作用下的内力计算采用分层法，荷载布置如下：

图 8.2 恒荷载布置图

164

梁上分布荷载由矩形和梯形或者矩形和三角形两部分组成，在求固端弯矩时根据固端弯矩等效的原则，把梯形分布荷载和三角形分布荷载折算成均布荷载。

BC 跨顶层：

$$\alpha_1=0.5\times3.6/6.9=0.261$$
$$g'_{边}=g_{5BC1}+（1-2\alpha_1^2+\alpha_1^3）g_{5BC2}=3.34+0.882\times14.33=15.98 \text{ kN/m}$$

AB 跨顶层：

$$\alpha_2=0.5\times2.4/3.6=0.333$$
$$g'_{BA}=3.34+0.815\times8.76=10.48 \text{ kN/m}$$
$$g'_{AB}=3.34+5/8\times9.55=9.31 \text{ kN/m}$$

BC 跨中间层：

$$\alpha_1=0.261$$
$$g'_{边}=g_{BC1}+（1-2\alpha_1^2+\alpha_1^3）g_{BC2}=8.57+0.882\times11.63=18.83 \text{ kN/m}$$

AB 跨中间层：

$$\alpha_2=0.5\times2.4/3.6=0.333$$
$$g'_{BA}=8.57+0.815\times7.11=14.36 \text{ kN/m}$$
$$g'_{AB}=3.34+5/8\times7.75=8.18 \text{ kN/m}$$

折算后的恒荷载分布图如下：

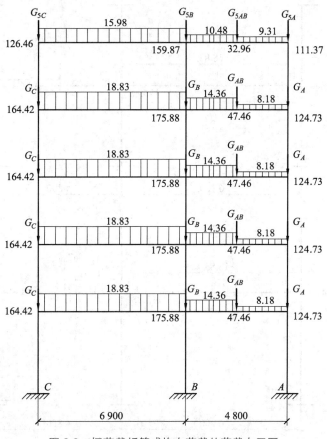

图 8.3　恒荷载折算成均布荷载的荷载布置图

8.1.3 分层法计算恒荷载作用下梁端弯矩

竖向荷载作用下的内力计算采用分层法,可将本结构分成图 8.4 所示三个单层框架分别计算。

分层法的基本假定:

(1)梁上的荷载仅在该梁上及与其相连的上下层柱上产生内力,在其他层梁及柱上产生的内力可忽略不计。

(2)竖向荷载作用下框架结构产生的水平位移可忽略不计。

因为在分层计算时,假定上下柱的远端为固定端,而实际上是弹性支承。为了反映这个特点,除底层外,其他各柱的线刚度乘以折减系数 0.9,弯矩传递系数可取为 $\frac{1}{3}$。

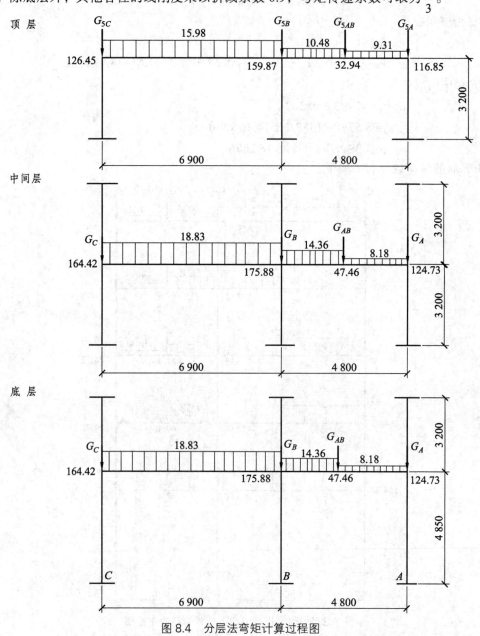

图 8.4　分层法弯矩计算过程图

166

因为本计算实例中 AB 跨梁由两部分不同的均布荷载及一个集中荷载组成，故根据力学原理，利用叠加法，求得各杆的固端弯矩为：

顶层：
$$M_{CB}=-1/12\ g'_{边}l^2_{边}=-1/12\times15.98\times6.9^2=-63.40\ \text{kN}\cdot\text{m}$$

$$M_{BC}=1/12\ g'_{边}l^2_{边}=1/12\times15.98\times6.9^2=63.40\ \text{kN}\cdot\text{m}$$

$$M_{BA}=-11/192\ g'_{BA}l^2_{中}+(-5/192\ g'_{AB}l^2_{中})+(-Fl_{中}/8)=-39.18\ \text{kN}\cdot\text{m}$$

$$M_{AB}=5/192\ g'_{BA}l^2_{中}+(11/192\ g'_{AB}l^2_{中})+(Fl_{中}/8)=38.34\ \text{kN}\cdot\text{m}$$

中间层及底层：
$$M_{CB}=-1/12\ g'_{边}l^2_{边}=-1/12\times18.83\times6.9^2=-74.71\ \text{kN}\cdot\text{m}$$

$$M_{BC}=1/12\ g'_{边}l^2_{边}=1/12\times18.83\times6.9^2=74.71\ \text{kN}\cdot\text{m}$$

$$M_{BA}=-11/192\ g'_{BA}l^2_{中}+(-5/192g'_{AB}l^2_{中})+(-Fl_{中}/8)=-52.35\ \text{kN}\cdot\text{m}$$

$$M_{AB}=5/192\ g'_{BA}l^2_{中}+(11/192g'_{AB}l^2_{中})+(Fl_{中}/8)=47.90\ \text{kN}\cdot\text{m}$$

框架在恒荷载作用下内力计算用弯矩分配法计算，结果见表 8.1。

恒荷载作用下分层法计算弯矩并进行再分配后的弯矩图结果如图 8.5 所示。

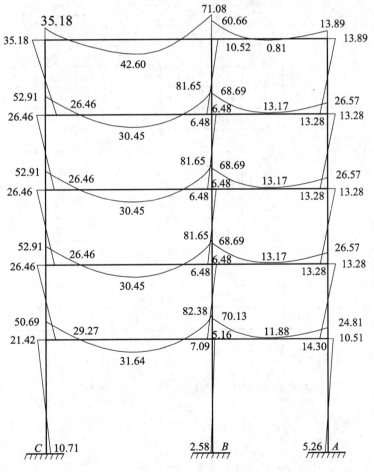

图 8.5　恒荷载作用下弯矩图

167

表 8.1 弯矩分配法计算过程

顶层	上柱	下柱	CB		BC	上柱	下柱	BA		AB	上柱	下柱
分配系数		0.52	0.48		0.273		0.355	0.392		0.569		0.431
固端弯矩			-63.4		63.4			-39.18		38.34		
		32.97	30.43	→1/2	15.22			-10.91	1/2←	-21.82		-16.52
			-3.9	1/2←	-7.79		-9.56	-11.18	→1/2	-5.59		
		2.03	1.87	→1/2	0.94			1.59	1/2←	3.18		2.41
			-0.35	1/2←	-0.69		-0.85	-0.99	→1/2	-0.5		
		0.18	0.17	→1/2	0.09			0.14	1/2←	0.28		0.22
					-0.09		-0.11	-0.13				
		35.18	-35.18		71.08		-10.52	-60.66		13.89		-13.89
中间层	上柱	下柱	CB		BC	上柱	下柱	BA		AB	上柱	下柱
分配系数	0.342	0.342	0.316		0.205	0.251	0.251	0.293		0.398	0.301	0.301
固端弯矩			-74.71		74.71			-52.35		47.9		
	25.55	25.55	23.61	→1/2	11.81			-9.53	1/2←	-19.06	-14.42	-14.42
			-2.53	1/2←	-5.05	-6.18	-6.18	-7.23	→1/2	-3.62		
	0.87	0.87	0.8	→1/2	0.4			0.72	1/2←	1.44	1.09	1.09
			-0.12	1/2←	-0.23	-0.28	-0.28	-0.33	→1/2	-0.17		
	0.04	0.04	0.04	→1/2	0.02			0.04	1/2←	0.07	0.05	0.05
					-0.01	-0.02	-0.02	-0.02				
	26.46	26.46	-52.92		81.65	-6.48	-6.48	-68.7		26.56	-13.28	-13.28
底层	上柱	下柱	CB		BC	上柱	下柱	BA		AB	上柱	下柱
分配系数	0.377	0.276	0.347		0.22	0.269	0.196	0.315		0.433	0.327	0.24
固端弯矩			-74.71		74.71			-52.35		47.9		
	28.17	20.62	25.92	→1/2	12.96			-10.37	1/2←	-20.74	-15.66	-11.5
			-2.75	1/2←	-5.49	-6.71	-4.89	-7.86	→1/2	-3.93		
	1.04	0.76	0.95	→1/2	0.48			0.85	1/2←	1.7	1.29	0.94
			-0.15	1/2←	-0.29	-0.36	-0.26	-0.42	→1/2	-0.21		
	0.06	0.04	0.05	→1/2	0.03			0.05	1/2←	0.09	0.07	0.05
					-0.02	-0.02	-0.01	-0.03				
	29.27	21.42	-50.69		82.38	-7.09	-5.16	-70.13		24.81	-14.3	-10.51

8.1.4 恒荷载作用下剪力计算

对于 CB 跨框架梁，梁端剪力计算公式如下：

$$V_b^l = \frac{ql}{2} + \frac{1}{l}\left(\left|M_b^l\right| - \left|M_b^r\right|\right) \tag{8-1a}$$

$$V_b^r = \frac{ql}{2} - \frac{1}{l}\left(\left|M_b^l\right| - \left|M_b^r\right|\right) \tag{8-1b}$$

式中　V_b^l ——梁左端剪力；

$\quad\quad V_b^r$ ——梁右端剪力；

$\quad\quad M_b^l$ ——梁左端弯矩；

$\quad\quad M_b^r$ ——梁右端弯矩。

对于 BA 跨，因为受力不均匀，故用截面法计算 BA 跨梁的梁端剪力。

以顶层为例，梁端剪力计算如下：

CB 跨

$$V_{5C} = \frac{ql}{2} + \frac{1}{l}\left(\left|M_b^l\right| - \left|M_b^r\right|\right) = \frac{15.98 \times 6.9}{2} + \frac{1}{6.9} \times (35.18 - 71.08) = 49.93 \text{ kN}$$

$$V_{5B左} = \frac{ql}{2} - \frac{1}{l}\left(\left|M_b^l\right| - \left|M_b^r\right|\right) = \frac{15.98 \times 6.9}{2} - \frac{1}{6.9} \times (35.18 - 71.08) = 60.33 \text{ kN}$$

BA 跨

$$V_{5A} + V_{5B右} = 10.48 \times 2.4 + 9.31 \times 2.4 + 32.96 = 80.46 \text{ kN}$$

$$13.89 - 60.66 + 9.31 \times 2.4 \times 3.6 + 32.96 \times 2.4 + 10.48 \times 2.4 \times 1.2 = 4.8 V_{5A}$$

通过计算得出

$$V_{5A} = 29.78 \text{ kN}$$

$$V_{5B右} = 50.68 \text{ kN}$$

同理可计算出其他楼层的梁端剪力。

表8.2　恒荷载作用下 CB 跨梁端剪力计算

楼层	q/（kN/m）	M_{CB}/kN	M_{BC}/kN	V_C/kN	V_B/kN
5	15.98	35.18	71.08	49.93	60.33
4	18.83	52.91	81.65	60.80	69.13
3	18.83	52.91	81.65	60.80	69.13
2	18.83	52.91	81.65	60.80	69.13
1	18.83	50.69	82.38	60.37	69.54

因为 BA 跨转化为均布荷载后依然由两部分组成（以跨中为分界点，左右两侧的荷载大小不一样），故 BA 跨剪力计算如下：

表8.3　恒荷载作用下 BA 跨梁端剪力计算

楼层	q/（kN/m）	M_{BA}/kN	M_{AB}/kN	V_B/kN	V_A/kN
5	10.48+9.31	60.66	13.89	50.68	29.78
4	14.36+8.18	68.69	26.57	63.26	38.30
3	14.36+8.18	68.69	26.57	63.26	38.30
2	14.36+8.18	68.69	26.57	63.26	38.30
1	14.36+8.18	70.13	24.81	63.93	37.63

恒荷载作用下的剪力图如下：

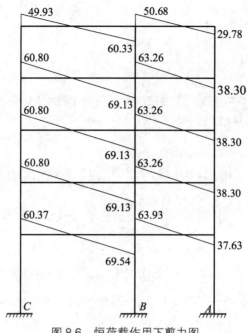

图 8.6　恒荷载作用下剪力图

8.1.5　恒载作用下的轴力计算

$$N = V + P + G \tag{8-2}$$

式中　V——梁端剪力；

　　　P——柱子竖向集中荷载；

　　　G——本层柱子的自重。

表 8.4　恒荷载作用下各柱轴力

楼层	C 轴/kN	B 轴/kN	A 轴/kN
5	192.12	287.08	156.88
4	433.07	611.55	335.63
3	674.02	941.97	514.38
2	914.97	1272.44	693.13
1	1 155.49	1 597.99	871.22

8.1.6　恒荷载作用下跨中弯矩的计算

跨中弯矩根据所求得的梁端弯矩和剪力，按照各跨的实际荷载分布情况由平衡条件求得，以顶层为例说明计算过程。

CB 跨，根据静力手册计算公式，可得

$$M_{中} = \frac{\omega_0 l^2}{24}(3 - 4\alpha^2) + \frac{1}{8}ql^2 = \frac{14.33}{24} \times 6.9^2 \times \left[3 - 4 \times \left(\frac{3.6}{2 \times 6.9}\right)^2\right] + \frac{1}{8} \times 3.34 \times 6.9^2$$

$$= 97.49 \text{ kN} \cdot \text{m}$$

170

BA 跨，取右边三角形为隔离体，通过计算可得

$$M_{中}+13.89-29.78\times2.4+3.34\times2.4\times1.2+\frac{1}{2}\times2.4\times9.55\times1.2=0$$

$$\Rightarrow M_{中}=34.21 \text{ kN}\cdot\text{m}$$

同理，可计算出其他跨中弯矩，结果见下表：

表 8.5　恒荷载作用下的跨中弯矩

楼层	CB 跨/kN·m	BA 跨/kN·m
5	97.49	34.21
4	128.61	44.57
3	128.61	44.57
2	128.61	44.57
1	128.61	44.72

8.2　活荷载作用下的内力计算

8.2.1　计算活荷载的等效均布荷载

活荷载作用下的内力计算采用分层法，荷载布置如图 8.7：

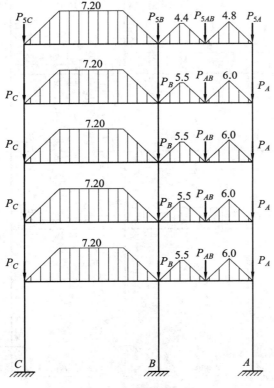

图 8.7　活荷载布置图

171

为计算方便，将梯形荷载和三角形荷载折算成作用在梁上的均布荷载。

BC 跨顶层：$\alpha_1=0.5\times3.6/6.9=0.261$

$$g'_{边}=(1-2\alpha_1^2+\alpha_1^3)\,g_{5BC}=0.882\times7.2=6.35\ \text{kN/m}$$

AB 跨顶层：$\alpha_2=0.5\times2.4/3.6=0.333$

$$g'_{BA}=(1-2\alpha_2^2+\alpha_2^3)\,g_{5AB2}=0.815\times4.4=3.59\ \text{kN/m}$$

$$g'_{AB}=5/8\times4.8=3.00\ \text{kN/m}$$

BC 跨中间层：$\alpha_1=0.261$

$$g'_{边}=(1-2\alpha_1^2+\alpha_1^3)\,g_{BC}=0.882\times7.2=6.35\ \text{kN/m}$$

AB 跨中间层：$\alpha_2=0.5\times2.4/3.6=0.333$

$$g'_{BA}=0.815\times5.5=4.48\ \text{kN/m}$$

$$g'_{AB}=5/8\times6.0=3.75\ \text{kN/m}$$

所以折算后的活荷载布置图如图 8.8 所示。

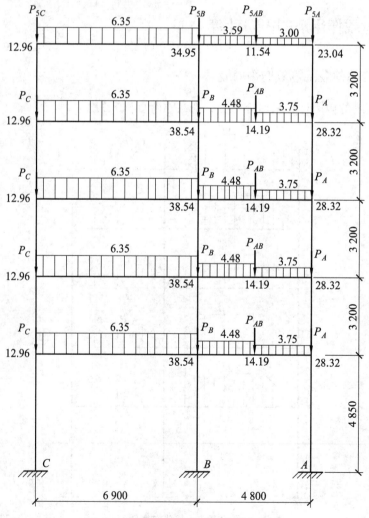

图 8.8　活荷载折算成均布荷载布置图

172

8.2.2 分层法计算活荷载作用下梁端弯矩

竖向活荷载作用下的内力计算也采用分层法。

顶层、中间层、底层活荷载作用下内力计算：

表 8.6 活荷载作用下弯矩分配法计算过程

顶层	上柱	下柱	CB		BC	上柱	下柱	BA		AB	上柱	下柱
分配系数		0.52	0.48		0.273		0.355	0.392		0.569		0.431
固端弯矩			-25.19		25.19			-13.46		13.03		
		13.1	12.09	→1/2	6.05			-3.71	1/2←	-7.42		-5.62
			-1.92	1/2←	-3.84		-4.71	-5.52	→1/2	-2.76		
		1	0.92	→1/2	0.46			0.79	1/2←	1.57		1.19
			-0.17	1/2←	-0.34		-0.42	-0.49	→1/2	-0.25		
		0.09	0.08	→1/2	0.04			0.07	1/2←	0.14		0.11
					-0.03		-0.03	-0.04				
		14.19	-14.19		27.53		-5.18	22.36		4.32		-4.32

中间层	上柱	下柱	CB		BC	上柱	下柱	BA		AB	上柱	下柱
分配系数	0.342	0.342	0.316		0.205	0.251	0.251	0.293		0.398	0.301	0.301
固端弯矩			-25.19		25.19			-16.68		16.15		
	8.61	8.61	7.97	→1/2	3.99			-3.22	1/2←	-6.43	-4.86	-4.86
			-0.95	1/2←	-1.9	-2.33	-2.33	-2.72	→1/2	-1.36		
	0.32	0.32	0.31	→›1/2	0.16			0.27	1/2←	0.54	0.41	0.41
					-0.09	-0.11	-0.11	-0.12				
	8.93	8.93	-17.86		27.35	-2.44	-2.44	-22.47		8.9	-4.45	-4.45

底层	上柱	下柱	CB		BC	上柱	下柱	BA		AB	上柱	下柱
分配系数	0.377	0.276	0.347		0.22	0.269	0.196	0.315		0.433	0.327	0.24
固端弯矩			-25.19		25.19			-16.68		16.15		
	9.5	6.95	8.74	→1/2	4.37			-3.5	1/2←	-6.99	-5.28	-3.88
			-1.03	1/2←	-2.07	-2.52	-1.84	-2.96	→1/2	-1.48		
	0.39	0.28	0.36	→1/2	0.18			0.32	1/2←	0.63	0.48	0.36
					-0.11	-0.13	-0.1	-0.16				
	9.89	7.23	-17.12		27.56	-2.65	-1.94	-22.98		8.32	-4.8	-3.52

恒荷载作用下分层法计算弯矩并进行再分配后的弯矩图结果如下所示：

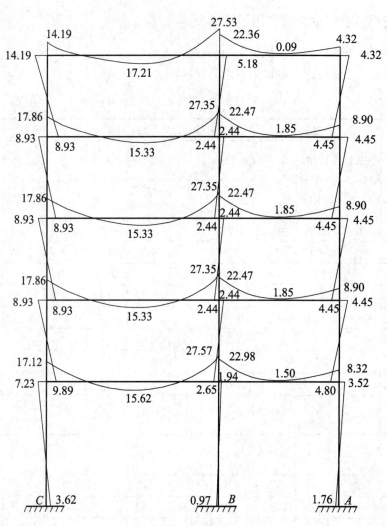

图 8.9　活荷载作用下弯矩图

8.2.3　活荷载作用下剪力计算

对于 CB 跨框架梁，梁端剪力计算公式如下：

$$V_{\mathrm{b}}^{\mathrm{l}} = \frac{ql}{2} + \frac{1}{l}\left(\left|M_{\mathrm{b}}^{\mathrm{l}}\right| - \left|M_{\mathrm{b}}^{\mathrm{r}}\right|\right) \tag{8-3a}$$

$$V_{\mathrm{b}}^{\mathrm{r}} = \frac{ql}{2} - \frac{1}{l}\left(\left|M_{\mathrm{b}}^{\mathrm{l}}\right| - \left|M_{\mathrm{b}}^{\mathrm{r}}\right|\right) \tag{8-3b}$$

式中　$V_{\mathrm{b}}^{\mathrm{l}}$——梁左端剪力；

　　　$V_{\mathrm{b}}^{\mathrm{r}}$——梁右端剪力；

　　　$M_{\mathrm{b}}^{\mathrm{l}}$——梁左端弯矩；

　　　$M_{\mathrm{b}}^{\mathrm{r}}$——梁右端弯矩。

对于 BA 跨，因为受力不均匀，故用截面法计算 BA 跨梁的梁端剪力。

以顶层为例，梁端剪力计算如下：

CB 跨

$$V_{5C} = \frac{ql}{2} + \frac{1}{l}\left(\left|M_b^l\right| - \left|M_b^r\right|\right) = \frac{6.35 \times 6.9}{2} + \frac{1}{6.9} \times (14.19 - 27.53) = 19.97 \text{ kN}$$

$$V_{5B左} = \frac{ql}{2} - \frac{1}{l}\left(\left|M_b^l\right| - \left|M_b^r\right|\right) = \frac{6.35 \times 6.9}{2} - \frac{1}{6.9} \times (14.19 - 27.53) = 23.84 \text{ kN}$$

BA 跨

$$V_{5A} + V_{5B右} = 3.59 \times 2.4 + 3.0 \times 2.4 + 11.54 = 27.36 \text{ kN}$$

$$4.33 - 22.36 + 3.0 \times 2.4 \times 3.6 + 11.54 \times 2.4 + 3.59 \times 2.4 \times 1.2 = 4.8 V_{5A}$$

通过计算得出

$$V_{5A} = 9.57 \text{ kN}$$

$$V_{5B右} = 17.79 \text{ kN}$$

同理可计算出其他楼层的梁端剪力。

表 8.7　活荷载作用下 *CB* 跨梁端剪力计算

楼层	$q/$（kN/m）	M_{CB}/kN	M_{BC}/kN	V_C/kN	V_B/kN
5	6.35	14.19	27.53	19.97	23.84
4	6.35	17.86	27.35	20.53	23.28
3	6.35	17.86	27.35	20.53	23.28
2	6.35	17.86	27.35	20.53	23.28
1	6.35	17.12	27.57	20.39	23.42

　　因为 *BA* 跨转化为均布荷载后依然由两部分组成（以跨中为分界点，左右两侧的荷载大小不一样），故 *BA* 跨剪力计算如下：

表 8.8　活荷载作用下 *BA* 跨梁端剪力计算

楼层	$q/$（kN/m）	M_{BA}/kN	M_{AB}/kN	V_B/kN	V_A/kN
5	3.59+3.00	22.36	4.32	17.79	9.57
4	4.48+3.75	22.47	8.90	20.23	13.71
3	4.48+3.75	22.47	8.90	20.23	13.71
2	4.48+3.75	22.47	8.90	20.23	13.71
1	4.48+3.75	22.98	8.32	20.46	13.48

活荷载作用下的剪力图如下：

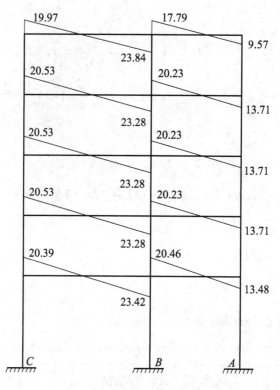

图 8.10 活荷载作用下剪力图

8.2.4 活载作用下的轴力计算

轴力计算方法同恒荷载，柱中轴力沿柱子不变。

表 8.9 活荷载作用下的轴力计算

楼层	C 轴	B 轴	A 轴
5	48.64	92.79	48.33
4	71.13	191.04	106.09
3	120.35	289.29	163.85
2	169.57	387.54	221.61
1	218.65	486.16	279.14

8.2.5 活荷载作用下跨中弯矩的计算

跨中弯矩根据所求得的梁端弯矩和剪力，按照各跨的实际荷载分布情况由平衡条件求得，以顶层为例说明计算过程。

CB 跨，根据静力手册，可得

$$M_{中} = \frac{\omega_0 l^2}{24}(3 - 4\alpha^2) = \frac{7.2}{24} \times 6.9^2 \times \left[3 - 4 \times \left(\frac{3.6}{2 \times 6.9} \right)^2 \right] = 38.96 \text{ kN} \cdot \text{m}$$

BA 跨，取右边三角形为隔离体，可得

$$M_{中} + 4.32 - 9.57 \times 2.4 + \frac{1}{2} \times 2.4 \times 4.8 \times 1.2 = 0 \Rightarrow M_{中} = 11.74 \, \text{kN} \cdot \text{m}$$

同理，可计算出其他跨中弯矩，结果见下表。

表 8.10 恒荷载作用下的跨中弯矩

楼层	CB 跨/（kN·m）	BA 跨/（kN·m）
5	38.96	11.74
4	38.96	17.10
3	38.96	17.10
2	38.96	17.10
1	38.96	17.12

第9章 横向荷载作用下的内力计算

9.1 横向框架侧移刚度的计算

9.1.1 横梁线刚度计算 i_b

表 9.1 框架梁线刚度计算

框架梁位置	弹性模量 E_c /（N/mm²）	$b×h$ /（mm×mm）	矩形截面惯性矩 I_0/mm⁴	跨度 l /mm	E_cI_0/l /（N·mm）	$1.5E_cI_0/l$ /（N·mm）
CB 跨	$3.25×10^4$	$200×600$	$3.6×10^9$	6900	$1.696×10^{10}$	$2.544×10^{10}$
BA 跨	$3.25×10^4$	$200×600$	$3.6×10^9$	4800	$2.438×10^{10}$	$3.657×10^{10}$

9.1.2 横梁线刚度计算 i_c

表 9.2 柱线刚度计算

层次	柱位置	弹性模量 E_c /（N/mm²）	高度 h_c/mm	$b×h$/（mm×mm）	截面惯性矩 I_c /mm⁴	$i_c=E_cI_c/h_c$ /（N·mm）
2～5 层	边柱	$3.25×10^4$	3 200	$400×450$	$3.038×10^9$	$3.085×10^{10}$
	中柱	$3.25×10^4$	3 200	$450×450$	$3.417×10^9$	$3.470×10^{10}$
底层	边柱	$3.25×10^4$	4 850	$400×450$	$3.038×10^9$	$2.036×10^{10}$
	中柱	$3.25×10^4$	4 850	$450×450$	$3.417×10^9$	$2.290×10^{10}$

9.1.3 柱子剪力计算

柱剪力计算过程如表 9.3 所示。

9.1.4 风荷载作用下框架侧移计算

风荷载作用下的层间侧移可按下式计算：

$$\Delta u_j = \frac{V_j}{\sum D_{ij}}$$

各层楼板的侧移值是该层以下各层层间侧移之和，顶点侧移是所有各层层间侧移之和。

第 j 层侧移 $u_j = \sum_{j=1}^{j} \Delta u_j$，顶点侧移 $u = \sum_{j=1}^{n} \Delta u_j$。

表 9.3 柱剪力计算

层数	柱号	$k = \dfrac{\sum i_b}{2i_c}$	$\alpha_c = \dfrac{k}{2+k}$ （一般层） $\alpha_c = \dfrac{0.5+k}{2+k}$ （底层）	$D_i = \dfrac{12\alpha_c i_c}{h^2}$	$\sum D_i$ /（kN/m）	$\sum P$ /kN	$V_{ij} = \dfrac{D_i}{\sum D_i} \cdot P$ /kN
5	A	1.19	0.37	13 376	42 972	12.44	3.87
	B	1.79	0.47	19 112			5.53
	C	0.82	0.29	10 484			3.04
4	A	1.19	0.37	13 376	42 972	24.09	7.50
	B	1.79	0.47	19 112			10.71
	C	0.82	0.29	10 484			5.88
3	A	1.19	0.37	13 376	42 972	34.79	10.83
	B	1.79	0.47	19 112			15.47
	C	0.82	0.29	10 484			8.49
2	A	1.19	0.37	13 376	42 972	45.27	14.09
	B	1.79	0.47	19 112			20.13
	C	0.82	0.29	10 484			11.04
1	A	1.80	0.61	6 336	19 889	57.64	18.36
	B	2.71	0.68	7 944			23.02
	C	1.25	0.54	5 609			16.26

表 9.4 风荷载作用下框架的侧移计算

楼层	V_j	$\sum D_{ij}$	Δu_j	h	$\Delta u_j / h$
5	12.44	42 972	0.000 29	3.2	0.000 09
4	24.09	42 972	0.000 56	3.2	0.000 18
3	34.79	42 972	0.000 81	3.2	0.000 25
2	45.27	42 972	0.001 05	3.2	0.000 33
1	57.64	19 889	0.002 90	4.85	0.000 60

由规范知楼层层间最大位移与层高之比的限值为 1/550≈0.001 82，本框架层间最大位移与层高之比在底层为 0.000 60 < 0.001 82，满足规范要求。

9.2 风荷载作用下的内力计算

9.2.1 反弯点高度的计算

利用相应系数求出，计算过程列表进行。

表 9.5　反弯点高度计算

层数	第五层（$n=5$，$j=5$，$h=3.20$ m）								
柱号	K	y_0	α_1	y_1	α_2	y_2	α_3	y_3	$y \times h$
A	1.19	0.36	1.00	0	—	—	1.00	0	1.15
B	1.79	0.39	1.00	0	—	—	1.00	0	1.25
C	0.82	0.35	1.00	0	—	—	1.00	0	1.12
层数	第四层（$n=5$，$j=4$，$h=3.20$ m）								
A	1.19	0.45	1.00	0	1.00	0	1.00	0	1.44
B	1.79	0.45	1.00	0	1.00	0	1.00	0	1.44
C	0.82	0.40	1.00	0	1.00	0	1.00	0	1.28
层数	第三层（$n=5$，$j=3$，$h=3.20$ m）								
A	1.19	0.46	1.00	0	1.00	0	1.00	0	1.47
B	1.79	0.49	1.00	0	1.00	0	1.00	0	1.57
C	0.82	0.45	1.00	0	1.00	0	1.00	0	1.44
层数	第二层（$n=5$，$j=2$，$h=3.20$ m）								
A	1.19	0.50	1.00	0	1.00	0	1.52	−0.02	1.54
B	1.79	0.50	1.00	0	1.00	0	1.52	−0.007	1.58
C	0.82	0.50	1.00	0	1.00	0	1.52	−0.05	1.44
层数	第一层（$n=5$，$j=1$，$h=4.85$ m）								
A	1.80	0.65	—	—	0.66	0	—	—	3.15
B	2.71	0.58	—	—	0.66	0	—	—	2.81
C	1.25	0.65	—	—	0.66	0	—	—	3.15

9.2.2　柱端弯矩计算

柱端弯矩按下式计算：

$$M_{c\perp} = V_{ij}(1-y) \cdot h$$

$$M_{c\top} = V_{ij}y \cdot h$$

9.2.3　梁端弯矩及剪力计算

梁端弯矩按下式计算

中柱：
$$M_{b左ij} = \frac{i_b^{左}}{i_b^{左} + i_b^{右}}(M_{c下j+1} + M_{c上j})$$

表 9.6 柱端弯矩计算

层数	柱号	yh	$h(1-y)$	V_{ij}	$M_{c下}$	$M_{c上}$
5	A	1.15	2.05	3.87	4.45	7.93
	B	1.25	1.95	5.53	6.91	10.78
	C	1.12	2.08	3.04	3.40	6.32
4	A	1.44	1.76	7.50	10.80	13.20
	B	1.44	1.76	10.71	15.42	18.85
	C	1.28	1.92	5.88	7.53	11.29
3	A	1.47	1.73	10.83	15.92	18.74
	B	1.57	1.63	15.47	24.29	25.22
	C	1.44	1.76	8.49	12.23	14.94
2	A	1.54	1.66	14.09	21.70	23.39
	B	1.58	1.62	20.13	31.81	32.61
	C	1.44	1.76	11.04	15.90	19.43
1	A	3.15	1.70	18.36	57.83	31.21
	B	2.81	2.04	23.02	64.69	46.96
	C	3.15	1.70	16.26	51.22	27.64

$$M_{b右ij} = \frac{i_b^{右}}{i_b^{左} + i_b^{右}} (M_{c下j+1} + M_{c上j})$$

边柱：
$$M_{b总ij} = M_{c下j+1} + M_{c上j}$$

梁端剪力按下式计算

$$V_b^1 = V_b^r = \frac{|M_b^1| + |M_b^r|}{l}$$

表 9.7 风荷载作用下梁端弯矩、剪力及轴力

层数	CB 梁 l=6.9 m			BA 梁 l=4.8 m			柱轴力 /N		
	M_b^1 /（kN·m）	M_b^r /（kN·m）	V_b/kN	M_b^1 /（kN·m）	M_b^r /（kN·m）	V_b/kN	A 柱	B 柱	C 柱
5	6.32	4.42	1.56	6.36	7.93	2.98	2.98	1.42	1.56
4	14.69	10.57	3.66	14.60	17.65	6.72	9.70	5.90	5.22
3	22.47	16.67	5.67	23.97	29.54	11.15	20.85	15.86	10.89
2	31.66	23.34	7.97	33.56	39.31	15.18	36.03	33.03	18.86
1	43.54	33.32	10.99	46.45	52.91	20.70	56.73	59.91	29.85

风荷载作用下的弯矩图和剪力图如下：

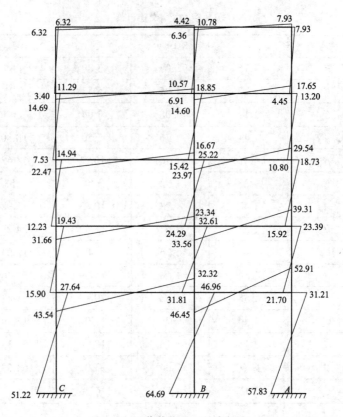

图 9.1　风荷载作用下的弯矩图

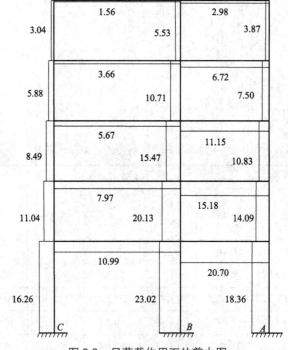

图 9.2　风荷载作用下的剪力图

9.2.4 柱轴力计算

本层柱的轴力等于本层以上两侧梁剪力之和（同一柱号）。算得轴力图如下：

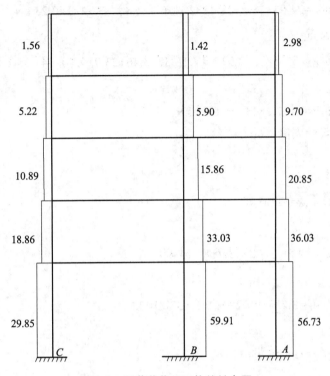

图 9.3　风荷载作用下柱的轴力图

9.3 地震作用下的内力计算

本框架属于规则框架，其高度未超过 40 m，且质量和刚度沿高度分布无大变化，可用底部剪力法计算框架承受的水平地震作用。基本参数的确定：

（1）框架抗震等级：

按抗震设防烈度为 7 度，房屋高度未超过 30 m 的建筑，则该框架的抗震等级为三级。

（2）场地和特征周期值：

该场地为 II 类场地，由设计地震分组为第一组的规定，可查得特征周期值 T_g=0.35 s。

（3）重力荷载代表值：

① 第五层

女儿墙及粉刷自重

$$G_{女儿墙}=1.6×（7.2+7.2）×2.01=46.31 \text{ kN}$$

屋面板自重

$$G_{屋面板}=3.98×（7.2×11.7）=335.28 \text{ kN}$$

框架柱自重

183

$$G_{框架柱}=0.5\times15.73\times2+0.5\times17.64=24.55 \text{ kN}$$

梁自重

$$G_{梁}=24.05+18.2+29.45\times2+（6.9+4.8）\times3.34=140.23 \text{ kN}$$

填充墙及门窗自重

$$G_{填充墙}=0.5\times（23.9+3.46+18.37+3.46+23.9+9.4）=41.25 \text{ kN}$$

雪荷载

$$0.5\times0.4\times7.2\times11.7=16.85 \text{ kN}$$

第五层重力荷载代表值：604.47 kN

② 标准层

填充墙及门窗自重

$$G_{填充墙}=82.50 \text{ kN}$$

楼面活荷载

$$G_{活}=0.5\times2\times7.2\times11.7=84.24 \text{ kN}$$

楼面自重

$$G_{楼面}=3.23\times（7.2\times11.7）=272.10 \text{ kN}$$

梁自重

$$G_{梁}=140.23 \text{ kN}$$

框架柱自重

$$G_{框架柱}=49.10 \text{ kN}$$

标准层重力荷载代表值：628.17 kN

③ 首层

填充墙自重

$$G_{填充墙}=（6.8\times3.75-2\times1.6\times2.4）\times2.39\times2=85.18 \text{ kN}$$

楼面活荷载

$$G_{活}=84.24 \text{ kN}$$

楼面自重

$$G_{楼面}=272.10 \text{ kN}$$

梁自重

$$G_{梁}=140.23 \text{ kN}$$

框架柱自重

$$G_{框架柱}=（0.4\times0.45\times4.85\times25+1.2\times0.02\times3.3\times17）\times2+0.45\times0.45\times4.85\times25+$$
$$1.8\times0.02\times3.3\times17=72.92 \text{ kN}$$

首层重力荷载代表值：654.67 kN

重力荷载代表值计算简图如图 9.4 所示。

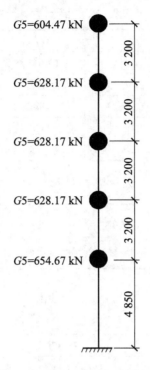

图 9.4　重力荷载代表值计算简图

9.3.1　结构自振周期

根据经验公式计算建筑物的自振周期，取建筑物层数 N=5。

$$T_1=0.09\times5=0.45 \text{ s}$$

9.3.2　横向水平地震作用及柱剪力的计算

水平地震作用标准值的计算可利用底部剪力法公式

$$F_{\text{EK}} = \alpha_1 G_{\text{eq}}$$

$$F_i = \frac{G_i H_i}{\sum\limits_{j=1}^{n} G_j H_j} F_{\text{EK}}(1-\delta_n)\,(i=1,2,\ldots,n)$$

$$\Delta F = \delta_n F_{\text{EK}}$$

因 $T_1 < 1.4T_g$=0.49，故 δ_n=0。

由地震影响系数曲线查得

$$\alpha_1 = （T_g/T_1）^{0.9}\times0.08=0.063\ 8$$

$$G_{\text{eq}}=0.85\Sigma G_i=0.85\times3\ 143.65=2\ 672.10 \text{ kN}$$

$$F_{\text{EK}}= \alpha_1 G_{\text{eq}}=0.063\ 8\times2672.10=170.48 \text{ kN}$$

$$\Delta F_n=\delta_n\times F_{\text{EK}} =0 \text{ kN}$$

水平地震作用计算如表9.8。

表9.8　水平地震作用计算

楼层	G_i/kN	H_i/m	G_iH_i	$F_{EK}(1-\delta)$	F_i
5	604.47	17.65	10 668.9	170.48	51.90
4	628.17	14.45	9 077.1	170.48	44.16
3	628.17	11.25	7 066.9	170.48	34.38
2	628.17	8.05	5 056.8	170.48	24.60
1	654.67	4.85	3 175.1	170.48	15.45
$\sum\limits_{j=1}^{5}G_jH_j = 35\,044.8$					

柱子侧移刚度及剪力的计算如表9.9所示。

表9.9　柱子侧移刚度及剪力计算

层数	柱号	$k=\dfrac{\sum i_b}{2i_c}$	$\alpha_c=\dfrac{k}{2+k}$ （一般层） $\alpha_c=\dfrac{0.5+k}{2+k}$ （底层）	$D_i=\dfrac{12\alpha_c i_c}{h^2}$ /（kN/m）	$\sum D_i$	$\sum P$ /kN	$V_{ij}=\dfrac{D_i}{\sum D_i}\cdot P$ /kN
5	A	1.19	0.37	13 376	42 972	51.90	16.16
	B	1.79	0.47	19 112			23.08
	C	0.82	0.29	10 484			12.66
4	A	1.19	0.37	13 376	42 972	96.06	29.90
	B	1.79	0.47	19 112			42.72
	C	0.82	0.29	10 484			23.44
3	A	1.19	0.37	13 376	42 972	130.44	40.60
	B	1.79	0.47	19 112			58.01
	C	0.82	0.29	10 484			31.82
2	A	1.19	0.37	13 376	42 972	155.04	48.26
	B	1.79	0.47	19 112			68.95
	C	0.82	0.29	10 484			37.83
1	A	1.80	0.61	6 336	19 889	170.49	54.31
	B	2.71	0.68	7 944			68.10
	C	1.25	0.54	5 609			48.08

反弯点高度的计算和风荷载相同。

9.3.3　水平地震作用下的内力计算

1. 柱端弯矩和剪力计算

柱端弯矩按下式计算：

$$M_{c \pm} = V_{ij}(1-y) \cdot h$$

$$M_{c \mp} = V_{ij} y \cdot h$$

表 9.10　地震作用下的柱端弯矩计算

层数	柱号	yh	$h(1-y)$	V_{ij}	$M_{c \mp}$	$M_{c \pm}$
5	A	1.15	2.05	16.16	18.58	33.13
	B	1.25	1.95	23.08	28.85	45.01
	C	1.12	2.08	12.66	14.18	26.33
4	A	1.44	1.76	29.90	43.06	52.62
	B	1.44	1.76	42.72	61.52	75.19
	C	1.28	1.92	23.44	30.00	45.00
3	A	1.47	1.73	40.60	59.68	70.24
	B	1.57	1.63	58.01	91.08	94.56
	C	1.44	1.76	31.82	45.82	56.00
2	A	1.54	1.66	48.26	74.32	80.11
	B	1.58	1.62	68.95	108.94	111.70
	C	1.44	1.76	37.83	54.48	66.58
1	A	3.15	1.70	54.31	171.08	92.33
	B	2.81	2.04	68.10	191.36	138.92
	C	3.15	1.70	48.08	154.45	81.74

2. 梁端弯矩及剪力计算

梁端弯矩按下式计算：

中柱：

$$M_{b左ij} = \frac{K_b^{左}}{K_b^{左} + K_b^{右}}(M_{c下j+1} + M_{c上j})$$

$$M_{b右ij} = \frac{K_b^{右}}{K_b^{左} + K_b^{右}}(M_{c下j+1} + M_{c上j})$$

边柱：　　　$$M_{b总ij} = M_{c下j+1} + M_{c上j}$$

梁端剪力按下式计算：

$$V_{AB} = V_{BA} = \frac{M_{AB} + M_{BA}}{l}$$

地震作用下的梁端弯矩、剪力及轴力计算如下表所示。

表 9.11　地震作用下梁端弯矩、剪力及轴力

层数	CB 梁 l=6.9 m			BA 梁 l=4.8 m			柱轴力/N		
	M_b^l /(kN·m)	M_b^r /(kN·m)	V_b /kN	M_b^l /(kN·m)	M_b^r /(kN·m)	V_b /kN	A 柱	B 柱	C 柱
5	26.33	18.47	6.49	26.54	33.13	12.43	12.43	5.94	6.49
4	59.18	42.68	14.76	61.36	71.20	27.62	40.05	24.74	21.25
3	86.00	64.03	21.74	92.05	113.30	42.78	82.83	64.58	42.99
2	112.40	83.19	28.35	119.59	139.79	54.04	136.87	130.11	71.34
1	136.22	101.69	34.48	146.17	166.65	65.17	202.04	226.33	105.82

地震作用下的弯矩图和剪力图分别如图 9.5、图 9.6 所示。

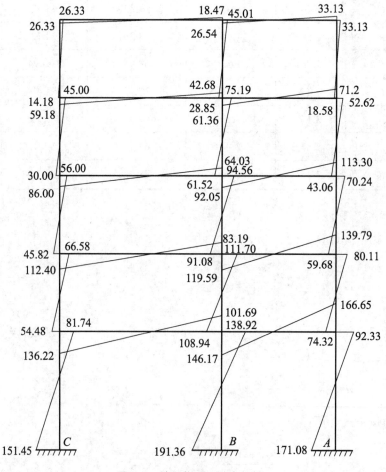

图 9.5　地震作用下的弯矩图

188

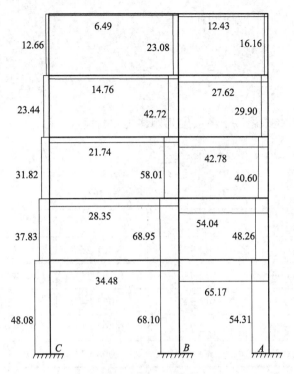

图 9.6 地震作用下的剪力图

3. 柱轴力计算

本层柱的轴力等于本层以上两侧梁剪力之和（同一柱号），算得轴力图如图 9.7 所示。

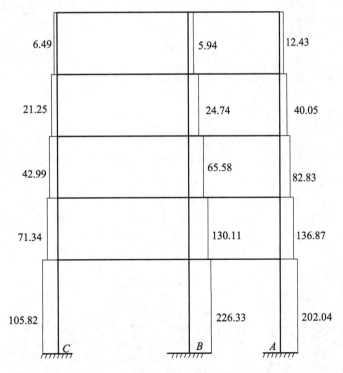

图 9.7 地震作用下的轴力图

9.3.4 地震作用下水平位移的弹性验算

地震作用下的层间侧移可按下式计算：

$$\Delta u_j = \frac{V_j}{\sum D}$$

各层楼板的侧移值是该层以下各层层间侧移之和，顶点侧移是所有各层层间侧移之和。

第 j 层侧移 $u_j = \sum_{j=1}^{j} \Delta u_j$，顶点侧移 $u = \sum_{j=1}^{n} \Delta u_j$。

表 9.12 地震作用下框架的侧移计算

楼层	V_j	$\sum D_{ij}$	Δu_j	h	$\Delta u_j / h$
5	51.90	42 972	0.001 21	3.2	0.000 38
4	96.06	42 972	0.002 24	3.2	0.000 70
3	130.44	42 972	0.003 04	3.2	0.000 95
2	155.04	42 972	0.003 61	3.2	0.001 13
1	170.49	19 889	0.008 57	4.85	0.001 77

由《建筑抗震设计规范》表 5.5.1 知楼层层间最大位移与层高之比的限值为 1/550≈0.001 82，本框架层间最大位移与层高之比在底层为 0.001 77 < 0.001 82，满足规范要求。

第10章 多层框架结构工程实例内力组合

10.1 框架梁弯矩调幅

考虑抗震需要，梁端应该先于柱端出现塑性绞，故对于竖向荷载下的梁端负弯矩进行调幅，调幅系数取为 0.9，并相应地增大跨中弯矩。弯矩调幅即将框架梁支座处的负弯矩乘以一个小于 1 的系数 β，β 称为调幅系数。框架梁端负弯矩调幅实际是在竖向荷载作用下考虑框架梁的塑性变形内力重分布，《高层建筑混凝土结构技术规程》第 5.2.3 条对调幅系数作了规定，并规定竖向荷载作用下的弯矩应先调幅，再与其他荷载效应进行组合。现浇框架支座负弯矩调幅系数为 0.8～0.9，此处 β 取 0.9。即有：

$$M'_{bl} = 0.9M_{bl}$$

$$M'_{br} = 0.9M_{br}$$

支座负弯矩降低后，跨中弯矩应加大，按静力平衡条件计算调幅后梁的跨中弯矩值。这样，在支座出现塑性铰后，不会导致跨中截面承载力不足。梁跨中弯矩应满足下列要求：

$$\frac{1}{2}(M'_{bl} + M'_{br}) + M'_{bm} \geq M \ , \quad M'_{bm} \geq \frac{1}{2}M \tag{10-1}$$

式中　　M'_{bl}，M'_{br}，M'_{bm}——调幅后梁两端负弯矩及跨中正弯矩；

　　　　M——按简支梁计算的跨中弯矩。

表 10.1　调幅后恒荷载作用下的弯矩

楼层	CB 跨弯矩/（kN·m）			BA 跨/（kN·m）		
	左端	跨中	右端	左端	跨中	右端
5	−31.66	49.19	−63.97	−54.59	6.20	−12.50
4	−47.62	53.75	−73.49	−61.83	18.83	−23.90
3	−47.62	53.75	−73.49	−61.83	18.83	−23.90
2	−47.62	53.75	−73.49	−61.83	18.83	−23.90
1	−45.62	54.41	−74.14	−63.12	18.69	−22.33

表 10.2　调幅后活荷载作用下的弯矩

楼层	CB 跨弯矩/（kN·m）			BA 跨/（kN·m）		
	左端	跨中	右端	左端	跨中	右端
5	−12.77	19.77	−24.78	−20.12	3.19	−3.89
4	−16.07	18.2	−24.62	−20.22	3.10	−8.01

楼层	CB 跨弯矩/（kN·m）			BA 跨/（kN·m）		
	左端	跨中	右端	左端	跨中	右端
3	−16.07	18.2	−24.62	−20.22	3.10	−8.01
2	−16.07	18.2	−24.62	−20.22	3.10	−8.01
1	−15.41	18.44	−24.81	−20.68	3.07	−7.49

10.2 框架梁内力折算至柱边

1. 竖向分布荷载的梁端内力

$$V' = V - P \cdot \frac{b}{2}$$

$$M' = M - V' \cdot \frac{b}{2}$$

2. 水平荷载或竖向集中荷载

$$V' = V$$

$$M' = M - V' \cdot \frac{b}{2}$$

恒载作用下梁端弯矩与剪力计算结果见表 10.3。

表 10.3　恒载作用下梁端弯矩与剪力

层数	梁跨	轴线处梁端弯矩 /（kN·m）		轴线处梁端剪力 /（kN·m）		梁端弯矩 /（kN·m）		梁端剪力 /（kN·m）	
		左	右	左	右	左	右	左	右
5	CB 跨	−31.66	−63.97	49.93	−60.33	−22.31	−51.21	46.73	−56.73
	BA 跨	−54.59	−12.50	50.68	−29.78	−43.72	−6.92	48.32	−27.92
4	CB 跨	−47.62	−73.49	60.80	−69.13	−36.21	−58.89	57.03	−64.89
	BA 跨	−61.83	−23.9	63.27	−38.29	−48.32	−16.57	60.04	−36.65
3	CB 跨	−47.62	−73.49	60.80	−69.13	−36.21	−58.89	57.03	−64.89
	BA 跨	−61.83	−23.90	63.27	−38.29	−48.32	−16.57	60.04	−36.66
2	CB 跨	−47.62	−73.49	60.80	−69.13	−36.21	−58.89	57.03	−64.89
	BA 跨	−61.83	−23.9	63.27	−38.29	−48.32	−16.57	60.04	−36.66
1	CB 跨	−45.62	−74.14	60.37	−69.54	−34.30	−59.45	56.60	−65.30
	BA 跨	−63.12	−22.33	63.93	−37.63	−49.46	−15.13	60.70	−35.99

活载作用下梁端弯矩与剪力计算结果见表 10.4。

表 10.4　活载作用下梁端弯矩与剪力

层数	梁跨	轴线处梁端弯矩 /（kN·m）		轴线处梁端剪力 /（kN·m）		梁端弯矩 /（kN·m）		梁端剪力 /（kN·m）	
		左	右	左	右	左	右	左	右
5	CB 跨	−12.77	−24.78	19.97	−23.84	−9.03	−19.74	18.70	−22.41
	BA 跨	−20.12	−3.89	17.79	−9.57	−16.30	−2.10	16.89	−8.97
4	CB 跨	−16.07	−24.62	20.53	−23.28	−12.22	−19.70	19.26	−21.85
	BA 跨	−20.17	−8.01	20.23	−13.71	−15.85	−5.42	19.22	−12.96
3	CB 跨	−16.07	−24.62	20.53	−23.28	−12.22	−19.70	19.26	−21.85
	BA 跨	−20.17	−8.01	20.23	−13.71	−15.85	−5.42	19.22	−12.96
2	CB 跨	−16.07	−24.62	20.53	−23.28	−12.22	−19.70	19.26	−21.85
	BA 跨	−20.17	−8.01	20.23	−13.71	−15.85	−5.42	19.22	−12.96
1	CB 跨	−15.41	−24.81	20.39	−23.42	−11.59	−19.86	19.12	−21.99
	BA 跨	−20.68	−7.49	20.46	−13.48	−16.35	−4.94	19.45	−12.73

风荷载作用下梁端弯矩与剪力计算结果见表 10.5。

表 10.5　风荷载作用下梁端弯矩与剪力

层数	梁跨	梁端弯矩/（kN·m）		梁端剪力/kN		跨中剪力/kN
		左	右	左	右	
5	CB 跨	6.01	−4.07	−1.56	−1.56	−1.56
	BA 跨	5.69	−7.34	−2.98	−2.98	−2.98
4	CB 跨	13.98	−9.74	−3.66	−3.66	−3.66
	BA 跨	13.64	−16.29	−6.84	−6.84	−6.84
3	CB 跨	21.36	−15.40	−5.68	−5.68	−5.68
	BA 跨	21.46	−27.29	−11.14	−11.14	−11.14
2	CB 跨	30.12	−21.53	−7.98	−7.98	−7.98
	BA 跨	30.10	−36.56	−15.24	−15.24	−15.24
1	CB 跨	41.32	−29.89	−11.00	−11.00	−11.00
	BA 跨	41.88	−48.34	−20.62	−20.62	−20.62

地震作用下梁端弯矩与剪力计算结果见表 10.6。

表 10.6　地震作用下梁端弯矩与剪力

层数	梁跨	梁端弯矩/（kN·m）		梁端剪力/kN		跨中剪力/kN
		左	右	左	右	
5	CB 跨	25.03	−17.01	−6.49	−6.49	−6.49
	BA 跨	23.74	−30.64	−12.43	−12.43	−12.43
4	CB 跨	56.23	−39.36	−14.76	−14.76	−14.76
	BA 跨	55.15	−65.68	−27.62	−27.62	−27.62
3	CB 跨	81.65	−59.14	−21.74	−21.74	−21.74
	BA 跨	82.42	−104.74	−42.78	−42.78	−42.78
2	CB 跨	106.73	−76.81	−28.35	−28.35	−28.35
	BA 跨	107.39	−129.91	−54.04	−54.04	−54.04
1	CB 跨	129.32	−93.93	−34.48	−34.48	−34.48
	BA 跨	131.55	−152.7	−65.17	−65.17	−65.17

10.3　柱的内力调整

恒载作用下柱的剪力沿柱不变，不需要调整；弯矩图为线性变化，可利用线性关系进行调整。恒载作用下柱端弯矩调整结果见表 10.7。

表 10.7　恒载作用下柱端弯矩

柱类型	楼层	柱端梁高/m		轴线处柱端弯矩/（kN·m）		轴线处柱端剪力/kN		柱端弯矩/（kN·m）	
		上	下	上	下	上	下	上	下
C 柱	5	0.6	0.6	−35.18	26.46	19.26	19.26	−29.40	20.68
	4	0.6	0.6	−26.46	26.46	16.54	16.54	−21.50	21.50
	3	0.6	0.6	−26.46	26.46	16.54	16.54	−21.50	21.50
	2	0.6	0.6	−26.46	29.27	17.42	17.42	−21.24	24.05
	1	0.6	0.6	−21.42	10.71	6.62	6.62	−19.43	8.72
B 柱	5	0.6	0.6	10.52	−6.48	5.31	5.31	8.93	−4.89
	4	0.6	0.6	6.48	−6.48	4.05	4.05	5.27	−5.27
	3	0.6	0.6	6.48	−6.48	4.05	4.05	5.27	−5.27
	2	0.6	0.6	6.48	−7.09	4.24	4.24	5.21	−5.82
	1	0.6	0.6	5.17	−2.59	1.60	1.60	4.69	−2.11
A 柱	5	0.6	0.6	13.89	−13.28	8.49	8.49	11.34	−10.73
	4	0.6	0.6	13.28	−13.28	8.30	8.30	10.79	−10.79
	3	0.6	0.6	13.28	−13.28	8.30	8.30	10.79	−10.79
	2	0.6	0.6	13.28	−14.3	8.62	8.62	10.69	−11.71
	1	0.6	0.6	10.51	−5.26	3.25	3.25	9.53	−4.28

活载作用下柱端弯矩调整结果见表10.8。

表10.8 活载作用下柱端弯矩

柱类型	楼层	柱端梁高/m		轴线处柱端弯矩 /（kN·m）		轴线处柱端剪力 /kN		柱端弯矩 /（kN·m）	
		上	下	上	下	上	下	上	下
C柱	5	0.6	0.6	-14.19	8.93	7.23	7.23	-12.02	6.76
	4	0.6	0.6	-8.93	8.93	5.58	5.58	-7.26	7.26
	3	0.6	0.6	-8.93	8.93	5.58	5.58	-7.26	7.26
	2	0.6	0.6	-8.93	9.89	5.88	5.88	-7.17	8.13
	1	0.6	0.6	-6.78	3.39	2.10	2.10	-6.56	2.95
B柱	5	0.6	0.6	5.19	-2.44	2.38	2.38	4.47	-1.73
	4	0.6	0.6	2.44	-2.44	1.53	1.53	1.98	-1.98
	3	0.6	0.6	2.44	-2.44	1.53	1.53	1.98	-1.98
	2	0.6	0.6	2.44	-2.65	1.59	1.59	1.96	-2.17
	1	0.6	0.6	1.94	-0.97	0.60	0.60	1.76	-0.79
A柱	5	0.6	0.6	4.32	-4.45	2.74	2.74	3.50	-3.63
	4	0.6	0.6	4.45	-4.45	2.78	2.78	3.62	-3.62
	3	0.6	0.6	4.45	-4.45	2.78	2.78	3.62	-3.62
	2	0.6	0.6	4.45	-4.8	2.89	2.89	3.58	-3.93
	1	0.6	0.6	3.52	-1.76	1.09	1.09	3.19	-1.43

风荷载作用下柱端弯矩调整结果见表10.9。

表10.9 风荷载作用下柱端弯矩

柱类型	楼层	柱端梁高/m		轴线处柱端弯矩 /（kN·m）		轴线处柱端剪力 /kN		柱端弯矩 /（kN·m）	
		上	下	上	下	上	下	上	下
C柱	5	0.6	0.6	6.32	-3.41	3.04	3.04	5.41	-2.49
	4	0.6	0.6	11.29	-7.53	5.89	5.89	9.53	-5.79
	3	0.6	0.6	14.94	-12.23	8.5	8.5	12.39	-9.68
	2	0.6	0.6	19.43	-15.90	11.06	11.06	16.12	-12.59
	1	0.6	0.6	27.64	-51.22	16.25	16.25	23.66	-46.34
B柱	5	0.6	0.6	10.78	-6.91	5.53	5.53	9.12	-5.25
	4	0.6	0.6	18.85	-15.42	10.7	10.7	15.64	-12.21
	3	0.6	0.6	25.22	-24.29	15.46	15.46	20.58	-19.65
	2	0.6	0.6	32.61	-31.81	20.12	20.12	26.57	-25.77
	1	0.6	0.6	46.96	-64.68	22.51	22.51	40.05	-57.78
A柱	5	0.6	0.6	7.93	-4.45	3.87	3.87	6.77	-3.29
	4	0.6	0.6	13.20	-10.80	7.50	7.50	10.95	-8.55
	3	0.6	0.6	18.74	-15.92	10.83	10.83	15.49	-12.47
	2	0.6	0.6	23.39	-21.70	14.1	14.1	19.16	-17.47
	1	0.6	0.6	31.21	-57.83	18.27	18.27	25.70	-12.32

地震作用下柱端弯矩调整结果见表10.10。

表 10.10　地震作用下柱端弯矩

柱类型	楼层	柱端梁高/m		轴线处柱端弯矩 /（kN·m）		轴线处柱端剪力 /kN		柱端弯矩 /（kN·m）	
		上	下	上	下	上	下	上	下
C柱	5	0.6	0.6	26.33	−14.18	12.66	12.66	22.53	−10.38
	4	0.6	0.6	45	−30	23.44	23.44	37.97	−22.97
	3	0.6	0.6	56	−45.82	31.82	31.82	46.45	−36.27
	2	0.6	0.6	66.58	−54.48	37.83	37.83	55.23	−43.13
	1	0.6	0.6	81.74	−151.45	48.08	48.08	67.32	−137.03
B柱	5	0.6	0.6	45.01	−28.85	23.08	23.08	38.09	−21.93
	4	0.6	0.6	75.19	−61.52	42.72	42.72	62.37	−48.7
	3	0.6	0.6	94.56	−91.08	58.01	58.01	77.16	−73.68
	2	0.6	0.6	111.7	−108.94	68.95	68.95	91.02	−88.26
	1	0.6	0.6	138.92	−191.36	68.1	68.1	118.49	−170.93
A柱	5	0.6	0.6	33.13	−18.58	16.16	16.16	28.28	−13.73
	4	0.6	0.6	52.62	−43.06	29.9	29.9	43.65	−34.09
	3	0.6	0.6	70.24	−59.68	40.6	40.6	58.06	−47.5
	2	0.6	0.6	81.08	−74.32	48.26	48.26	60.6	−58.88
	1	0.6	0.6	92.33	−171.08	54.34	54.34	76.03	−154.94

10.4　荷载组合

【建筑结构荷载规范 3.2.1】 建筑结构设计应根据使用过程中在结构上可能同时出现的荷载按承载能力极限状态和正常使用极限状态分别进行荷载效应组合并应取各自的最不利的效应组合进行设计。

10.4.1　承载力极限状态下的荷载效应组合

【建筑结构荷载规范 3.2.2】对于承载能力极限状态应按荷载效应的基本组合或偶然组合进行荷载效应组合并应采用下列设计表达式进行设计：

$$\gamma_0 S \leqslant R \tag{10-2}$$

式中　γ_0——式中结构重要性系数；

　　　S——荷载效应组合的设计值；

　　　R——结构构件抗力的设计值应按各有关建筑结构设计规范的规定确定。

【建筑结构荷载规范 3.2.3】对于基本组合荷载效应组合的设计值 S 应从下列组合值中取最不利值确定：

（1）由可变荷载效应控制的组合

$$S = \gamma_G S_{Gk} + \gamma_Q S_{Q1k} + \sum_2^n \gamma_{Qi} \psi_{ci} S_{Qik}$$ （10-3）

式中　γ_G——永久荷载的分项系数应按第 3.2.5 条采用；

　　　γ_{Qi}——第 i 个可变荷载的分项系数，其中 γ_{Q1} 为可变荷载 Q 的分项系数，应按第 3.2.5 条采用；

　　　S_{Gk}——按永久荷载标准值 G_k 计算的荷载效应值；

　　　S_{Q1k}——按可变荷载标准值 Q_k 计算的荷载效应值，其中 Q_{1k} 为诸可变荷载效应中起控制作用者；

　　　ψ_{ci}——可变荷载 Q 的组合值系数，应分别按各章的规定采用；

　　　n——参与组合的可变荷载数。

（2）由永久荷载效应控制的组合

$$S = \gamma_G S_{Gk} + \sum_1^n \gamma_{Qi} \psi_{ci} S_{Qik}$$ （10-4）

注：（1）基本组合中的设计值仅适用于荷载与荷载效应为线性的情况。

（2）当对 S_{Q1k} 无法明显判断时，轮次以各可变荷载效应为 S_{Q1k}，选其中最不利的荷载效应组合

（3）当考虑以竖向的永久荷载效应控制的组合时，参与组合的可变荷载仅限于竖向荷载。

【建筑结构荷载规范 3.2.4】对于一般排架框架结构基本组合可采用简化规则并应按下列组合值中取最不利值确定：

（1）由可变荷载效应控制的组合：

$$S = \gamma_G S_{Gk} + \gamma_{Q1} S_{Q1k}$$ （10-5a）

$$S = \gamma_G S_{Gk} + 0.9 \sum_{i=1}^n \gamma_{Qi} S_{Qik}$$ （10-5b）

（2）由永久荷载效应控制的组合仍按公式采用。

【建筑结构荷载规范 3.2.5】基本组合的荷载分项系数，应按下列规定采用：

（1）永久荷载的分项系数：

① 当其效应对结构不利时：

● 对由可变荷载效应控制的组合应取 1.2。

● 对由永久荷载效应控制的组合应取 1.35。

② 当其效应对结构有利时：

● 一般情况下应取 1.0。

● 对结构的倾覆滑移或漂浮验算应取 0.9。

（2）可变荷载的分项系数：

● 一般情况下应取 1.4。

● 对标准值大于 4 kN/m^2 的工业房屋楼面结构的活荷载应取 1.3。

注：对于某些特殊情况，可按建筑结构有关设计规范的规定确定。

【建筑抗震设计规范 5.4.1】 结构构件的地震作用效应和其他荷载效应的基本组合，应按下式计算：

$$S = \gamma_G S_{GE} + \gamma_{Eh} S_{Ehk} + \gamma_{Ev} S_{Evk} + \gamma_w \psi_w S_{wk} \qquad (10\text{-}6)$$

式中 　S——结构构件内力组合的设计值，包括组合的弯矩、轴向力和剪力设计值等；

　　　γ_G——重力荷载分项系数，一般情况应采用 1.2，当重力荷载效应对构件承载能力有利时，不应大于 1.0；

　　　γ_{Eh}，γ_{Ev}——水平、竖向地震作用分项系数，应按《建筑抗震设计规范》表 5.4.1 采用；

　　　γ_w——风荷载分项系数，应采用 1.4；

　　　S_{GE}——重力荷载代表值的效应，可按本规范第 5.1.3 条采用，但有吊车时，尚应包括悬吊物重力标准值的效应；

　　　S_{Ehk}——水平地震作用标准值的效应，尚应乘以相应的增大系数或调整系数；

　　　S_{Evk}——竖向地震作用标准值的效应，尚应乘以相应的增大系数或调整系数；

　　　S_{wk}——风荷载标准值的效应；

　　　ψ_w——风荷载组合值系数，一般结构取 0.0，风荷载起控制作用的建筑应采用 0.2 地震作用分项系数：【抗规表 5.4.1】

仅计算水平地震作用：$\gamma_{Eh} = 1.3, \gamma_{Ev} = 0$

仅计算竖向地震作用：$\gamma_{Eh} = 0, \gamma_{Ev} = 1.3$

同时计算水平与竖向地震作用（水平地震为主）：$\gamma_{Eh} = 1.3, \gamma_{Ev} = 0.5$

同时计算水平与竖向地震作用（竖向地震为主）：$\gamma_{Eh} = 1.3, \gamma_{Ev} = 0.5$

10.4.2　正常使用极限状态下的荷载效应组合

【建筑结构荷载规范 3.2.7】对于正常使用极限状态，应根据不同的设计要求，采用荷载的标准组合、频遇组合或准永久组合，并应按下列设计表达式进行设计：

$$S \leqslant C \qquad (10\text{-}7)$$

式中 　C——结构或结构构件达到正常使用要求的规定限值，例如变形、裂缝、振幅、加速度、应力等的限值，应按各有关建筑结构设计规范的规定采用。

【建筑结构荷载规范 3.2.8】对于标准组合，荷载效应组合的设计值 S 应按下式采用

$$S = S_{Gk} + S_{Q1k} + \sum_{2}^{n} \psi_{ci} S_{Qik} \qquad (10\text{-}8)$$

注：组合中的设计值仅适用于荷载与荷载效应为线性的情况。

控制截面与符号规定：

框架梁的控制截面取支座截面和梁端跨中截面；弯矩以下部受拉为正，剪力以沿截面顺时针为正。承载力极限状态的内力组合如附表。

第11章 多层框架结构工程实例配筋计算

11.1 框架梁的截面设计

（一）已知条件：

混凝土强度等级选用 C40，f_c=19.1 N/mm^2，f_t=1.71 N/mm^2。纵向受力钢筋选用 HRB400（f_y= f'_y=360 N/mm^2），箍筋选用 HPB300（f_y= f'_y=270 N/mm^2）。梁的截面尺寸为 200×600，250×600，则 h_0=600-35=565 mm。

（二）构造要求：

（1）承载力抗震调整系数 γ_{RE}=0.85。

（2）三级七度抗震设防要求，框架梁的混凝土受压区高度 $x \leqslant 0.35h_0$，则

$$x \leqslant 0.35h_0=0.35 \times 565=197.75 \text{ mm}$$

（3）梁的纵筋最小配筋率：

跨中：ρ_{min}= max[0.2%，（45f_t/f_y）%]=0.21%

支座：ρ_{min}= max[0.25%，（55f_t/f_y）%]=0.26%

（4）箍筋的配箍率：

$$\rho_{sv\,min}=0.24 \times f_t/f_y=0.24 \times 1.71/270=0.15\%$$

11.1.1 止截面受弯承载力计算

首层 CB 跨梁为例，给出计算方法和过程，其他各梁的配筋计算见表。

1. 跨 中

下部受拉，按矩形截面设计。

设 $\alpha_s = 35$ mm，则 $h_0 = 600 - 35 = 565$ mm，由混凝土强度等级和钢筋等级求截面。

截面抵抗矩系数：

$$\alpha_s = \frac{M}{\alpha_1 f_c b h_0^2} = \frac{95.68 \times 10^6}{1.0 \times 19.1 \times 200 \times 565^2} = 0.078$$

相对受压区高度比：

$$\xi = 1 - \sqrt{1 - 2\alpha_s} = 0.083 < \xi_b = 0.518，\text{ 可以}$$

内力矩的内力臂系数：

$$\gamma_s = 0.5 \times \left(1 + \sqrt{1 - 2\alpha_s}\right) = 0.959$$

所以

$$A_S = \frac{M}{f_y \gamma_s h_0} = \frac{95.68 \times 10^6}{360 \times 0.958 \times 565} = 490.51 \, \text{mm}^2$$

选用 4Φ16，$A_S = 804 \, \text{mm}^2$。

验算适用条件：

$$\rho = \frac{804}{200 \times 565} = 0.71\% > \rho_{\min} \cdot \frac{h}{h_0} = 0.21\% \times \frac{600}{565} = 0.22\%$$

满足要求。

故选用 4Φ16，$A_S = 804 \, \text{mm}^2$。

2. 支座（以右支座为例）

上部受拉，按矩形截面设计。

设 $\alpha_s = 35 \, \text{mm}$，则 $h_0 = 600 - 35 = 565 \, \text{mm}$，由混凝土强度等级和钢筋等级求截面。

截面抵抗矩系数：

$$\alpha_S = \frac{M}{\alpha_1 f_c b h_0^2} = \frac{169.47 \times 10^6}{1.0 \times 19.1 \times 200 \times 565^2} = 0.139$$

相对受压区高度比：

$$\xi = 1 - \sqrt{1 - 2\alpha_S} = 0.150 < \xi_b = 0.518，可以$$

内力矩的内力臂系数：

$$\gamma_S = 0.5 \times \left(1 + \sqrt{1 - 2\alpha_S}\right) = 0.925$$

所以

$$A_S = \frac{M}{f_y \gamma_s h_0} = \frac{169.47 \times 10^6}{360 \times 0.931 \times 565} = 901 \, \text{mm}^2$$

选用 4Φ16，$A_S = 804 \, \text{mm}^2$。

验算适用条件：

$$\rho = \frac{804}{200 \times 565} = 0.71\% > 0.26\%，满足$$

全部梁的正截面配筋计算过程与结果见附表。

11.1.2 斜截面受弯承载力计算

以首层 CB 跨梁为例，给出计算方法和过程，其他各梁的配筋计算见附表。

1. CB 跨梁（左侧）

对于抗震组合，为避免梁在完全破坏前发生剪切破坏，应按"强剪弱弯"的原则调整框架梁端截面组合的剪力设计值。该框架梁的抗震等级为三级，框架梁端截面剪力设计值 V，应按式：

$$V = \gamma_{RE}[\eta_{Vb}(M_b^l + M_b^r)/l_n + V_{Gb}]$$

进行调整，梁端剪力增大系数 $\eta_{Vb} = 1.1$。

200

V_{Gb} 是考虑地震作用组合时的重力荷载代表值产生的剪力设计值，可按简支梁计算确定。但在该案例中 CB 跨的最不利组合剪力值取自于非抗震组合中，故计算如下：

$$V_{CB} = 112 \text{ kN}$$

抗剪计算截面验算：

$$V_{CB} = 112 \text{kN} < 0.25 \beta_c f_c b h_0 = 0.25 \times 1.0 \times 19.1 \times 200 \times 565 = 540 \text{ kN}$$

故截面尺寸满足要求。

验算是否需要按计算配筋：

$$0.7 f_t b h_0 = 0.7 \times 1.71 \times 200 \times 565 = 135.3 \text{ kN} > V_{CB} = 112 \text{ kN}$$

故只需按构造配置箍筋。

采用双肢箍 Φ8@200。

2. CB（右侧）

$$V_{BC} = 126.82 \text{ kN}$$

抗剪计算截面验算：

$$V_{BC} = 124.14 \text{ kN} < 0.25 \beta_c f_c b h_0 = 0.25 \times 1.0 \times 19.1 \times 200 \times 565 = 540 \text{ kN}$$

故截面尺寸满足要求。

验算是否需要按计算配筋：

$$0.7 f_t b h_0 = 0.7 \times 1.71 \times 200 \times 565 = 135.3 \text{ kN} > V_{BC} = 126.82 \text{ kN}$$

故只需按构造配筋。

采用双肢箍 Φ8@200。

上述仅对 CB 跨的梁截面设计进行了简单计算，该案例中的 BA 跨涉及有次梁交接，故在主次梁相交的地方应设置吊筋或者加密箍筋，吊筋在主梁上设置，箍筋加密设置在主梁上的次梁两侧。

11.2 框架柱的截面设计

（1）已知条件：

混凝土采用 C40，f_c=19.1 N/mm²，f_t=1.71 N/mm²，纵向受力钢筋选用 HRB400（f_y=f'_y=360 N/mm²），箍筋选用 HPB300（f_y=f'_y=270 N/mm²）。柱的截面尺寸：400×450（A 柱、C 柱）、450×450（B 柱），则 h_0=450-40=410 mm。

（2）构造要求：

① 抗震调整系数 γ_{RE}=0.85。

② 三级抗震设防要求，框架柱纵筋最小配筋百分率应满足：0.6%（中柱），0.7%（边柱）。

（3）框架柱的基本设计要求有：强柱弱梁，使柱尽量不出现塑性铰；在弯曲破坏之前不发生剪切破坏，使柱有足够的抗剪能力；控制柱的轴压比不要太大；加强约束，配置必要的约束箍筋。

（4）经验算，该案例中框架柱各层剪跨比和轴压比均满足规范要求。

11.2.1 柱正截面承载力计算

按 $|M|_{max}$ 及相应的 N、N_{max} 及相应的 M、N_{min} 及相应的 M 三种内力组合，分别进行正截面验算，计算要点如下：

（1）$\xi_b = \dfrac{\beta_1}{1+\dfrac{f_y}{E_s\varepsilon_{cu}}} = 0.518$，$\xi = \dfrac{\gamma_{RE}N}{f_c b h_0}$，当 $\xi < \xi_b$ 时为大偏心受压柱；当 $\xi > \xi_b$ 时为小偏心受压柱。

（2）e_a 取 20 mm 和 $h/30$ 两者中的较大值。

（3）当 $e_i/h_0 \geqslant 0.3$ 时，$\zeta_1=1.0$；当 $e_i/h_0 < 0.3$ 时，$\zeta_1=0.2+2.7e_i/h_0$ 且 $\leqslant 1.0$。

（4）柱计算长度 $l_0 = 1.25h$（标准层），h（首层）。

（5）$l_0/h \leqslant 15$ 时，$\zeta_2=1.0$；$l_0/h > 15$ 时，$\zeta_2=1.15-0.01l_0/h$ 且 $\leqslant 1.0$。

（6）$\eta = C_m[1+\dfrac{1}{1\,400e_i/h_0}\left(\dfrac{l_0}{h}\right)^2\zeta_1\zeta_2]$，取 $C_m=1.0$。

（7）$\xi \leqslant 2\alpha_s/h_0$，$A_s = A_s' = \dfrac{\gamma_{RE}Ne}{f_y(h_0-a_s)}$

$\xi > 2\alpha_s/h_0$，$A_s = A_s' = \dfrac{\gamma_{RE}Ne - \xi(1-0.5\xi)f_c b h_0^2}{f_y(h_0-a_s)}$

具体计算与配筋过程见附表。

11.2.2 柱斜截面承载力计算

计算要点：

（1）框架柱斜截面计算时的抗震调整系数为 $\gamma_{RE}=0.85$。

（2）根据规范规定，对于三级抗震等级的框架结构，剪力设计值应按下式进行调整：

$$V = \eta_{VC}\left(M_c^b + M_c^t\right)/H_n, \quad \eta_{VC} = 1.1$$

（3）当 $\lambda < 1$ 时，取 $\lambda=1$；当 $\lambda > 3$ 时，取 $\lambda=3$。

（4）$V_c < 0.25\beta_c f_c b h_0$ 时截面满足要求。

（5）当 $N \leqslant 0.3f_c bh$ 时取实际值计算；当 $N > 0.3f_c bh$ 时取 $0.3f_c bh$ 计算。

（6）$V_c < \dfrac{1.75}{\lambda+1}f_t b h_0 + 0.07N$ 时按构造配箍，否则按计算配箍。

（7）箍筋加密区长度底层柱根部取 1 500 mm，其他端部取为 1 000 mm。

加密区最大间距 150 mm，柱根 100 mm。

具体计算与配筋过程见附表 11.1~11.8。

11.3 节点设计

框架节点的设计基本要求有：节点的承载力不应低于其连接构件的承载力；梁柱纵筋在节点区有可靠的锚固。总之，设计成"强节点，强锚固"。

附表 11.1 框架梁内力组合（单位：弯矩 kN·m，剪力 kN）

楼层	杆件编号	截面位置	内力	恒载 S_{GK}	活载 S_{QK}	S_{WK} 左风	S_{WK} 右风	$1.2S_{GK}+1.4\times0.9(S_{QK}+S_{WK})$ 左风	右风	可变荷载控制组合 $1.2S_{GK}+1.4S_{QK}$	永久荷载控制组合 $1.35S_{GK}+1.4\times0.7S_{QK}$	准永久组合 $1.0S_{GK}+1.0\times0.4S_{QK}$	γ_{RE}	水平地震作用 S_{EK} 左震	S_{EK} 右震	抗震组合 $\gamma_{RE}[1.2\times(S_{GK}+0.5\times S_{QK})+1.3S_{EK}]$ 左震	右震
5	CB梁	左端	M	-22.3	-9.0	6.01	-6.01	-30.58	-45.72	-39.4	-39.0	-25.92	0.75	25.03	-26.6	0.26	-50.11
		左端	V	46.73	18.7	-1.6	1.56	77.67	81.60	82.26	81.41	54.21	0.85	-6.49	6.49	50.03	64.37
		跨中	M	49.19	19.8	0.97	-0.97	85.16	82.72	86.71	85.78	57.10	0.75	4.02	-4.02	57.09	49.25
		右端	M	-51.2	-19.7	-4.0	4.07	-91.45	-81.20	-89.1	-88.5	-59.11	0.75	-17.0	17.01	-71.56	-38.39
		右端	V	-56.7	-22.4	-1.6	1.56	-98.28	-94.35	-99.5	-98.6	-65.69	0.85	-6.49	6.49	-76.47	-62.12
	BA梁	左端	M	-43.7	-16.3	5.69	-5.69	-65.83	-80.17	-75.3	-75.0	-50.24	0.75	23.74	-23.7	-23.54	-69.83
		左端	V	48.32	16.98	-3.0	2.98	75.62	83.13	81.76	81.87	55.11	0.85	-12.4	12.43	44.21	71.68
		跨中	M	-6.20	-3.19	-0.8	0.82	-12.49	-10.43	-11.9	-11.5	-7.48	0.75	-3.40	3.40	-10.33	-3.70
		右端	M	-6.92	-2.10	-7.3	7.34	-20.20	-1.70	-11.2	-11.4	-7.76	0.75	-30.6	30.64	-37.05	22.70
		右端	V	-27.9	-8.97	-3.0	2.98	-48.56	-41.05	-46.1	-46.5	-31.51	0.85	-12.4	12.43	-46.79	-19.32
4	CB梁	左端	M	-36.2	-12.2	14.0	-14.0	-41.23	-76.46	-60.6	-60.9	-41.10	0.75	56.23	-56.2	16.74	-92.91
		左端	V	57.03	19.26	-3.7	3.66	88.09	97.32	95.40	95.87	64.73	0.85	-14.8	14.76	51.68	84.30
		跨中	M	53.75	18.20	2.13	-2.13	90.12	84.75	89.98	90.40	61.03	0.75	8.45	-8.45	64.80	48.33
		右端	M	-59.0	-19.7	-9.7	9.74	-107.9	-83.34	-98.4	-98.9	-66.87	0.75	-39.4	39.36	-100.3	-23.58
		右端	V	-64.9	-21.9	-3.7	3.66	-110.0	-100.8	-108	-109	-73.63	0.85	-14.8	14.76	-93.64	-61.02
	BA梁	左端	M	-48.3	-15.9	13.6	-13.6	-60.77	-95.14	-80.2	-80.8	-54.66	0.75	55.15	-55.2	3.15	-104.4
		左端	V	60.04	19.22	-6.8	6.84	87.65	104.88	98.96	99.89	67.73	0.85	-27.6	27.62	40.52	101.56
		跨中	M	-18.8	-3.10	-1.3	1.31	-28.15	-24.85	-26.9	-28.5	-20.07	0.75	-5.28	5.28	-23.49	-13.19
		右端	M	-16.6	-5.42	-16	16.29	-47.24	-6.19	-27.5	-27.7	-18.74	0.75	-65.7	65.68	-81.39	46.69
		右端	V	-36.6	-13.0	-6.8	6.84	-68.93	-51.69	-62.1	-62.2	-41.83	0.85	-27.6	27.62	-74.51	-13.47
3	CB梁	左端	M	-36.2	-12.2	21.4	-21.4	-31.94	-85.76	-60.6	-60.9	-41.10	0.75	81.65	-81.7	41.52	-117.7
		左端	V	57.03	19.26	-5.7	5.68	85.55	99.86	95.40	95.87	64.73	0.85	-21.7	21.74	43.97	92.02
		跨中	M	53.75	18.20	2.98	-2.98	91.19	83.68	89.98	90.40	61.03	0.75	11.23	-11.2	67.51	45.62
		右端	M	-59.0	-19.7	-15	15.40	-115.0	-76.21	-98.4	-98.9	-66.87	0.75	-59.1	59.14	-119.6	-4.29
		右端	V	-64.9	-21.9	-5.7	5.68	-112.6	-98.24	-108	-109	-73.63	0.85	-21.7	21.74	-101.4	-53.31

203

续表

楼层	杆件编号	截面位置	内力	恒载 S_{GK}	活载 S_{QK}	S_{WK} 左风	S_{WK} 右风	$1.2S_{GK}\times0.9(S_{QK}+S_{WK})\times1.4$ 左风	右风	可变荷载控制组合 $1.2S_{GK}+1.45S_{QK}$	永久荷载控制组合 $1.35S_{GK}+1.4\times0.7S_{QK}$	准永久组合 $1.0S_{GK}+1.0\times0.4S_{QK}$	γ_{RE}	S_{EK} 左震	S_{EK} 右震	抗震组合 $\gamma_{RE}[1.2\times(S_{GK}+0.5\times S_{QK})+1.3S_{EK}]$ 左震	右震
3	BA梁	左端	M	-48.3	-15.9	21.5	-21.5	-50.92	-105	-80.2	-80.8	-54.66	0.75	82.42	-82.4	29.74	-131
		左端	V	60.04	19.22	-11	11.14	82.23	110.30	98.96	99.89	67.73	0.85	-42.8	42.78	23.77	118.31
		跨中	M	-18.8	-3.10	-2.9	2.94	-30.21	-22.80	-26.9	-28.5	-20.07	0.75	-11.3	11.29	-29.35	-7.33
		右端	M	-16.6	-5.42	-27	27.29	-61.10	7.67	-27.5	-27.7	-18.74	0.75	-104	104.8	-119.4	84.77
		右端	V	-36.7	-13	-11	11.14	-74.35	-46.27	-62.1	-62.2	-41.83	0.85	-42.8	42.78	-91.26	3.28
	CB梁	左端	M	-36.2	-12.2	30.1	-30.1	-20.90	-96.80	-60.6	-60.9	-41.10	0.75	106.7	-106	65.97	-142.2
		左端	V	57.03	19.26	-8.0	7.98	82.65	102.76	95.40	95.87	64.73	0.85	-28.4	28.35	36.67	99.32
		跨中	M	53.75	18.20	4.27	-4.27	92.81	82.05	89.98	90.40	61.03	0.75	14.90	-14.9	71.09	42.04
		右端	M	-59	-19.7	-21	21.53	-122.7	-68.48	-98.4	-98.9	-66.87	0.75	-76.8	76.81	-136.9	12.93
		右端	V	-64.9	-21.9	-8.0	7.98	-115.5	-95.34	-108	-109	-73.63	0.85	-28.4	28.35	-108.7	-46.00
2	BA梁	左端	M	-48.3	-15.9	30.1	-30.1	-40.03	-115.9	-80.2	-80.8	-54.66	0.75	107.4	-107	54.08	-155.3
		左端	V	60.04	19.22	-15	15.24	77.06	115.47	98.96	99.89	67.73	0.85	-54.2	54.24	11.11	130.98
		跨中	M	-18.8	-3.10	-3.2	3.20	-30.53	-22.47	-26.9	-28.5	-20.07	0.75	-11.4	11.36	-29.42	-7.27
		右端	M	-16.6	-5.42	-36	36.56	-72.78	19.35	-27.5	-27.7	-18.74	0.75	-130	129.9	-144.0	109.31
		右端	V	-36.7	-13.0	-15	15.24	-79.51	-41.11	-62.1	-62.2	-41.83	0.85	-54.2	54.24	-103.9	15.94
	CB梁	左端	M	-34.3	-11.6	41.3	-41.3	-3.70	-107.8	-57.4	-57.7	-38.94	0.75	129.3	-129	90.00	-162.2
		左端	V	56.60	19.12	-11.	11.00	78.15	105.87	94.69	95.15	64.25	0.85	-34.5	34.48	29.38	105.58
		跨中	M	54.41	18.44	5.68	-5.68	95.68	81.37	91.11	91.52	61.79	0.75	17.78	-17.8	74.60	39.93
		右端	M	-59.5	-19.9	-30	29.89	-134.0	-58.70	-99.1	-99.7	-67.39	0.75	-93.9	93.93	-154	29.14
		右端	V	-65.3	-22	-11	11.00	-119.9	-92.21	-109	-110	-74.10	0.85	-34.5	34.48	-115.9	-39.72
1	BA梁	左端	M	-49.5	-16.3	41.9	-41.9	-27.12	-132.7	-82.2	-82.8	-55.98	0.75	131.6	-132	76.41	-180
		左端	V	60.70	19.45	-21	20.62	71.37	123.33	100.1	101.0	68.48	0.85	-65.0	64.97	0.04	143.63
		跨中	M	-18.7	-3.07	-3.2	3.20	-30.33	-22.26	-26.7	-28.2	-19.92	0.75	-10.7	10.65	-28.59	-7.82
		右端	M	-15.1	-4.94	-48.	48.34	-85.29	36.53	-25.1	-25.3	-17.11	0.75	-152	152.7	-164.7	133.04
		右端	V	-36.0	-12.7	-20	20.62	-85.21	-33.25	-61.0	-61.06	-41.08	0.85	-64.97	64.97	-115	28.59

204

附表 11.2　框架柱内力组合　（单位：弯矩 KN·m 剪力 KN）

楼层	杆件编号	截面位置	内力	恒载 S_{GK}	活载 S_{QK}	S_{WK} 左风	S_{WK} 右风	$1.2S_{GK}+1.4\times0.9(S_{QK}+S_{WK})$ 左风	右风	$1.2S_{GK}+1.4S_{QK}$ 可变荷载控制组合	$1.35S_{GK}+1.4\times0.7S_{QK}$ 永久荷载控制组合	$1.0S_{GK}+1.0\times0.4S_{QK}$	γ_{RE}	S_{EK} 左震	S_{EK} 右震	$\gamma_{RE}[1.2\times(S_{GK}+0.5\times S_{QK})+1.3S_{EK}]$ 左震	右震
5	C轴	柱顶	M	−29.4	−12.02	5.41	−5.41	−43.6086	−57.2418	−52.108	−51.4696	−41.42	0.8	22.53	−22.53	−10.5624	−57.4248
			N	192.12	48.64	−1.56	1.56	289.8648	293.796	298.64	307.0292	240.76	0.8	6.49	−6.49	214.532	201.0328
		柱身	V	−15.65	−5.87	2.47	−2.47	−23.064	−29.2884	−26.998	−26.8801	−21.52	0.85	−10.28	10.28	−30.3161	−7.5973
		柱底	M	20.68	6.76	−2.49	2.49	30.1962	36.471	34.28	34.5428	27.44	0.8	−10.38	10.38	12.3024	33.8928
			N	192.12	48.64	−1.56	1.56	289.8648	293.796	298.64	307.0292	240.76	0.8	6.49	−6.49	214.532	201.0328
	B轴	柱顶	M	8.93	4.47	9.12	−9.12	27.8394	4.857	16.974	16.4361	13.4	0.8	38.19	−38.19	50.436	−28.9992
			N	287.08	92.79	−1.42	1.42	459.6222	463.2006	474.402	478.4922	379.87	0.8	5.94	−5.94	326.3136	313.9584
		柱身	V	4.32	1.94	4.49	−4.49	13.2858	1.971	7.9	7.7332	6.26	0.85	−18.75	18.75	−15.32295	26.11455
		柱底	M	−4.89	−1.73	−5.25	5.25	−14.6628	−1.4328	−8.29	−8.2969	−6.62	0.8	−21.93	21.93	−28.332	17.2824
			N	287.08	92.79	−1.42	1.42	459.6222	463.2006	474.402	478.4922	379.87	0.8	5.94	−5.94	326.3136	313.9584
	A轴	柱顶	M	11.34	3.5	6.77	−6.77	26.5482	9.4878	18.508	18.739	14.84	0.8	28.28	−28.28	41.9776	−16.8448
			N	156.88	48.33	−2.98	2.98	245.397	252.9066	255.918	259.1514	205.21	0.8	12.43	−12.43	186.7304	160.876
		柱身	V	6.9	2.23	3.14	−3.14	15.0462	7.1334	11.402	11.5004	9.13	0.85	−13.13	13.13	−6.33335	22.68395
		柱底	M	−10.73	−3.63	−3.29	3.29	−21.5952	−13.3044	−17.958	−18.0429	−14.36	0.8	−13.73	13.73	−26.3224	2.236
			N	156.88	48.33	−2.98	2.98	245.397	252.9066	255.918	259.1514	205.21	0.8	12.43	−12.43	186.7304	160.876
4	C轴	柱顶	M	−21.5	−7.26	9.53	−9.53	−22.9398	−46.9554	−35.964	−36.1398	−28.76	0.8	37.97	−37.97	15.364	−63.6136
			N	433.07	71.13	−5.22	5.22	602.7306	615.885	619.266	654.3519	504.2	0.8	21.25	−21.25	471.9896	427.7896
		柱身	V	−13.44	−4.54	4.79	−4.79	−15.813	−27.8838	−22.484	−22.5932	−17.98	0.85	−19.04	19.04	−37.0634	5.015
		柱底	M	21.5	7.26	−5.79	5.79	27.6522	42.243	35.964	36.1398	28.76	0.8	−22.97	22.97	0.236	48.0136
			N	433.07	71.13	−5.22	5.22	602.7306	615.885	619.266	654.3519	504.2	0.8	21.25	−21.25	471.9896	427.7896

荷载效应组合的种类 / 荷载类型 / 用于承载力计算的框架梁非抗震基本组合 / 恒荷载+活荷载+风荷载 / 恒荷载+活荷载 / 准永久组合 / 用于承载力计算的框架梁抗震基本组合 / 水平地震作用 S_{EK} / 抗震组合

荷载效应组合的种类					荷载类型				用于承载力计算的框架梁柱非抗震基本组合 恒荷载+活荷载+风荷载			恒荷载+活荷载		准永久组合 恒荷载+活荷载	用于承载力计算的框架梁柱抗震类型			抗震组合	
楼层	杆件编号	截面位置	内力	恒载 S_{GK}	活载 S_{QK}	S_{WK}		$1.2S_{GK}+1.4$ $\times 0.9(S_{QK}+S_{WK})$		可变荷载控制组合 $1.2S_{GK}$ $+1.4S_{QK}$	永久荷载控制组合 $1.35S_{GK}$ $+1.4\times0.7S_{QK}$	$1.0S_{GK}$ $+1.0\times0.4S_{QK}$	γ_{RE}	水平地震作用 S_{EK}		$\gamma_{RE}[1.2\times(S_{GK}+$ $0.5\times S_{QK})+1.3S_{EK}]$	
						左风	右风	左风	右风					左震	右震	左震	右震
3	B轴	柱顶	M	5.27	1.98	15.64	-15.64	28.5252	-10.8876	9.096	9.0549	7.25	0.8	63.37	-63.37	71.9144	-59.8952
			N	611.55	191.04	-15.86	15.86	954.5868	994.554	1001.316	1012.8117	802.59	0.8	24.74	-24.74	704.5168	653.0576
		柱身	V	3.29	1.24	8.7	-8.7	16.4724	-5.4516	5.684	5.6567	4.53	0.85	-35.02	35.02	-34.7089	42.6853
		柱底	M	-5.27	-1.98	-12.21	12.21	-24.2034	6.6658	-9.096	-9.0549	-7.25	0.8	-48.7	48.7	-56.6576	44.6384
			N	611.55	191.04	-15.86	15.86	954.5868	994.554	1001.316	1012.8117	802.59	0.8	24.74	-24.74	704.5168	653.0576
	A轴	柱顶	M	10.79	3.62	10.95	-10.95	31.3062	3.7122	18.016	18.1141	14.41	0.8	28.28	-28.28	41.5072	-17.31152
		柱身	N	514.38	106.09	-9.7	9.7	738.7074	763.1514	765.782	798.3812	620.47	0.8	40.05	-40.05	586.38	503.076
			V	8.51	2.26	6.09	-6.09	20.733	5.3862	13.376	13.7033	10.77	0.85	-13.13	13.13	-4.67585	24.34145
		柱底	M	-10.79	-3.62	-8.55	8.55	-28.2822	-6.7362	-18.016	-18.1141	-14.41	0.8	-13.73	13.73	-26.3752	2.1832
			N	514.38	106.09	-9.7	9.7	738.7074	763.1514	765.782	798.3812	620.47	0.8	40.05	-40.05	586.38	503.076
	C轴	柱顶	M	-21.5	-7.26	12.39	-12.39	-19.3362	-50.559	-35.964	-36.1398	-28.76	0.8	46.45	-46.45	24.1832	-72.4328
			N	674.02	120.35	-10.89	10.89	946.7436	974.1864	977.314	1027.87	794.37	0.8	42.99	-42.99	749.5368	660.1176
		柱身	V	-13.44	-4.54	6.9	-6.9	-13.1544	-30.5424	-22.484	-22.5932	-17.98	0.85	-25.85	25.85	-44.58845	12.54005
		柱底	M	21.5	7.26	-9.68	9.68	22.7508	47.1444	35.964	36.1398	28.76	0.8	-36.27	36.27	-13.596	61.8456
			N	674.02	120.35	-10.89	10.89	946.7436	974.1864	977.314	1027.87	794.37	0.8	42.99	-42.99	749.5368	660.1176
	B轴	柱顶	M	5.27	1.98	20.58	-20.58	34.7496	-17.112	9.096	9.0549	7.25	0.8	77.16	-77.16	86.256	-74.2368
			N	941.97	289.29	-15.86	15.86	1474.8858	1514.853	1535.37	1555.1637	1231.26	0.8	64.58	-64.58	1110.3136	975.9872
		柱身	V	3.29	1.24	12.57	-12.57	21.3486	-10.3278	5.684	5.6567	4.53	0.85	-47.14	47.14	-48.1015	56.0779
		柱底	M	-5.27	-1.98	-19.65	19.65	-33.5778	15.9402	-9.096	-9.0549	-7.25	0.8	-73.68	73.68	-82.6368	70.6176
			N	941.97	289.29	-15.86	15.86	1474.8858	1514.853	1535.37	1555.1637	1231.26	0.8	64.58	-64.58	1110.3136	975.9872

楼层	杆件编号	截面位置	内力	荷载类型 恒载 S_{GK}	活载 S_{QK}	S_{WK} 左风	S_{WK} 右风	恒荷载+活荷载+风荷载 $1.2S_{GK}+1.4\times0.9(S_{QK}+S_{WK})$ 左风	右风	可变荷载控制组合 $1.2S_{GK}+1.4S_{QK}$	永久荷载控制组合 $1.35S_{GK}+1.4\times0.75S_{QK}$	准永久组合 恒荷载+活荷载 $1.0S_{GK}+1.0\times0.4S_{QK}$	γ_{RE}	水平地震作用 S_{EK} 左震	右震	抗震组合 $\gamma_{RE}[1.2\times(S_{GK}+0.5\times S_{QK})+1.3S_{EK}]$ 左震	右震
3	A 轴	柱顶	M	10.79	3.62	15.49	-15.49	37.0266	-2.0082	18.016	18.1141	14.41	0.8	58.06	-58.06	72.4784	-48.2864
			N	514.38	163.85	-20.85	20.85	797.436	849.978	846.646	854.986	678.23	0.8	82.83	-82.83	658.596	486.3096
		柱身	V	6.74	2.26	8.74	-8.74	21.948	-0.0768	11.252	11.3138	9	0.85	-32.99	32.99	-28.42655	44.48135
		柱底	M	-10.79	-3.62	-12.47	12.47	-33.2214	-1.797	-18.016	-18.1141	-14.41	0.8	-47.5	47.5	-61.496	37.304
			N	514.38	163.85	-20.85	20.85	797.436	849.978	846.646	854.986	678.23	0.8	82.83	-82.83	658.596	486.3096
	C 轴	柱顶	M	-21.24	-7.17	16.12	-16.12	-14.211	-54.8334	-35.526	-35.7006	-28.41	0.8	55.23	-55.23	33.6072	-81.2712
			N	914.91	169.57	-18.86	18.86	1287.7866	1335.3138	1335.29	1401.3071	1084.48	0.8	71.34	-71.34	1033.9008	885.5136
		柱身	V	-14.15	-4.78	8.97	-8.97	-11.7006	-34.305	-23.672	-23.7869	-18.93	0.85	-30.74	30.74	-50.8385	17.0969
		柱底	M	24.05	8.13	-12.59	12.59	23.2404	54.9672	40.242	40.4349	32.18	0.8	-43.13	43.13	-17.8648	71.8456
			N	914.91	167.57	-18.86	18.86	1285.2666	1332.7938	1332.49	1399.3471	1082.48	0.8	71.34	-71.34	1032.9408	884.5536
2	B 轴	柱顶	M	5.21	1.76	26.57	-26.57	41.9478	-25.0086	8.716	8.7583	6.97	0.8	91.02	-91.02	100.5072	-88.8144
			N	1272.44	387.54	-33.03	33.03	1973.6106	2056.8462	2069.484	2097.5832	1659.98	0.8	130.11	-130.11	1542.876	1272.2472
		柱身	V	3.45	-1.29	16.36	-16.36	23.1282	-18.099	2.334	3.3933	2.16	0.85	-56.03	56.03	-59.05205	64.77425
		柱底	M	-5.82	-2.17	-25.77	25.77	-42.1884	22.752	-10.022	-9.9836	-7.99	0.8	-88.26	88.26	-98.4192	85.1616
			N	1272.44	387.54	-33.03	33.03	1973.6106	2056.8462	2069.484	2097.5832	1659.98	0.8	130.11	-130.11	1542.876	1272.2472
	A 轴	柱顶	M	10.69	3.58	19.16	-19.16	41.4804	-6.8028	17.84	17.9399	14.27	0.8	66.6	-66.6	81.2448	-57.2832
			N	693.13	221.61	-36.03	36.03	1065.5868	1156.3824	1142.01	1152.9033	914.74	0.8	136.87	-136.87	914.1224	629.4328

荷载效应组合的种类				用于承载力计算的框架梁的非抗震基本组合						恒荷载+活荷载 可变荷载控制组合 $1.2S_{GK}+1.4S_{QK}$	恒荷载+活荷载 永久荷载控制组合 $1.35S_{GK}+1.4\times0.7S_{QK}$	准永久组合 恒荷载+活荷载 $1.0S_{GK}+1.0\times0.4S_{QK}$	用于承载力计算的框架梁抗震基本组合				
				荷载类型				恒荷载+活荷载+风荷载 $1.2S_{GK}+1.4\times0.9(S_{QK}+S_{WK})$					荷载类型				
				恒载 S_{GK}	活载 S_{QK}	S_{WK} 左风	S_{WK} 右风	左风	右风				水平地震作用 S_{EK} 左震	右震	γ_{RE}	$\gamma_{RE}[1.2\times(S_{GK}+0.5\times S_{QK})+1.3S_{EK}]$ 左震	右震
楼层	杆件编号	截面位置	内力														
2	A 轴	柱身	V	7	2.35	11.45	-11.45	25.788	-3.066	11.69	11.753	9.35	-39.21	39.21	0.85	-34.98855	51.66555
		柱底	M	-11.71	-3.93	-17.47	17.47	-41.016	3.0084	-19.554	-19.6599	-15.64	-58.88	58.88	0.8	-74.3632	48.1072
			N	693.13	221.61	-36.03	36.03	1065.5868	1156.3824	1142.01	1152.9033	914.74	136.87	-136.87	0.8	914.1224	629.4328
	C 轴	柱顶	M	-19.43	-6.56	23.66	-23.66	-1.77	-61.3932	-32.5	-32.6593	-25.99	67.32	-67.32	0.8	48.2112	-91.8144
			N	1155.49	218.65	-29.85	29.85	1624.476	1699.698	1692.698	1774.1885	1374.14	105.82	-105.82	0.8	1324.2752	1104.1696
		柱身	V	-5.8	-1.96	14.43	-14.43	8.7522	-27.6114	-9.704	-9.7508	-7.76	-42.13	42.13	0.85	-53.46925	39.63805
		柱底	M	8.72	2.95	-46.34	46.34	-44.2074	72.5694	14.594	14.663	11.67	-137.03	137.03	0.8	-132.724	152.2984
			N	1155.49	218.65	-29.85	29.85	1624.476	1699.698	1692.698	1774.1885	1374.14	105.82	-105.82	0.8	1324.2752	1104.1696
1	B 轴	柱顶	M	4.69	1.76	40.05	-40.05	58.3086	-42.6174	8.092	8.0563	6.45	118.49	-118.49	0.8	128.5768	-117.8824
			N	1597.99	486.16	-59.91	59.91	2454.663	2605.6362	2598.212	2633.7233	2084.15	226.33	-226.33	0.8	2002.8104	1532.044
		柱身	V	1.4	0.53	20.17	-20.17	27.762	-23.0664	2.422	2.4094	1.93	-59.67	59.67	0.85	-64.23705	67.63365
		柱底	M	-2.11	-0.79	-57.78	57.78	-76.3302	69.2754	-3.638	-3.6227	-2.9	-170.93	170.93	0.8	-180.172	175.3624
			N	1597.99	486.16	-59.91	59.91	2454.663	2605.6362	2598.212	2633.7233	2084.15	226.33	-226.33	0.8	2002.81	1532.044
	A 轴	柱顶	M	9.53	3.19	25.7	-25.7	47.8374	-16.9266	15.902	15.9917	12.72	76.03	-76.03	0.8	89.7512	-68.3912
			N	871.22	279.14	-56.73	56.73	1325.7006	1468.6602	1436.26	1449.7042	1150.36	202.04	-202.04	0.8	1180.48	760.2368
		柱身	V	2.85	0.95	16.09	-16.09	24.8904	-15.6564	4.75	4.7785	3.8	-47.62	47.62	0.85	-49.2286	56.0116
		柱底	M	-4.28	-1.43	-52.32	52.32	-72.861	58.9854	-7.138	-7.1794	-5.71	-154.94	154.94	0.8	-165.9328	156.3424
			N	871.22	279.14	-56.73	56.73	1325.7006	1468.6602	1436.26	1449.7042	1150.36	202.04	-202.04	0.8	1180.48	760.2368

附表 11.3 梁受力筋

梁受力筋

楼层	钢筋位置		M	B	H	α_E	H_0	f_y	F_c	α_s	ξ	ξ_b	γ_s	A_s	配筋	A'_s
5	CB梁	梁左	50.11	200	600	35	565	360	19.1	0.041	0.042	0.518	0.979	251.64	2Φ12	226
		跨中	86.71	200	600	35	565	360	19.1	0.071	0.074	0.518	0.963	442.64	4Φ12	452
		梁右	91.45	200	600	35	565	360	19.1	0.075	0.078	0.518	0.961	467.86	4Φ12	452
	BA梁	梁左	80.17	200	600	35	565	360	19.1	0.066	0.068	0.518	0.966	408.03	4Φ12	452
		跨中	12.49	200	600	35	565	360	19.1	0.010	0.010	0.518	0.995	61.72	2Φ8	101
		梁右	37.05	200	600	35	565	360	19.1	0.030	0.031	0.518	0.985	185.01	2Φ10	157
4	CB梁	梁左	92.91	200	600	35	565	360	19.1	0.076	0.079	0.518	0.960	475.65	4Φ12	452
		跨中	90.40	200	600	35	565	360	19.1	0.074	0.077	0.518	0.961	462.27	2Φ16	402
		梁右	100.33	200	600	35	565	360	19.1	0.082	0.086	0.518	0.957	515.42	4Φ12	452
	BA梁	梁左	104.39	200	600	35	565	360	19.1	0.086	0.090	0.518	0.955	537.30	4Φ14	615
		跨中	28.46	200	600	35	565	360	19.1	0.023	0.024	0.518	0.988	141.59	2Φ10	157
		梁右	81.39	200	600	35	565	360	19.1	0.067	0.069	0.518	0.965	414.47	4Φ12	452
3	CB梁	梁左	117.70	200	600	35	565	360	19.1	0.097	0.102	0.518	0.949	609.66	4Φ14	615
		跨中	91.19	200	600	35	565	360	19.1	0.075	0.078	0.518	0.961	466.48	2Φ16	402
		梁右	119.62	200	600	35	565	360	19.1	0.098	0.103	0.518	0.948	620.18	4Φ14	615
	BA梁	梁左	130.98	200	600	35	565	360	19.1	0.107	0.114	0.518	0.943	682.84	4Φ14	615
		跨中	30.21	200	600	35	565	360	19.1	0.025	0.025	0.518	0.987	150.41	2Φ10	157
		梁右	119.47	200	600	35	565	360	19.1	0.098	0.103	0.518	0.948	619.36	4Φ14	615
2	CB梁	梁左	142.15	200	600	35	565	360	19.1	0.117	0.124	0.518	0.938	745.18	3Φ18	763
		跨中	92.81	200	600	35	565	360	19.1	0.076	0.079	0.518	0.960	475.12	2Φ16	402
		梁右	136.85	200	600	35	565	360	19.1	0.112	0.119	0.518	0.940	715.51	3Φ18	763
	BA梁	梁左	155.33	200	600	35	565	360	19.1	0.127	0.137	0.518	0.932	819.70	4Φ16	804
		跨中	30.53	200	600	35	565	360	19.1	0.025	0.025	0.518	0.987	152.03	2Φ10	157
		梁右	144.01	200	600	35	565	360	19.1	0.118	0.126	0.518	0.937	755.63	3Φ18	763
1	CB梁	梁左	162.17	200	600	35	565	360	19.1	0.133	0.143	0.518	0.928	858.81	4Φ16	804
		跨中	95.68	200	600	35	565	360	19.1	0.078	0.082	0.518	0.959	490.47	2Φ16	402
		梁右	154.02	200	600	35	565	360	19.1	0.126	0.135	0.518	0.932	812.25	4Φ16	804
	BA梁	梁左	180.11	200	600	35	565	360	19.1	0.148	0.161	0.518	0.920	962.81	4Φ18	1017
		跨中	30.33	200	600	35	565	360	19.1	0.025	0.025	0.518	0.987	151.02	2Φ10	157
		梁右	164.72	200	600	35	565	360	19.1	0.135	0.146	0.518	0.927	873.46	4Φ16	804

附表 11.4　梁箍筋

梁箍筋

楼层	钢筋位置		v	b	h	a_s	h_0	h_w	h_w/b	F_c	β_c	f_t	f_{yv}	$0.25\beta_c f_c b h_0$	$0.7 f_t b h_0$	结果	配箍
5	CB梁	梁左	82.26	200	600	35	565	565	2.83	19.1	1	1.71	270	539.58	135.26	构造配箍	Φ8@200
	CB梁	梁右	99.45	200	600	35	565	565	2.83	19.1	1	1.71	270	539.58	135.26	构造配箍	Φ8@200
	BA梁	梁左	83.13	200	600	35	565	565	2.83	19.1	1	1.71	270	539.58	135.26	构造配箍	Φ8@200
	BA梁	梁右	48.56	200	600	35	565	565	2.83	19.1	1	1.71	270	539.58	135.26	构造配箍	Φ8@200
4	CB梁	梁左	97.32	200	600	35	565	565	2.83	19.1	1	1.71	270	539.58	135.26	构造配箍	Φ8@200
	CB梁	梁右	110.01	200	600	35	565	565	2.83	19.1	1	1.71	270	539.58	135.26	构造配箍	Φ8@200
	BA梁	梁左	104.88	200	600	35	565	565	2.83	19.1	1	1.71	270	539.58	135.26	构造配箍	Φ8@200
	BA梁	梁右	74.51	200	600	35	565	565	2.83	19.1	1	1.71	270	539.58	135.26	构造配箍	Φ8@200
3	CB梁	梁左	99.86	200	600	35	565	565	2.83	19.1	1	1.71	270	539.58	135.26	构造配箍	Φ8@200
	CB梁	梁右	112.56	200	600	35	565	565	2.83	19.1	1	1.71	270	539.58	135.26	构造配箍	Φ8@200
	BA梁	梁左	118.31	200	600	35	565	565	2.83	19.1	1	1.71	270	539.58	135.26	构造配箍	Φ8@200
	BA梁	梁右	91.26	200	600	35	565	565	2.83	19.1	1	1.71	270	539.58	135.26	构造配箍	Φ8@200
2	CB梁	梁左	102.76	200	600	35	565	565	2.83	19.1	1	1.71	270	539.58	135.26	构造配箍	Φ8@200
	CB梁	梁右	115.45	200	600	35	565	565	2.83	19.1	1	1.71	270	539.58	135.26	构造配箍	Φ8@200
	BA梁	梁左	130.98	200	600	35	565	565	2.83	19.1	1	1.71	270	539.58	135.26	构造配箍	Φ8@200
	BA梁	梁右	103.93	200	600	35	565	565	2.83	19.1	1	1.71	270	539.58	135.26	构造配箍	Φ8@200
1	CB梁	梁左	105.87	200	600	35	565	565	2.83	19.1	1	1.71	270	539.58	135.26	构造配箍	Φ8@200
	CB梁	梁右	119.93	200	600	35	565	565	2.83	19.1	1	1.71	270	539.58	135.26	构造配箍	Φ8@200
	BA梁	梁左	143.63	200	600	35	565	565	2.83	19.1	1	1.71	270	539.58	135.26	构造配箍	Φ8@200
	BA梁	梁右	114.99	200	600	35	565	565	2.83	19.1	1	1.71	270	539.58	135.26	构造配箍	Φ8@200

注：BA梁跨中主次梁交接处，因存在集中荷载，故在其交接处箍筋加密，两侧各加三道箍筋，间距为 50.

附表 11.5 柱箍筋

楼层	钢筋位置		V	N	β_c	f_c	b	H	α_s	h_0	f_t	$0.25\beta_c f_c b h_0$	截面	$0.7 f_t b h_0$	结果	配箍	$\rho_{sv}=nA_{sv1}/bs$	f_{yv}	$\rho_{sv,min}=0.24f_t/f_{yv}$	结果
5	C柱	柱顶	29.34	307.03	1	19.1	400	450	40	410	1.71	783.10	截面满足要求	196.31	构造配箍	Φ14@350	0.002198571	270	0.00152	满足要求
		柱底	29.34	307.03	1	19.1	400	450	40	410	1.71	783.10	截面满足要求	196.31	构造配箍	Φ14@350	0.002198571	270	0.00152	满足要求
	B柱	柱顶	30.54	478.49	1	19.1	450	450	40	410	1.71	880.99	截面满足要求	220.85	构造配箍	Φ14@350	0.001954286	270	0.00152	满足要求
		柱底	30.54	478.49	1	19.1	450	450	40	410	1.71	880.99	截面满足要求	220.85	构造配箍	Φ14@350	0.001954286	270	0.00152	满足要求
	A柱	柱顶	21.34	259.14	1	19.1	400	450	40	410	1.71	783.10	截面满足要求	196.31	构造配箍	Φ14@350	0.002198571	270	0.00152	满足要求
		柱底	21.34	259.14	1	19.1	400	450	40	410	1.71	783.10	截面满足要求	196.31	构造配箍	Φ14@350	0.002198571	270	0.00152	满足要求
4	C柱	柱顶	34.88	654.35	1	19.1	400	450	40	410	1.71	783.10	截面满足要求	196.31	构造配箍	Φ14@350	0.002198571	270	0.00152	满足要求
		柱底	34.88	654.35	1	19.1	400	450	40	410	1.71	783.10	截面满足要求	196.31	构造配箍	Φ14@350	0.002198571	270	0.00152	满足要求
	B柱	柱顶	41.19	1012.81	1	19.1	450	450	40	410	1.71	880.99	截面满足要求	220.85	构造配箍	Φ14@350	0.001954286	270	0.00152	满足要求
		柱底	41.19	1012.81	1	19.1	450	450	40	410	1.71	880.99	截面满足要求	220.85	构造配箍	Φ14@350	0.001954286	270	0.00152	满足要求
	A柱	柱顶	21.81	798.38	1	19.1	400	450	40	410	1.71	783.10	截面满足要求	196.31	构造配箍	Φ14@350	0.002198571	270	0.00152	满足要求
		柱底	21.81	798.38	1	19.1	400	450	40	410	1.71	783.10	截面满足要求	196.31	构造配箍	Φ14@350	0.002198571	270	0.00152	满足要求
3	C柱	柱顶	41.96	1027.87	1	19.1	400	450	40	410	1.71	783.10	截面满足要求	196.31	构造配箍	Φ14@350	0.002198571	270	0.00152	满足要求
		柱底	41.96	1027.87	1	19.1	400	450	40	410	1.71	783.10	截面满足要求	196.31	构造配箍	Φ14@350	0.002198571	270	0.00152	满足要求
	B柱	柱顶	52.78	1555.16	1	19.1	450	450	40	410	1.71	880.99	截面满足要求	220.85	构造配箍	Φ14@350	0.001954286	270	0.00152	满足要求
		柱底	52.78	1555.16	1	19.1	450	450	40	410	1.71	880.99	截面满足要求	220.85	构造配箍	Φ14@350	0.001954286	270	0.00152	满足要求
	A柱	柱顶	34.34	854.99	1	19.1	400	450	40	410	1.71	783.10	截面满足要求	196.31	构造配箍	Φ14@350	0.002198571	270	0.00152	满足要求
		柱底	34.34	854.99	1	19.1	400	450	40	410	1.71	783.10	截面满足要求	196.31	构造配箍	Φ14@350	0.002198571	270	0.00152	满足要求
2	C柱	柱顶	47.85	1401.31	1	19.1	400	450	40	410	1.71	783.10	截面满足要求	196.31	构造配箍	Φ14@350	0.002198571	270	0.00152	满足要求
		柱底	47.85	1401.31	1	19.1	400	450	40	410	1.71	783.10	截面满足要求	196.31	构造配箍	Φ14@350	0.002198571	270	0.00152	满足要求
	B柱	柱顶	54.37	2097.58	1	19.1	450	450	40	410	1.71	880.99	截面满足要求	220.85	构造配箍	Φ14@350	0.001954286	270	0.00152	满足要求
		柱底	54.37	2097.58	1	19.1	450	450	40	410	1.71	880.99	截面满足要求	220.85	构造配箍	Φ14@350	0.001954286	270	0.00152	满足要求
	A柱	柱顶	48.63	1152.9	1	19.1	400	450	40	410	1.71	783.10	截面满足要求	196.31	构造配箍	Φ14@350	0.002198571	270	0.00152	满足要求
		柱底	48.63	1152.9	1	19.1	400	450	40	410	1.71	783.10	截面满足要求	196.31	构造配箍	Φ14@350	0.002198571	270	0.00152	满足要求
1	C柱	柱顶	44.15	1774.19	1	19.1	400	450	40	410	1.71	783.10	截面满足要求	196.31	构造配箍	Φ14@350	0.002198571	270	0.00152	满足要求
		柱底	44.15	1774.19	1	19.1	400	450	40	410	1.71	783.10	截面满足要求	196.31	构造配箍	Φ14@350	0.002198571	270	0.00152	满足要求
	B柱	柱顶	63.66	2633.72	1	19.1	450	450	40	410	1.71	880.99	截面满足要求	220.85	构造配箍	Φ14@350	0.001954286	270	0.00152	满足要求
		柱底	63.66	2633.72	1	19.1	450	450	40	410	1.71	880.99	截面满足要求	220.85	构造配箍	Φ14@350	0.001954286	270	0.00152	满足要求
	A柱	柱顶	52.72	1468.66	1	19.1	400	450	40	410	1.71	783.10	截面满足要求	196.31	构造配箍	Φ14@350	0.002198571	270	0.00152	满足要求
		柱底	52.72	1468.66	1	19.1	400	450	40	410	1.71	783.10	截面满足要求	196.31	构造配箍	Φ14@350	0.002198571	270	0.00152	满足要求

附表 11.6 C柱受力筋

楼层	组合	位置	M	M_2	M_1	N	e_0	e_i	μ_c	γ_{re}	ξ_c	η_{s1}	η_{s2}	η_s	C_m	M'	X	x	$\gamma_{re}Ne$	$f_cbx(h_0-0.5x)$	e'_s	$A_{s1}=A'_{s1}$	$A_{c2}=A'_{c2}$	e_s	配筋	A_s
5	mmax 及相应的 N	柱顶	57.42	57.42	36.47	201.03	285.63	305.63	0.06	0.75	1.0	20.29	50.57	7.72	0.89	57.42	19.73	0.02	73973362	61815.24	120.63	136.54		490.63	4Φ20	1256
		柱底	36.47	57.42	36.47	293.80	124.13	144.13	0.09	0.75	1.0	20.20	50.57	5.62	0.89	57.42	28.84	0.03	72524250	90340.32	-40.87	-67.61		329.13	4Φ20	1256
	Nmin 及相应的 m	柱顶	57.42	57.42	33.89	201.03	285.63	305.63	0.06	0.75	1.0	20.29	50.57	7.72	0.88	57.42	19.73	0.02	73973362	61815.24	120.63	136.54		490.63	4Φ20	1256
		柱底	33.89	57.42	33.89	201.03	168.58	188.58	0.06	0.75	1.0	20.29	50.57	7.72	0.88	57.42	19.73	0.02	56325862	61815.24	3.58	4.05		373.58	4Φ20	1256
	Nmax 及相应的 m	柱顶	51.47	51.47	34.54	307.03	167.64	187.64	0.09	0.75	1.0	20.17	50.57	5.43	0.90	51.47	30.14	0.03	85808362	94408.25	2.64	4.56		372.64	4Φ20	1256
		柱底	34.54	51.47	34.54	307.23	112.42	132.42	0.09	0.75	1.0	20.17	50.57	5.42	0.90	51.47	30.16	0.03	73141612	94469.75	-52.58	-90.95		317.42	4Φ20	1256
4	mmax 及相应的 N	柱顶	63.60	63.60	48.01	427.79	148.67	168.67	0.12	0.75	1.0	20.15	50.57	4.18	0.93	63.6	42.00	0.04	113472712	131538.69	-16.33	-39.33		353.67	4Φ20	1256
		柱底	48.01	63.61	48.01	427.79	112.23	132.23	0.12	0.75	1.0	20.15	50.57	4.18	0.93	63.6	42.00	0.04	101780212	131538.69	-52.77	-127.11		317.23	4Φ20	1256
	Nmin 及相应的 m	柱顶	63.61	63.61	48.01	427.79	148.69	168.69	0.12	0.75	1.0	20.15	50.57	4.18	0.93	63.61	42.00	0.04	113480212	131538.69	-16.31	-39.28		353.69	4Φ20	1256
		柱底	48.01	63.61	48.01	427.79	112.23	132.23	0.12	0.75	1.0	20.15	50.57	4.18	0.93	63.61	42.00	0.04	101780212	131538.69	-52.77	-127.11		317.23	4Φ20	1256
	Nmax 及相应的 m	柱顶	36.14	36.14	36.14	654.35	55.23	75.23	0.19	0.8	1.0	20.06	50.57	3.09	1.00	36.14	68.52	0.07	136225400	214608.87	-109.77	-431.40		260.23	4Φ20	1256
		柱底	36.14	36.14	36.14	654.35	55.23	75.23	0.19	0.8	1.0	20.06	50.57	3.09	1.00	36.14	68.52	0.07	136225400	214608.87	-109.77	-431.40		260.23	4Φ20	1256
3	mmax 及相应的 N	柱顶	72.43	72.43	61.85	660.12	109.72	129.72	0.19	0.8	1.0	20.11	50.57	2.93	0.96	72.43	69.12	0.07	166203680	216501.11	-55.28	-219.16		314.72	4Φ20	1256
		柱底	61.85	72.43	61.85	660.12	93.70	113.70	0.19	0.8	1.0	20.11	50.57	3.07	0.96	72.43	69.12	0.07	157739680	216501.11	-71.30	-282.70		298.70	4Φ20	1256
	Nmin 及相应的 m	柱顶	72.43	72.43	61.85	660.12	109.72	129.72	0.19	0.8	1.0	20.11	50.57	3.07	0.96	72.43	69.12	0.07	166203680	216501.11	-55.28	-219.16		314.72	4Φ20	1256
		柱底	61.85	72.43	61.85	660.12	93.70	113.70	0.19	0.8	1.0	20.11	50.57	3.07	0.96	72.43	69.12	0.07	157739680	216501.11	-71.30	-282.70		298.70	4Φ20	1256
	Nmax 及相应的 m	柱顶	36.14	36.14	36.14	1027.87	35.16	55.16	0.30	0.8	1.0	20.04	50.57	2.33	1.00	36.14	107.63	0.11	197482680	337097.11			1480.07	240.16	4Φ20	1256
		柱底	36.14	36.14	36.14	1027.87	35.16	55.16	0.30	0.8	1.0	20.04	50.57	2.33	1.00	36.14	107.63	0.11	197482680	337097.11			1480.07	240.16	4Φ20	1256
2	mmax 及相应的 N	柱顶	81.27	81.27	71.85	885.51	91.78	111.78	0.26	0.8	1.0	20.09	50.57	2.54	0.97	81.27	92.72	0.09	210239640	290414.44			1576.20	296.78	4Φ20	1256
		柱底	71.85	81.27	71.85	885.51	81.14	101.14	0.26	0.8	1.0	20.09	50.57	2.54	0.97	81.27	92.72	0.09	202703640	290414.44			1519.62	286.14	4Φ20	1256
	Nmin 及相应的 m	柱顶	81.27	81.27	71.85	885.51	91.78	111.78	0.26	0.8	1.0	20.09	50.57	2.54	0.97	81.27	92.72	0.09	210239640	290414.44			1576.20	296.78	4Φ20	1256
		柱底	71.85	81.27	71.85	885.51	81.14	101.14	0.26	0.8	1.0	20.09	50.57	2.54	0.97	81.27	92.72	0.09	202703640	290414.44			1519.62	286.14	4Φ20	1256
	Nmax 及相应的 m	柱顶	35.70	40.43	35.70	1401.31	25.48	45.48	0.41	0.8	1.0	20.03	50.57	1.98	0.96	40.43	146.73	0.15	258374840	459547.43			1936.30	230.48	4Φ20	1256
		柱底	40.43	40.43	35.70	1401.31	28.85	48.85	0.41	0.8	1.0	20.03	50.57	1.98	0.96	40.43	146.73	0.15	262158840	459547.43			1964.71	233.85	4Φ20	1256
1	mmax 及相应的 N	柱顶	61.81	41.43	61.81	1104.17	55.98	75.98	0.32	0.8	1.0	20.04	116.16	3.85	1.15	41.43	115.62	0.12	230531880	362116.69			1728.00	260.98	4Φ20	1256
		柱底	152.30	152.30	61.81	1104.17	137.93	157.93	0.32	0.8	1.0	20.14	116.16	3.83	0.82	152.3	115.62	0.12	302923880	362116.69			2271.48	342.93	4Φ20	1256
	Nmin 及相应的 m	柱顶	61.81	61.81	61.81	1104.17	55.98	75.98	0.32	0.8	1.0	20.14	116.16	3.83	0.82	152.3	115.62	0.12	230531880	362116.69			1728.00	260.98	4Φ20	1256
		柱底	152.30	152.30	61.81	1104.17	137.93	157.93	0.32	0.8	1.0	20.14	116.16	3.83	0.82	152.3	115.62	0.12	302923880	362116.69			2271.48	342.93	4Φ20	1256
	Nmax 及相应的 m	柱顶	32.66	40.66	32.66	1774.19	18.41	38.41	0.52	0.8	0.97	20.02	116.16	2.77	0.94	40.66	185.78	0.19	317095160	581802.48			2376.23	223.41	4Φ20	1256
		柱底	40.66	40.66	32.66	1774.19	22.92	42.92	0.52	0.8	0.97	20.02	116.16	2.77	0.94	40.66	185.78	0.19	323495160	581802.48			2424.27	227.92	4Φ20	1256

注: 上表计算中 $b=400$, $h=450$, $a_s=40$, $h_0=410$, $\alpha_1=1$, $f_c=19.1$, $f_y=360$, $e_a=20$, $\alpha'_s=40$, $C''=1$, $A_c=180000$; 二层及以上的 $l_c=3200$, 首层 $l_c=4850$.

上述长度单位均取 mm², 面积单位为 mm², 混凝土轴心抗压强度设计值和钢筋强度设计值单位为 N/mm².

第 12 章　多层框架结构工程实例楼板设计

12.1　楼板类型及设计方法的选择

根据塑性理论，当 $l_{02}/l_{01}<3$ 时，在荷载作用下，楼板在两个正交方向受力且都不能忽略，在本方案中 l_{02}/l_{01}=1.917，属于双向板，设计时按塑性绞线法设计。本章取标准层第 10、11 轴线间板。

12.2　设计参数

本章取标准层第 10、11 轴线间板进行设计，双向板肋梁楼盖结构布置图和板带划分如图 12.1 所示。

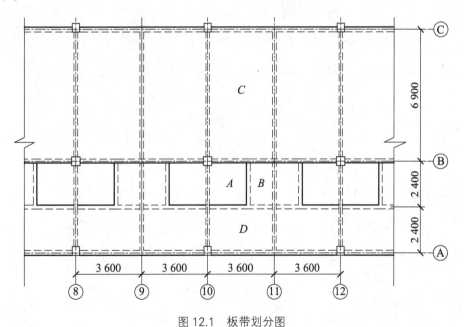

图 12.1　板带划分图

1. 设计荷载

工作室板：q=2.0 kN/m^2，g=3.23 kN/m^2

由可变效应控制的组合：1.2×3.23+1.4×2=6.68 kN/m^2

由永久效应控制的组合：1.35×3.23+1.4×2×0.7=6.32 kN/m^2

取由可变荷载效应控制的组合。

走廊板、卫生间板：q=2.5 kN/m^2，g=3.23 kN/m^2

由可变效应控制的组合：$1.2\times3.23+1.4\times2.5=7.38$ kN / m^2

由永久效应控制的组合：$1.35\times3.23+1.4\times2.5\times0.7=6.81$ kN / m^2

取由可变荷载效应控制的组合。

2. 计算跨度

（1）内跨：$l_0=l_c-b$。

（2）边跨：$l_0=l_c-250+50-b/2$。

楼板采用 C40 混凝土，板中钢筋采用 HPB300 钢筋，板厚选用 100 mm。

12.3 弯矩计算

首先假定边缘板带跨中配筋率与中间板带相同，支座截面配筋率不随板带改变，取同一值。对所有区格，取 $m_2=\alpha m_1$，$\alpha=1/n^2$，$n=l_{02}/l_{01}$，取 $\beta_1=\beta_1'=\beta_2=\beta_2'=2$，然后利用下式进行计算：

$$2M_{1u}+2M_{2u}+M_{1u}'+M_{1u}''+M_{2u}'+M_{2u}''=\frac{1}{12}p_ul_{01}^2(3l_{02}-l_{01}) \qquad (12-1)$$

A 区格板（卫生间板）：

$$l_{01}=l_{c1}-b=2\,200-200=2\,000 \text{ mm}$$

$$l_{02}=l_{c2}-b=2\,400-200=2\,200 \text{ mm}$$

$$M_{1u}=m_{1u}\left(l_{02}-\frac{l_{01}}{2}\right)+\frac{m_{1u}l_{01}}{4}=m_{1u}\left(2.2-\frac{2.0}{2}+\frac{2.0}{4}\right)=1.7m_{1u}$$

$$M_{2u}=m_{2u}\frac{l_{01}}{2}+\frac{m_{2u}l_{01}}{4}=\frac{3}{4}\alpha m_{1u}l_{01}=1.2m_{1u}$$

$$M_{1u}'=M_{1u}''=-2m_{1u}l_{02}=-4.4m_{1u}$$

$$M_{2u}'=M_{2u}''=-2m_{2u}l_{01}=-3.2m_{1u}$$

将以上数据代入式（12-1），有：

$$2\times1.7m_{1u}+2\times1.2m_{1u}+2\times4.4m_{1u}+2\times3.2m_{1u}=\frac{1}{12}\times7.38\times2^2(3\times2.2-2)$$

$$21m_{1u}=11.32$$

$$m_{1u}=0.54 \text{ kN}\cdot\text{m}$$

$$m_{2u}=0.8\times0.54=0.43 \text{ kN}\cdot\text{m}$$

$$m_{1u}'=m_{1u}''=-2\times0.54=-1.08 \text{ kN}\cdot\text{m}$$

$$m_{2u}'=m_{2u}''=-2\times0.43=-0.86 \text{ kN}\cdot\text{m}$$

B 区格板（工作室板）：

$$l_{01}=l_{c1}-b=1\,400-200=1\,200 \text{ mm}$$

$$l_{02}=l_{c2}-b=2\,400-200=2\,200 \text{ mm}$$

214

B 区格板的 m'_{1u} 与 A 区格板的 m''_{1u} 相同，所以有：

$$m'_{1u} = m_{1u} = -1.08 \text{ kN} \cdot \text{m}$$

$$M_{1u} = m_{1u}(l_{02} - \frac{l_{01}}{2}) + \frac{m_{1u}l_{01}}{4} = m_{1u}(2.2 - \frac{2.0}{2} + \frac{2.0}{4}) = 1.9m_{1u}$$

$$M_{2u} = m_{2u}\frac{l_{01}}{2} + \frac{m_{2u}l_{01}}{4} = \frac{3}{4}\alpha m_{1u}l_{01} = 0.27m_{1u}$$

$$M'_{1u} = M''_{1u} = -1.08 \times 2.2 = -2.38 \text{ kN} \cdot \text{m}$$

$$M'_{2u} = M''_{2u} = -2m_{2u}l_{01} = -0.72m_{1u}$$

将以上数据代入式（12-1），有：

$$2 \times 1.9m_{1u} + 2 \times 0.27m_{1u} + 2 \times 2.38 + 2 \times 0.72m_{1u} = \frac{1}{12} \times 6.68 \times 1.2^2 (3 \times 2.2 - 1.2)$$

$$5.78m_{1u} = -0.43$$

$$m_{1u} = -0.07 \text{ kN} \cdot \text{m}$$

$$m_{2u} = 0.3 \times 0.07 = -0.02 \text{ kN} \cdot \text{m}$$

$$m'_{1u} = m''_{1u} = -2 \times 0.54 = -1.08 \text{ kN} \cdot \text{m}$$

$$m'_{2u} = m''_{2u} = -2 \times 0.02 = -0.04 \text{ kN} \cdot \text{m}$$

C 区格板（工作室板）：

$$l_{01} = l_{c1} - b = 3\,600 - 200 = 3\,400 \text{ mm}$$

$$l_{02} = 6\,900 - 250 + 50 - 250 / 2 = 6\,575 \text{ mm}$$

C 区格板的 m'_{2u} 与 A 区格板的 m''_{2u} 相同，所以有：

$$m'_{2u} = -0.86 \text{ kN} \cdot \text{m}$$

$$M_{1u} = m_{1u}(l_{02} - \frac{l_{01}}{2}) + \frac{m_{1u}l_{01}}{4} = m_{1u}(6.575 - \frac{3.4}{2} + \frac{3.4}{4}) = 5.725m_{1u}$$

$$M_{2u} = m_{2u}\frac{l_{01}}{2} + \frac{m_{2u}l_{01}}{4} = \frac{3}{4}\alpha m_{1u}l_{01} = 0.765m_{1u}$$

$$M'_{1u} = M''_{1u} = -2m_{1u}l_{02} = -13.15m_{1u}$$

$$M'_{2u} = -0.86 \times 3.4 = -2.92 \text{ kN} \cdot \text{m}$$

$$M''_{2u} = 0$$

将以上数据代入式（12-1），有：

$$2 \times 5.725m_{1u} + 2 \times 0.765m_{1u} + 2 \times 13.15m_{1u} + 0 + 2.92$$

$$= \frac{1}{12} \times 6.68 \times 3.4^2 (3 \times 6.575 - 3.4)$$

$$39.28m_{1u} = 102.13$$

$$m_{1u} = 2.6 \text{ kN} \cdot \text{m}$$

$$m_{2u} = 0.3 \times 2.6 = 0.81 \text{ kN} \cdot \text{m}$$

$$M'_{1u} = M''_{1u} = -2 \times 2.6 = -5.2 \text{ kN} \cdot \text{m}$$

$$M'_{2u} = -0.86 \text{ kN} \cdot \text{m}$$

$$M''_{2u} = 0$$

D 区格板（走廊板）：

$$l_{01}=2\,400-250+50-250\,/\,2=2\,075 \text{ mm}$$

$$l_{02}=3\,600-200=3\,400 \text{ mm}$$

D 区格板的 m''_{1u} 与 A 区格板的 m'_{2u} 相同，所以有：

$$m''_{1u} = -0.86 \text{ kN} \cdot \text{m}$$

$$M_{1u} = m_{1u}\left(l_{02} - \frac{l_{01}}{2}\right) + \frac{m_{1u}l_{01}}{4} = m_{1u}\left(3.4 - \frac{2.075}{2} + \frac{2.075}{4}\right) = 2.88m_{1u}$$

$$M_{2u} = m_{2u}\frac{l_{01}}{2} + \frac{m_{2u}l_{01}}{4} = \frac{3}{4}\alpha m_{1u}l_{01} = 0.62m_{1u}$$

$$M'_{1u} = 0$$

$$M''_{1u} = -0.86\times3.4 = -2.92 \text{ kN} \cdot \text{m}$$

$$M'_{2u} = M''_{2u} = -1.66m_{1u}$$

将以上数据代入式（12-1），有：

$$2\times2.88m_{1u} + 2\times0.62m_{1u} + 2\times1.66m_{1u} + 0 + 2.92$$

$$= \frac{1}{12}\times7.38\times2.075^2(3\times3.4 - 2.075)$$

$$10.32m_{1u} = 18.59$$

$$m_{1u} = 1.8 \text{ kN} \cdot \text{m}$$

$$m_{2u} = 0.4\times1.8 = 0.72 \text{ kN} \cdot \text{m}$$

$$m'_{1u} = 0$$

$$m''_{1u} = -0.86 \text{ kN} \cdot \text{m}$$

$$m'_{2u} = m''_{2u} = -2\times0.72 = -1.44 \text{ kN} \cdot \text{m}$$

A~D 板按照塑性绞线法所得计算结果列于表 12.1。

表 12.1　按塑性绞线法计算弯矩表

项 目	A	B	C	D
$l_{01}\,/\,m$	2.0	1.2	3.4	2.075
$l_{02}\,/\,m$	2.2	2.2	6.575	3.4
M_{1u}	$1.7m_{1u}$	$1.9\,m_{1u}$	$5.725\,m_{1u}$	$2.88\,m_{1u}$
M_{2u}	$1.2\,m_{1u}$	$0.27\,m_{1u}$	$0.765\,m_{1u}$	$0.62\,m_{1u}$
M'_{1u}	$-4.4\,m_{1u}$	-2.38	$-13.15\,m_{1u}$	0
M''_{1u}	$-4.4\,m_{1u}$	-2.38	$-13.15\,m_{1u}$	-2.92
M'_{2u}	$-3.2\,m_{1u}$	$-0.72\,m_{1u}$	-2.92	$-1.66\,m_{1u}$
M''_{2u}	$-3.2\,m_{1u}$	$-0.72\,m_{1u}$	0	$-1.66\,m_{1u}$
m_{1u}	0.54	-0.07	2.6	1.8

项目	A	B	C	D
m_{2u}	0.43	−0.02	0.8	0.72
m_{1u}'	−1.08	−1.08	−5.2	0
m_{1u}''	−1.08	−1.08	−5.2	−0.86
m_{2u}'	−0.86	−0.04	−0.86	−1.44
m_{2u}''	−0.86	−0.04	0	−1.44

12.4 截面设计

受拉钢筋的截面积按下式计算：

$$A_s = m / (r_s h_0 f_y) \qquad\qquad (12-2)$$

其中 r_s 取 0.9。

对于四边都与梁整结的板，中间跨的跨中截面及中间支座处截面，其弯矩设计值减小20%。

钢板的配置：符合内力计算的假定，全板均匀布置。

以 A 区格 l_1 方向为例，截面有效高度：

$$h_{01} = h - 20 = 100 - 20 = 80 \text{ mm}$$

$$A_s = m / (r_s h_0 f_y) = 0.54 \times 0.8 \times 10^6 / (0.9 \times 270 \times 80) = 22 \text{ mm}^2$$

其他各区格板的截面计算与配筋见表 12.2。配筋施工图见图 12.2（所有钢筋均为 Φ8@200）。

表 12.2　按塑性绞线法计算的截面与配筋

项目			h_0/mm	M/（kN·m）	A_s/mm²	配筋	实际配置 A_s/mm²
跨中	A 区格	l_1 方向	80	0.54×0.8	22.22	Φ8@200	252
		l_2 方向	70	0.43×0.8	20.22	Φ8@200	252
	B 区格	l_1 方向	80	−0.07	3.60	Φ8@200	252
		l_2 方向	70	−0.02	1.17	Φ8@200	252
	C 区格	l_1 方向	80	2.60	133.74	Φ8@200	252
		l_2 方向	70	0.80	47.03	Φ8@200	252
	D 区格	l_1 方向	80	1.80	92.59	Φ8@200	252
		l_2 方向	70	0.72	42.32	Φ8@200	252
支座	A–A		80	−1.08×0.8	44.44	Φ8@200	252
	A–B		80	−1.08	55.55	Φ8@200	252
	A–C		80	−0.86	44.23	Φ8@200	252
	A–D		80	−0.86	44.23	Φ8@200	252
	B–C		80	−0.86	44.23	Φ8@200	252
	B–D		80	−0.86	44.23	Φ8@200	252

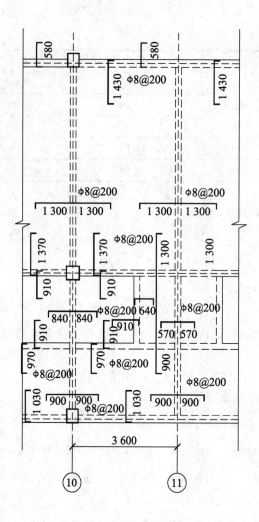

图 12.2　板配筋图（局部）

第13章 多层框架结构工程实例楼梯设计

13.1 设计资料

本框架结构每层设有 2 个相同的楼梯，楼梯的开间为 3 m，进深为 6.9 m，层高为 3.2 m，设计为等跑楼梯，每级均为 10 级踏步，踏步的尺寸为 160 mm×280 mm 。

混凝土：C40（ $f_c = 19.1\,\text{N/mm}^2$ ， $f_t = 1.71\,\text{N/mm}^2$ ）

钢筋：板采用 HPB300（ $f_y = 270\,\text{N/mm}^2$ ），梁采用 HRB400（ $f_y = 360\,\text{N/mm}^2$ ）

楼梯结构平面布置图如图 13.1 所示。

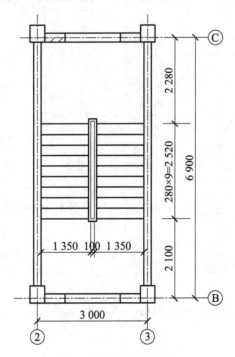

图 13.1 楼梯结构平面布置图

13.2 梯段板设计

取板厚为 100 mm，约为梯段板水平长度的 1/25，板厚斜角 $\tan\alpha = 160/280 = 0.57$ ， $\cos\alpha = 0.868$ ，取 1 m 宽的板带计算。

考虑到楼梯可能作为消防楼梯，活荷载的值取为 $3.5\,\text{kN/m}^2$ 。

13.2.1 荷载计算

恒载：陶瓷地砖面层　$0.7 \times (0.16 + 0.28) / 0.28 = 1.1 \, \text{kN/m}$
三角形踏步　　　　$0.5 \times 0.28 \times 0.16 \times 25 / 0.3 = 1.87 \, \text{kN/m}$
混凝土斜板　　　　$0.1 \times 25 / 0.868 = 2.88 \, \text{kN/m}$
板低抹灰　　　　　$0.02 \times 17 / 0.868 = 0.39 \, \text{kN/m}$

小计　　　　　　　$6.24 \, \text{kN/m}$
活载：　　　　　　$3.5 \, \text{kN/m}$
总荷载设计值：　$p = 1.2 \times 6.24 + 1.4 \times 3.5 = 12.39 \, \text{kN/m}$

13.2.2 截面设计

楼梯板水平计算跨度 $l_n = 2.52 \, \text{m}$
弯矩设计值：

$$M_{\text{max}} = \frac{1}{10} p l_n^2 = \frac{1}{10} \times 12.39 \times 2.52^2 = 7.87 \, \text{kN} \cdot \text{m}$$

板的有效高度：

$$h_0 = h - a = 100 - 20 = 80 \, \text{mm}$$

$$\alpha_s = \frac{M}{\alpha_1 f_c b h_0^2} = \frac{7.87 \times 10^6}{1.0 \times 19.1 \times 1000 \times 80^2} = 0.064$$

$$\xi = 1 - \sqrt{1 - 2\alpha_s} = 1 - \sqrt{1 - 2 \times 0.064} = 0.066$$

$$\gamma_s = 0.5 \times (1 + \sqrt{1 - 2\alpha_s}) = 0.5 \times (1 + \sqrt{1 - 2 \times 0.064}) = 0.967$$

$$A_s = \frac{M}{\gamma_s f_y h_0} = \frac{7.87 \times 10^6}{0.967 \times 270 \times 80} = 376.79 \, \text{mm}^2, \quad 选配 \, \Phi 8@130$$

$$A_s = \frac{1000}{130} \times 50.3 = 386.9 \, \text{mm}^2 > 376.79 \, \text{mm}^2$$

满足设计要求。

根据《混凝土结构设计规范》（GB50010—2011），沿梯段横向需配置构造钢筋，每级踏步一根 $\Phi 8$。梯段板配筋见图 13.2。

13.3 平台板设计

取板厚为 100 mm，取 1 m 宽的板带计算。

13.3.1 荷载计算

恒载：陶瓷地砖地面   0.7 kN / m

100 mm 厚混凝土板 $0.1 \times 25 = 2.5$ kN / m

板低抹灰 $0.02 \times 17 = 0.34$ kN / m

小计   3.54 kN/m

活载：   3.5 kN/m

总荷载设计值：$p = 1.2 \times 3.54 + 1.4 \times 3.5 = 9.15$ kN / m

13.3.2 截面设计

平台板计算跨度：$l_0 = 2.28 - \dfrac{1}{2} \times (0.25 + 0.12) = 2.1$ m

弯矩设计值：

$$M_{max}^+ = \frac{1}{10} p l_n^2 = \frac{1}{10} \times 9.15 \times 2.1^2 = 4.04 \text{ kN} \cdot \text{m}$$

板的有效高度：

$$h_0 = h - a = 100 - 20 = 80 \text{ mm}$$

板底配筋

$$\alpha_s = \frac{M}{\alpha_1 f_c b h_0^2} = \frac{4.04 \times 10^6}{1.0 \times 19.1 \times 1\,000 \times 80^2} = 0.033$$

$$\xi = 1 - \sqrt{1 - 2\alpha_s} = 1 - \sqrt{1 - 2 \times 0.033} = 0.034$$

$$\gamma_s = 0.5 \times (1 + \sqrt{1 - 2\alpha_s}) = 0.5 \times (1 + \sqrt{1 - 2 \times 0.033}) = 0.983$$

$$A_s = \frac{M}{\gamma_s f_y h_0} = \frac{4.04 \times 10^6}{0.983 \times 270 \times 80} = 190.27 \text{ mm}^2$$

选配 Φ8@200。

$$A_s = \frac{1\,000}{200} \times 50.3 = 251.5 \text{ mm}^2 > 190.27 \text{ mm}^2$$

满足设计要求。

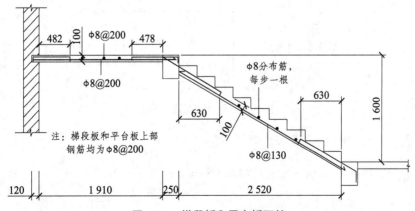

图 13.2 梯段板和平台板配筋

13.4 平台梁设计

初选平台梁尺寸为 $350\,\text{mm} \times 250\,\text{mm}$。

13.4.1 荷载计算

恒载：梁自重 $0.25 \times (0.35 - 0.10) \times 25 = 1.69\,\text{kN/m}$
      梁侧粉刷 $0.02 \times (0.35 - 0.10) \times 2 \times 17 = 0.184\,\text{kN/m}$
      平台板传力 $3.54 \times 2.28 \times 0.5 = 4.04\,\text{kN/m}$
      楼梯板传力 $6.24 \times 2.52 \times 0.5 = 7.86\,\text{kN/m}$

      小计 $13.77\,\text{kN/m}$

活载：$3.5 \times \left(\dfrac{2.28}{2} + \dfrac{2.52}{2} \right) = 8.4\,\text{kN/m}$

总荷载设计值：$p = 1.2 \times 13.77 + 1.4 \times 8.4 = 28.28\,\text{kN/m}$

13.4.2 截面设计

平台梁计算跨度：$l_0 = 1.05 l_n = 1.05 \times (3.0 - 0.2) = 2.94\,\text{m}$
内力设计值：

$$M_{\max}^{+} = \frac{1}{8} p l_0^2 = \frac{1}{8} \times 28.28 \times 2.94^2 = 30.56\,\text{kN} \cdot \text{m}$$

$$V_{\max} = \frac{1}{2} p l_n = \frac{1}{2} \times 28.28 \times (3.0 - 0.2) = 39.59\,\text{kN}$$

截面按倒 L 形受弯计算，根据《混凝土结构计算图标》

$$b_f' = b + 5 h_f' = 250 + 5 \times 100 = 750\,\text{mm}$$

平台梁截面示意图如图 13.3 所示。

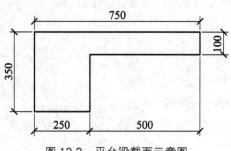

图 13.3 平台梁截面示意图

$$h_0 = h - a = 350 - 35 = 315\,\text{mm}$$

$$M = f_c b_f' h_f \left(h_0 - \frac{h_f}{2} \right) = 379.61\,\text{kN} \cdot \text{m} > 30.56\,\text{kN} \cdot \text{m}$$

属于第一类 L 形截面。

222

$$\alpha_s = \frac{M}{\alpha_1 f_c b h_0^2} = \frac{30.56 \times 10^6}{1.0 \times 19.1 \times 750 \times 315^2} = 0.021$$

$$\xi = 1 - \sqrt{1 - 2\alpha_s} = 1 - \sqrt{1 - 2 \times 0.021} = 0.021$$

$$\gamma_s = 0.5 \times (1 + \sqrt{1 - 2\alpha_s}) = 0.5 \times (1 + \sqrt{1 - 2 \times 0.021}) = 0.989$$

$$A_s = \frac{M}{\gamma_s f_y h_0} = \frac{30.56 \times 10^6}{0.989 \times 360 \times 315} = 272.5 \text{ mm}^2$$

选配 2Φ14。

$$A_s = 307.8 \text{ mm}^2 > 272.5 \text{ mm}^2$$

满足设计要求。

初配箍筋 Φ6@200。

$$V_s = 0.7 f_t b h_0 + 1.25 f_{yv} \frac{A_{sv}}{s} h_0 = 124.4 \text{ kN} > 28.28 \text{ kN}$$

满足设计要求。

平台梁配筋图见图 13.4。

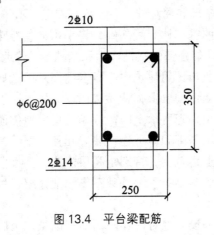

图 13.4　平台梁配筋

13.5　平台梁构造

考虑平台梁受扭，按一般梁设计配筋完成后，依照梁顶、梁底钢筋的大值，采用对称配筋。梯柱处箍筋全长加密，以保证计算时未考虑的扭矩。

第 14 章 基础概述

14.1 地基与基础概念及基础类型

基础是建筑物的重要组成部分，它是将结构所承受的各种作用传递到地基上的结构组成部分。基础设计时，为确保建筑物的安全和正常使用，充分发挥地基的承载能力，必须要综合考虑场地条件、建筑物使用要求、上部结构类型、工期、造价和环境保护等各种因素。

基础按埋置深度分为浅基础和深基础。一般将基础埋深不超过 5 m、只需经过开挖、排水等普通施工程序就可以建造的基础称为浅基础；将采用某些特殊施工方法（通常指施工需要专业设备和专业技术人员）才能建造的基础称为深基础。天然地基中的浅基础一般施工简易，造价较低，工期较短，在工业与民用建筑中应尽量优先采用。如果建筑场地浅层地基土不能满足建筑物对地基承载力和变形的要求，就要考虑埋深较大、以下部坚实土层或岩层作为持力层的深基础方案了，其作用是把所承受的荷载相对集中地传递到地基的土层中。深基础主要有桩基础、沉井、沉箱、墩基础和地下连续墙等几种类型，其中桩基础应用最为广泛。桩基础已成为土质软弱地区修造建筑物，特别是高层建筑、重型厂房和各种具有特殊要求的构筑物所广泛采用的基础型式。本书对于深基础不作详细介绍，将在框架结构的基础设计实训书中另行详细讨论。

实际上浅基础和深基础并没有绝对的界限。如基础虽在土层中埋深较浅，但在水下部分较深时，如桥墩基础，设计施工中应作为深基础考虑；另外，箱形基础等虽然埋置深度大于 5 m，但小于其基础宽度，一般视为浅基础。

地基按是否经过加固处理分为人工地基和天然地基（图 14.1）两类。可直接在其上建造

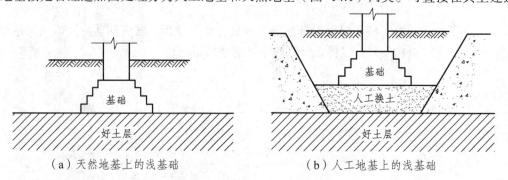

（a）天然地基上的浅基础　　　　（b）人工地基上的浅基础

图 14.1　天然地基和人工地基

基础承而不需加固的天然地层称为天然地基。当天然地基软弱，需事先经过人工加固才能建造基础的地层称为人工地基。

天然地基上浅基础由于埋置浅，施工方便、技术简单，造价经济，在方案选择上是设计人员首先考虑的基础形式。

14.2 基础设计的等级

《建筑地基基础设计规范》（GB50007—2011）规定：根据地基复杂程度、建筑物的规模和功能特征以及由于地基问题可能造成的对建筑物破坏或影响正常使用的程度，将地基基础设计分为三个设计等级，设计时应根据具体情况，按表 14.1 选取。

表 14.1　地基基础设计等级

设计等级	建筑和地基类型
甲级	重要的工业与民用建筑物 30 层以上的高层建筑 体型复杂，层数相差超过 10 层的高低层连成一体建筑物 大面积的多层地下建筑物（如地下车库、商场、运动场等） 对地基变形有特殊要求的建筑物 复杂地质条件下的坡上建筑物（包括高边坡） 对原有工程影响较大的新建建筑物 场地和地基条件复杂的一般建筑物 位于复杂地质条件及软土地区的二层及二层以上地下室的基坑工程 开挖深度大于 15 m 的基坑工程 周边环境条件复杂、环境保护要求高的基坑工程
乙级	除甲级、丙级以外的工业与民用建筑物及基坑工程
丙级	场地和地基条件简单、荷载分布均匀的 7 层及 7 层以下民用建筑及一般工业建筑物，次要的轻型建筑物 非软土地区且场地地址条件简单、基坑周边环境条件简单、环保要求不高且开挖深度小于 5 m 的基坑工程

第15章 浅基础设计基本原理

15.1 浅基础设计的基本原则和内容

1. 地基基础设计应满足的极限状态

为了保证建筑物的安全使用，同时充分发挥地基的承载力，在地基基础设计中一般应满足以下两种极根状态。

（1）承载能力极限状态。如果基底压力过大时，地基可能出现连续贯通的塑性破坏区，进入整体破坏阶段，导致地基承载能力丧失而失稳。为了保证地基具有足够的强度和稳定性，要求基底压力小于或等于地基承载力。

（2）正常使用极限状态。在荷载及其他因素作用下，地基将发生变形。过大的变形将影响建筑物的正常使用，严重时甚至会危害到建筑物的安全。因此，对地基变形的控制，实质上是根据建筑物的要求制定的。在地基基础设计时，为了保证地基的变形值在容许范围内，应使变形不超过建筑物的容许变形值。

2. 浅基础在设计和计算上应满足的基本原则

（1）基础应具有足够的安全度，以防止地基土体剪切破坏或丧失稳定性。

（2）地基变形量应不超过建筑物的地基变形允许值，以免影响建筑物的正常使用或引起建筑物的损坏。

（3）基础的形式、构造和尺寸，除应符合使用要求、满足地基承载力（稳定性）的要求外，还需满足对基础结构的承载力，刚度和耐久性的要求。

（4）设计中应结合当地的施工条件和材料来源，力求做到便于施工和减少工程量。

3. 浅基础设计的内容与步骤

在进行天然地基上浅基础设计时，要保证基础本身有足够的强度和稳定性以支承上部结构的荷载，同时还要考虑地基的强度、稳定性和变形必须在容许范围内。因为基础设计要兼顾地基和基础两方面进行，所以又称为地基基础设计。天然地基上浅基础设计的内容与步骤如下：

（1）充分收集掌握拟建工程场地的工程地质条件和地质勘察资料。

（2）选择基础材料、基础的构造类型和平面布置方案。

（3）确定地基持力层和基础埋置深度。

（4）确定地基土的承载力特征值。

（5）确定基础的底面尺寸，并验算承载力。若持力层中存在软弱下卧层，尚应验算软弱下卧层的承载力。

（6）对甲级、乙级和有特殊要求的丙级建筑物进行地基变形验算；对经常承受水平荷载作用的高层建筑、高耸结构和挡土墙，建造在斜坡上或边坡附近的建（构）筑物，以及基坑工程等尚应验算其稳定性。

（7）确定基础剖面尺寸，进行基础结构计算设计。

（8）绘制基础施工详图，并编制必要的施工技术说明。

以上各方面的内容是相互联系的，难以一次全面考虑，因此基础设计往往需要按上述步骤反复修改，从而得到令人满意的结果。

15.2 浅基础的分类

15.2.1 按基础刚度分类

基础按刚度可分为无筋扩展基础和扩展基础。

1. 无筋扩展基础

无筋扩展基础是由砖、毛石、混凝土或毛石混凝土、灰土和三合土等材料组成的，且不需配置钢筋的墙下条形基础或柱下独立基础（图 15.1）。由于其材料抗压性能较好而抗拉、抗剪性能较差，为使它受荷载后基础不产生挠曲变形和开裂，要求无筋扩展基础具有非常大的抗弯刚度，所以此类基础习惯上也称为"刚性基础"。在设计无筋扩展基础时必须规定基础材料强度及质量、限制台阶高宽比、控制建筑物层高和一定的地基承载力，而无需进行繁杂的内力分析和截面强度计算。

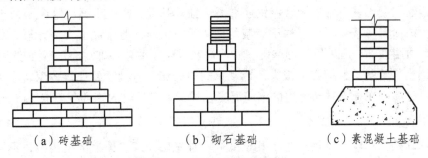

（a）砖基础　　　　　（b）砌石基础　　　　　（c）素混凝土基础

图 15.1　无筋扩展基础举例

无筋扩展基础多用于墙下条形基础和荷载不大的柱下独立基础。《建筑地基基础设计规范》（GB 50007—2011）规定，无筋扩展基础适用于多层民用建筑和轻型厂房。

2. 扩展基础

扩展基础系指柱下钢筋混凝土独立基础和墙下钢筋混凝土条形基础。它可以将上部结构传来的荷载，通过向侧边扩展成一定底面积，使作用在基底的压应力等于或小于地基土的允许承载力，而基础内部的应力应同时满足材料本身的强度要求，从而起到压力扩散的作用。扩展基础具有较好的抗拉、抗压能力，当考虑地基与基础相互作用时，基础允许有挠曲变形，因此，相对于刚性基础而言，扩展基础又称为"柔性基础"。

与刚性基础相比，扩展基础具有良好的抗弯及抗剪能力，且不受刚性角的限制，使得基础高度较小，基础自重大大减轻；其缺点是技术复杂、造价较高。

扩展基础一般做成锥形和台阶形[图 15.2（a）、（b）]。对于墙下扩展基础，当地基不均匀时，还要考虑墙体纵向弯曲的影响。这种情况下，为了增加基础的整体性和加强基础纵向抗弯能力，墙下扩展基础可采用有肋的基础形式[图 15.2（c）]。

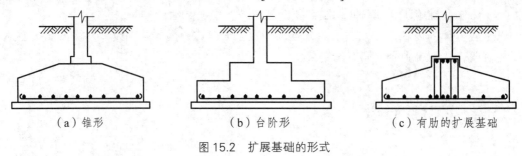

| （a）锥形 | （b）台阶形 | （c）有肋的扩展基础 |

图 15.2　扩展基础的形式

15.2.2　按构造分类

浅基础按构造可以分为独立基础、条形基础、十字交叉基础、筏形基础、箱形基础和壳体基础等。

1. 独立基础

独立基础是指整个或局部结构物下的无筋或配筋的单个基础，通常柱基、烟囱、水塔、高炉、机器设备基础多采用独立基础。

独立基础包括柱下独立基础和墙下独立基础。独立基础是柱基础中最常用和最经济的型式，它所用材料根据柱的材料和荷载大小而定。

现浇钢筋混凝土柱下常采用现浇钢筋混凝土独立基础，混凝土强度等级不低于 C20，基础截面可做成阶梯形或锥形。当柱子荷载的偏心距不大时，基础底面常为方形，偏心距大时则为矩形。预制柱下一般采用杯形基础。柱下钢筋混凝土单独基础需要进行强度和配筋计算。

当建筑物传给基础的荷载不很大，地基承载力较高，基础需要埋置较深时，可做成墙下独立基础。砖墙砌在独立基础上边的钢筋混凝土过梁上。过梁的跨度一般取 3~5 m。

2. 条形基础

条形基础是指基础长度远远小于其宽度的一种基础型式。按上部结构型式不同还可分为墙下条形基础、柱下条形基础、十字交叉条形基础。

（1）墙下条形基础

墙下条形基础有刚性条形基础和钢筋混凝土条形基础两种。

墙下刚性条形基础在砌体结构中应用比较广泛。当上部墙体荷重较大而土质较差时，可考虑采用"宽基浅埋"的墙下钢筋混凝土条形基础。墙下钢筋混凝土条形基础一般做成板式[图 15.3（a）]；但当基础长度方向的墙上荷载及地基土的压缩性不均匀时，为了增强基础的整体性和纵向抗弯能力，减小不均匀沉降，常采用梁式墙下钢筋混凝土条形基础[图 15.3（b）]。

（2）柱下钢筋混凝土条形基础

在框架结构中，当地基软弱而荷载较大时，若采用柱下独立基础，可能因基础底面积很大而使基础边缘互相接近甚至重叠在一起；为增强基础的整体性，减轻建筑物的不均匀沉降，同时也便于施工，可将同一排的柱基础连通，使多个柱子支承在一个共同的条形基础上，这种基础型式称为柱下钢筋混凝土条形基础（图 15.4）。

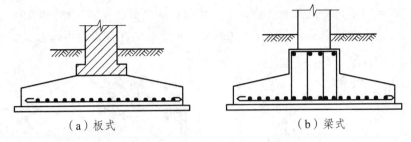

(a) 板式　　　　　　　　　　　　(b) 梁式

图 15.3　墙下钢筋混凝土条形基础

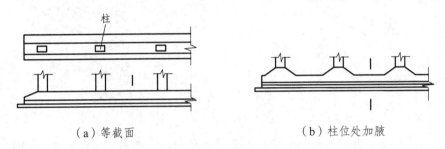

(a) 等截面　　　　　　　　　　　(b) 柱位处加腋

图 15.4　柱下钢筋混凝土条形基础

（3）十字交叉条形基础

当荷载很大，基础较软，采用柱下钢筋混凝土条形基础不能满足地基基础设计要求时，可采用十字交叉条形基础（图 15.5）。这种基础实际上是柱下钢筋混凝土条形基础的衍变和发展，即将纵横两个方向上柱下条形基础连接起来，因而具有更好的空间刚度和调整地基不均匀沉降的能力。十字交叉条形基础能适应地基软弱不均或框架结构各柱荷载大小不一的情况，也具有较强的抗震能力。

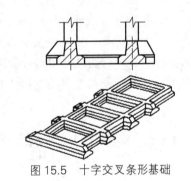

图 15.5　十字交叉条形基础

3．筏板基础

当地基承载力低而上部结构荷载又较大，采用柱下十字交叉条形基础不能满足地基承载力要求时，往往把整个建筑物的基础连成一片连续的钢筋混凝土板，称为筏形基础（也称为满堂红基础）。筏形基础在构造上类似于倒置的钢筋混凝土楼盖，因此也可分为平板式和梁板式两种类型（如图 15.6）。筏形基础基底面积较大，可以减小基底压力，加上其较大的整体刚度，这些特点使得它对地基的不均匀沉降有较好的适应能力。因此，对于有地下室的房屋和大型贮液结构，如水池、油库等，筏形基础是一种比较理想的基础结构。

4．箱形基础

高层建筑由于建筑功能和结构受力等要求，可考虑采用箱形基础。这种基础是由钢筋混凝土底板、顶板和足够数量的纵横交错的内外墙组成的空间结构，它犹如一块巨大的空心厚板，具有很大的空间刚度；同时由于开挖土方卸载抵消了部分上部荷载在地基中引起的附加应力，与一般实体基础（扩展基础和柱下条形基础）相比，它能显著提高地基的稳定性，降低基础沉降量。箱形基础的抗震性能好，基础中空部分可做地下室使用，特别适用于软弱地基上的高层建筑或对不均匀沉降有严格要求的建筑物的基础。但是，箱形基础具有材料消耗大，造价高、施工技术复杂等缺点，在选用时要多种方案对比分析后再确定。

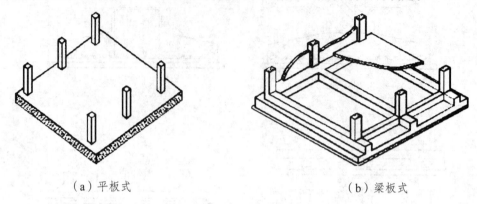

（a）平板式　　　　　　　　　　（b）梁板式

图 15.6　筏板基础

5. 壳体基础

为改善基础的受力性能，基础的形式可不做成台阶状，而做成各种形式的壳体，称作壳体基础。壳体基础实际应用最多的是正圆锥壳及其组合型式，它常用于一般工业与民用建筑柱基和筒形的构筑物（烟囱、水塔、料仓、中小型高炉等）基础。

壳体基础在荷载作用下，主要产生轴向应力，从而可大大节约材料用量。据某些工程统计，中、小型筒形构筑物的壳体基础，可比一般梁、板式的钢筋混凝土基础减少混凝土用量50%左右，节约钢筋 30%以上，具有良好的经济效果。但在壳体基础施工时，修筑土台的技术难度大，布置钢筋及浇捣混凝土施工困难，难以实行机械化施工，且易受气候因素的影响。

15.3　基础埋置深度的选择

基础埋置深度一般是指基础底面至室外设计地面的距离，简称基础埋深。基础埋深的大小对建筑物的安全和正常使用、基础施工技术措施、施工工期和工程造价影响很大。因此，合理确定基础埋深是基础设计工作中的重要环节。

一般地，在保证建筑物基础安全稳定和变形要求的前提下，对大量性的中小型建筑应尽量浅埋基础，以便降低造价，方便施工。但考虑到基础的稳定性、基础大放脚的要求、人类及生物活动的影响等因素，除岩石地基外，基础埋深一般不宜小于 0.5 m。另外，基础顶面距室外设计地面的距离宜大于 100 mm，尽量避免基础外露，遭受外界的侵蚀和破坏。

影响基础埋深的条件很多，应综合考虑以下因素后加以确定：

1. 建筑物的用途及基础形式

对于某些需要具备特定功能的建筑物，其特定的使用功能要求特定的基础形式，如有必须设置地下室或设备层的建筑物、半埋式结构物、须建造带封闭侧墙的筏板基础或箱形基础的高层或重型建筑、带有地下设施的建筑物，或具有地下部分设备基础的建筑物等，相应的基础埋深也不相同。又如多层砖混结构房屋与高层框剪结构对基础埋深的要求是不同的，这些要求常成为其基础埋深选择的先决条件。

基础形式也影响着基础埋深，若采用刚性基础，当基础底面积确定后，由于要满足刚性角的构造要求，就规定了基础的最小高度；而采用柔性基础则基础高度可适当减小。对于处于抗震设防区天然土质地基上、采用箱形和筏形基础的高层建筑，其埋深不宜小于建筑物高度的 1/15。

2. 作用在地基上的荷载大小和性质

结构物荷载大小不同，对地基土的要求也不同，因而会影响基础埋置深度的选择。浅层某一深度的土层，对荷载小的基础可能是很好的持力层，而对荷载大的基础就可能不宜作为持力层。荷载较大的高层建筑物，往往为减少沉降、取得较大的承载力，而把基础埋置在较深的良好土层上。

建筑物荷载的性质对基础埋置深度的影响也很明显。对于承受水平荷载的基础，必须有足够的埋置深度来获得土的侧向抗力，以保证基础的稳定性，减少建筑物的整体倾斜，防止倾覆及滑移。对承受动荷载的基础，则不宜选择饱和疏松的粉细砂作为持力层，防止这些土层由于振动液化而丧失承载力，造成地基失稳。在地震区，不宜将可液化土层直接作为基础的持力层。对位于岩石地基上的高层建筑常须依靠基础侧面土体承担水平荷载，其基础埋深应满足抗滑要求。对于承受上拔力的基础，如输电塔基础，要求较大的基础埋深以提供足够的抗拔阻力。

3. 工程地质条件和水文地质条件

根据工程地质条件选择合适的土层作为基础的持力层（直接支撑基础的土层）是确定基础埋深的重要因素。必须选择强度足够、稳定可靠的土层作为持力层，才能保证地基的稳定性，减少建筑物的沉降。

上层土的承载力大于下层土时宜尽量取上层土作持力层以减少基础埋深。当上层土的承载力低，而下层土的承载力高时，应将基础埋置在下层好的土层上。但如果上层松软土层很厚，基础需要深埋时，必须考虑施工是否方便，是否经济，并应与其他方案（如加固上层土或短桩基础）综合比较分析后才能确定。

在按地基条件选择基础埋深时，还需从减少不均匀沉降的角度来考虑。如当土层的分布明显不均匀时，可采用不同的基础埋深来调整不均匀沉降。

对修建于坡高（H）和坡角（β）不太大的稳定土坡坡顶的基础（图 15.7），当垂直于坡顶边缘线的基础底面边长 $b \leqslant 3$ m，且基础底面外缘至坡顶边缘线的水平距离 $a \geqslant 2.5$ m 时，如果基础埋置深度 d 满足下式要求：

$$d \geqslant (xb - a)\tan\beta \qquad (15-1)$$

则土坡坡面附近由修建基础所引起的附加应力不影响土坡的稳定性。式中系数 x 取 3.5（对条形基础）或 2.5（对矩形基础）。

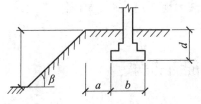

图 15.7　土坡坡顶处基础最小埋深

选择基础埋深时还应注意地下水的埋藏条件和动态。对于天然地基上浅基础设计，当有地下水存在时，基础底面应尽量埋在地下水位以上，以免地下水影响基坑开挖施工质量。若基础底面必须埋在地下水位以下时，除须考虑基坑降水、坑壁支护以及保护地基土不受扰动等措施外，还应考虑可能出现的其他施工与设计问题：地下水是否对基础材料具有化学腐蚀性；坑底出现涌土、流砂的可能性等。

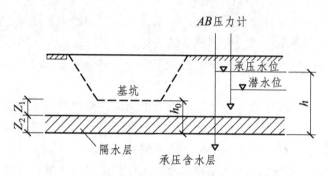

图 15.8　基坑下埋藏有承压含水层的情况

对埋藏有承压含水层的地基（图 15.8），确定基础埋深时，必须控制基坑开挖深度，防止基坑因挖土减压而隆起开裂。要求基底至承压含水层顶间保留土层厚度（槽底安全厚度）h_0 为：

$$h_0 > \frac{\gamma_w}{\gamma_0} \cdot \frac{h}{k} \tag{15-2}$$

式中　h——承压水位高度（从承压含水层顶算起）（m）；

　　　γ_0——基槽底安全厚度范围内土的加权平均重度，地下水位以下的土取饱和重度（kN/m³），$\gamma_0 = (\gamma_1 z_1 + \gamma_2 z_2)/(z_1 + z_2)$；

　　　γ_w——承压水的重度（kN/m³）；

　　　k——系数，一般取 1.0，对宽基坑宜取 0.7。

4. 相邻建筑物基础埋深

在城市房屋密集的地方，新旧建筑物往往紧靠在一起，为了保证在新建建筑物施工期间，相邻的原有建筑物的安全和正常使用，新建建筑物的基础埋深不宜深于相邻原有建筑物的基础埋深。如新建建筑物上部荷载很大，楼层又高，其基础必须深于原有建筑物基础时，为避免新建建筑物对原有建筑物的影响，设计时应考虑与原有建筑物建筑保持一定的净距。根据荷载大小、基础形式以及土质情况，这个距离一般为相邻基础底面高差的 1~2 倍。若上述要求不能满足，为避免当基坑开挖时原有基础的地基土松动，须采用相应的施工措施（如分段施工、设临时基坑支撑、打板桩、地下连续墙、加固原有建筑物地基等）。

15.4　地基承载力特征值的确定

根据地基基础设计的基本原则，必须保证在基底压力作用下，地基不发生剪切破坏和丧失稳定性，并具有足够的安全度。因此，必须对各级建筑物进行地基承载力计算。

地基承载力特征值是按正常使用极限状态下荷载效应的标准组合时所对应的土抗力值。地基承载力特征值不仅与土的物理、力学性质指标有关，而且还与基础型式、底面尺寸、基础埋深、建筑类型、结构特点及施工速度等因素有关。

地基承载力特征值的确定在地基基础设计中是一个非常重要而又复杂的问题。目前确定地基承载力特征值的方法主要有根据土的抗剪强度指标按理论公式计算、现场载荷试验或其他原位测试方法和经验方法等。这些方法各有长短，互为补充，必要时可考虑多种方法来综合确定。

15.4.1 按理论公式计算确定

确定地基承载力的理论很多，由于都建立在某种假设的基础上，故而各有一定的适用范围。对竖向荷载偏心和水平力都不大的基础，即当偏心距 e 小于或等于 0.033 倍基础底面宽度时，可以采用《建筑地基基础设计规范》（GB50007—2011）推荐的以界限荷载 $p_{1/4}$ 为基础的理论公式计算地基承载力特征值：

$$f_a = M_b \gamma b + M_d \gamma_m d + M_c c_k \tag{15-3}$$

式中　　f_a——由土的抗剪强度指标确定的地基承载力特征值（kPa）；

　　　　M_b，M_d，M_c——承载力系数，与土的内摩擦角 φ_k 有关，见表 15.1 取值；

　　　　γ——基础底面以下土的重度，地下水位以下取浮重度；

　　　　γ_m——基础底面以上土的加权平均重度，地下水位以下取浮重度；

　　　　d——基础埋置深度（m）；

　　　　b——基础底面宽度（m），大于 6 m 时按 6 m 取值，对于砂土小于 3 m 时按 3 m 取值；

　　　　c_k——基底下一倍短边宽度深度范围内土的黏聚力标准值（kPa）。

表 15.1 承载力系数 M_b、M_d、M_c

土的内摩擦角标准值 φ_k /（°）	M_b	M_d	M_c	土的内摩擦角标准值 φ_k /（°）	M_b	M_d	M_c
0	0	1.00	3.14	22	0.61	3.44	6.04
2	0.03	1.12	3.32	24	0.80	3.87	6.45
4	0.06	1.25	3.51	26	1.10	4.37	6.90
6	0.10	1.39	3.71	28	1.40	4.93	7.40
8	0.14	1.55	3.93	30	1.90	5.59	7.95
10	0.18	1.73	4.17	32	2.60	6.35	8.55
12	0.23	1.94	4.42	34	3.40	7.21	9.22
14	0.29	2.17	4.69	36	4.20	8.25	9.97
16	0.36	2.43	5.00	38	5.00	9.44	10.80
18	0.43	2.72	5.31	40	5.80	10.84	11.73
20	0.51	3.06	5.66				

该公式仅适用于偏心距 $e \leqslant 0.033b$ 的情况，这是因为用该公式确定承载力时相应的理论模式时基底压力呈条形均匀分布。当受到较大水平荷载而使合力的偏心距过大时，地基反力就会很不均匀，为了使理论计算的地基承载力符合其假定的理论模式，故而对公式的使用增加了以上限制条件。同时，上式与界限荷载 $p_{1/4}$ 公式稍有区别。根据砂土地基的静载荷试验资料，当 $b<3\ m$，按上式计算的结果偏小许多，所以对砂土地基，当 $b<3\ m$ 时，按 $3\ m$ 计算。

另外，按土的抗剪强度指标确定地基承载力时，没有考虑建筑物对地基变形的要求。因此按上式求得的承载力确定基础底面积尺寸后，还应进行地基变形验算。

15.4.2 按现场载荷试验确定

现场载荷试验是通过一定面积的载荷板（亦称承压板）向地基逐级施加荷载，测出地基土的压力与变形特征，从而确定地基土的承载力及其沉降值。当载荷板与基础面积尺寸相同时能真实反映载荷板下 1～2 倍载荷板宽度或直径范围内地基土强度、变形的综合性状。

对设计等级为甲级的建筑，为进一步了解地基土的变形性能和承载能力，必须做现场原位载荷试验，以确定地基承载力。对于成分或结构很不均匀的土层，如杂填土、裂隙土、风化岩等，也可采用现场载荷试验确定其承载力。

根据载荷试验曲线确定承载力特征值，《建筑地基基础设计规范》（GB50007—2011）作了如下规定：

（1）当 p-s 曲线上有比例界限时，取该比例界限所对应的荷载值。

（2）当极限荷载小于对应比例界限荷载值的 2 倍时，取极限荷载值的一半。

（3）当不能按上述两条要求确定时，当压板面积为 $0.25\sim0.50\ m^2$，可取 $s/b=0.01\sim0.015$ 所对应的荷载值（ b 为承压板的宽度或直径），但其值不应大于最大加载量的一半。

15.4.3 按经验方法确定

《建筑地基基础设计规范》（GB50007—2011）规定：地基承载力特征值可由载荷试验或其他原位测试、公式计算，并结合实践经验等方法综合确定。载荷试验是可以直接测定地基承载力的原位测试方法，其他的原位测试方法（如静力触探试验、标准贯入试验等）都不能直接测定地基承载力，但可以采用与载荷试验结果对比分析的方法确定，即选择有代表性的土层同时进行载荷试验和原位测试，分别求得地基承载力和原位测试指标，积累一定量的数据后，用回归统计方法确定地基承载力。由于这些方法比较经济、简便快捷，能在较短的时间内获得大量承载力资料，因而广泛应用于工程建设中。

我国幅员辽阔，土层分布的特点也具有很强的地域性，各地区、部门在使用上述测试仪器的过程中积累了很多地域性或行业性的经验，建立了许多地基承载力与原位测试指标之间的经验公式，可见表 15.2。

当然，经验公式都是根据一定地区或特定土类的试验资料统计得到的，均有一定的适用范围，因此，在没有工程经验的地区或土类，选用经验公式时需要通过一定数量的试验加以检验。

表 15.2　静力触探试验确定地基承载力特征值的一些经验公式

经验公式/kPa	使用范围/MPa	适用地区和土类	公式来源
$0.083p_s + 54.6$	0.3~3	淤泥质土、一般黏性土	武汉联合试验组
$5.25\sqrt{p_s} - 103$	1~10	中、粗砂	
$0.02p_s + 59.5$	1~15	粉、细砂	
$5.8\sqrt{p_s} - 46$	0.35~5	$I_p > 10$ 的一般黏性土	TBJ18—97《静力触探技术规定》
$0.07p_s + 37$	—	上海淤泥质黏性土	同济大学等
$0.075p_s + 38$	—	上海灰色黏性土	
$0.055p_s + 45$	—	上海粉土	
$115\tan p_s - 220$	0.6~7	新近沉积黏性土	北京勘察院
$\dfrac{p_s}{5.7 + 0.004p_s}$	0.5~4	黄河下游新近沉积黏性土	铁道部第一设计院
$2.3\sqrt{p_s} + 30$	3~14	粉细砂	
$0.05p_s + 73$	1.5~6	一般黏性土	建设部综勘院
$0.074p_s + 82$	1~5	$I_p > 10$ 的一般黏性土	青岛城建局

注：p_s 为静力触探试验的比贯入阻力（kPa）。

15.4.4　地基承载力特征值的修正

试验表明，地基承载力特征值不仅与土的性质有关，还与基础的大小、形状、埋深有关，采用载荷试验或其他原位测试、经验值等方法确定的地基承载力特征值，是对应于基础宽度 $b \leqslant 3$ m、基础埋深 $d \leqslant 0.5$ m 条件下的值。而在进行地基基础工程设计和计算时，应计入实际基础宽度及埋深的影响，因此当基础宽度大于 3 m 或埋深大于 0.5 m 时，从载荷试验或其他原位测试、经验值等方法确定的地基承载力特征值，尚应按下式修正：

$$f_a = f_{ak} + \eta_b \gamma (b - 3) + \eta_d \gamma_m (d - 0.5) \tag{15-4}$$

式中　f_a——修正后的地基承载力特征值（kPa）；

　　　f_{ak}——地基承载力特征值（kPa）；

　　　η_b，η_d——基础宽度和埋深的地基承载力修正系数，按基底下土的类别查表 15.3；

　　　d——基础埋置深度（m）。一般自室外地面标高算起。在填方整平地区，可自填土地面标高算起，但填土在上部结构施工后完成时，应从天然地面标高算起。对于地下室，如采用箱形基础或筏基时，基础埋置深度自室外地面标高算起；如果采用独立基础或条形基础时，应从室内地面标高算起。γ、γ_m、b 符号意义同前。

如采用深层载荷试验，则不进行深度修正，仅进行宽度修正。

表 15.3　承载力修正系数

土 的 类 别			η_b	η_d
淤泥和淤泥质土			0	1.0
人工填土 e 或 I_L 大于等于 0.85 的黏性土			0	1.0
红黏土	含水比 $a_w>0.8$		0	1.2
	含水比 $a_w \leqslant 0.8$		0.15	1.4
大面积 压实填土	压实系数大于 0.95、黏性含量 $\rho_c \geqslant 10\%$ 的粉土		0	1.5
	最大干密度大于 2.1t/m³ 的级配砂石		0	2.0
粉土	黏性含量 $\rho_c \geqslant 10\%$ 的粉土		0.3	1.5
	黏性含量 $\rho_c <10\%$ 的粉土		0.5	2.0
e 或 I_L 均小于 0.85 的黏性土			0.3	1.6
粉砂、细砂（不包括很湿与饱和时的稍密状态）			2.0	3.0
中砂、粗砂、砾砂和碎石土			3.0	4.4

注：（1）强风化和全风化的岩石，可参照所风化成的相应土类取值，其他状态下的岩石不修正。
（2）地基承载力特征值地基基础规范附录 D 深层平板载荷试验确定时 η_d 取 0。
（3）含水比是指土的天然含水量与液限的比值。
（4）大面积压实填土是指填土范围大于两倍基础宽度的填土。

15.5　基础底面尺寸的确定

在选择了基础类型，确定了基础埋深后，就可以根据上部结构的荷载和地基土的承载力计算基础底面尺寸。在确定基础底面尺寸时，首先应满足地基承载力要求，包括地基持力层土的承载力计算和软弱下卧层的验算；其次，对部分建筑物，仍需考虑地基变形的影响，验算建筑物的变形特征值，并对基础底面尺寸作必要的调整。

15.5.1　按地基持力层承载力计算基础底面尺寸

地基按承载力设计时，要求作用在基础底面上的压应力值（简称基底压力）小于或等于修正后的地基承载力特征值，即：

$$p_k \leqslant f_a \tag{15-5}$$

式中　f_a——修正后地基承载力特征值（kPa）；
　　　p_k——相应于作用的标准组合时，基础底面处的平均压力值。当基础底面位于地下水位以下时，应扣除基础底面处的浮力（kPa）。

基底压力的分布与基底形状、刚度等因素有关。一般情况下，当基底尺寸较小、刚度较大时，可假定基底压力分布直线型，在这种情况下，可以用材料力学的基本公式来计算基底压力。在荷载作用下，基础存在中心受压和偏心受压两种受力状态，以下分别对这两种情况进行讨论。

1. 轴心荷载作用

轴心荷载作用下基础所受荷载通过基底形心，基底压力假定为均匀分布，此时基底平均压力 p_k 可表达如下：

$$p_k = \frac{F_k + G_k}{A} \tag{15-6}$$

$$G_k = Ad\gamma_G \tag{15-7}$$

式中　F_k——相应于作用的标准组合时，上部结构传至基础顶面的竖向力值（kN）；

A——基础底面面积（m^2）；

G_k——基础自重和基础上的土重（kN），对一般实体基础，可近似取 $G_k = Ad\gamma_G$，其中 γ_G 为基础及其台阶上土的平均重度（kN/m^3），一般取 $\gamma_G = 20\ kN/m^3$，在地下水位以下部分，应扣除浮力。

据此有

$$\frac{F_k + \gamma_G Ad}{A} \leqslant f_a \tag{15-8}$$

故基底面积为：

$$A \geqslant \frac{F_k}{f_a - \gamma_G d} \tag{15-9}$$

对于单独基础，按上式计算出 A 后，先选定 b 或 l，再计算另一边长，使 $A = bl$，一般取 $l/b = 1.0 \sim 2.0$。

对于条形基础，为避免基础发生倾斜，一般将基础做成对称形式。可沿基础长方向取 1 m 长度进行计算，荷载也同样按 1 m 长度为计算单位，有

$$b \geqslant \frac{F_k}{f_a - \gamma_G d} \tag{15-10}$$

在上面的计算中，需要先确定修正后的地基承载力特征值 f_a，但 f_a 值又与基底面积 A 有关，即 A 与 f_a 都是未知数，因此，可能要通过反复试算确定。计算时，可先对地基承载力只进行深度修正，计算 f_a 值，然后按计算所得的 $A = bl$，考虑是否需要进行宽度修正，使得 A、f_a 间相互协调一致。最后确定的 b 和 l 均应为 100 mm 的整数倍。

2. 偏心荷载作用

地下室墙基及高层建筑受风荷载或地震荷载作用后，除了上部结构传来的轴向荷载之外，还存在侧向力，使得基础处于偏心受压状态。偏心荷载作用下基础底面尺寸的确定不能用公式直接写出，通常的步骤如下：

（1）按中心荷载初步估算所需的基础底面积 A_1。

（2）根据偏心距的大小，将已得到的基础底面积 A_1 增大 $10\% \sim 40\%$，使 $A = (1.1 \sim 1.4)A_1$。并以适当的比例确定基础底面的长度 l 和宽度 b，如对矩形底面的基础，一般可令 $l/b = 1.0 \sim 2.0$。

（3）根据偏心受压计算基底边缘处的最大压力 $p_{k\,max}$ 和最小压力值 $p_{k\,min}$。由于偏心受压时存在弯矩作用，基底压力呈梯形分布或三角形分布，有：

$$p_{k\,max\atop min} = \frac{F_k + G_k}{A} \pm \frac{M_k}{W} \tag{15-11}$$

式中 $p_{k\,max}$——相应于作用的标准组合时，基础底面边缘的最大压力值；

$p_{k\,min}$——相应于作用的标准组合时，基础底面边缘的最小压力值；

M_k——相应于作用的标准组合时，作用在基础底面的力矩值（kN·m）；

W——基础底面的抵抗矩（m³）。

判断是否满足下列附加条件：

$$p_{k\,max} \leqslant 1.2 f_a \tag{15-12}$$

$$\frac{1}{2}(p_{k\,max} + p_{k\,min}) \leqslant f_a \tag{15-13}$$

若计算结果不能满足上述条件，可调整基底尺寸再进行验算，如此反复，直至满意为止。

$p_{k\,max}$ 和 $p_{k\,min}$ 相差过多是不利的，特别是在软土地基上，会造成基础严重倾斜，倾斜超过某一界限，将会影响建筑物的正常使用甚至安全。为保证基础不致产生过分倾斜，在确定基底尺寸时，应注意荷载对基础的偏心距 e 不宜过大，通常要求 $e = M_k/(F_k + G_k) \leqslant b/6$（$b$ 为力矩作用方向基础底面边长）。一般情况下对中、高压缩性土上的基础，或有吊车的厂房柱基础，偏心距 e 不宜大于 $b/6$；对低压缩性地基土上的基础，当考虑短暂作用的偏心荷载时，应控制在 $b/4$ 之内。有时也可将基础做成不对称的形式，使外荷载对基础底面形心的偏心距尽量减小，这样，基础底面压力分布将是相对均匀的。

若基础底面形状为矩形且偏心距 $e > b/6$ 时（如图 15.9），$p_{k\,max}$ 应按下式计算：

$$p_{k\,max} = \frac{2(F_k + G_k)}{3la} \tag{15-14}$$

式中 l——垂直于力矩作用方向的基础底面边长；

a——合力作用点至基础底面最大压力边缘的距离。

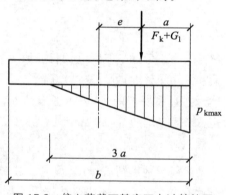

图 15.9　偏心荷载下基底压力计算简图

15.5.2　软弱下卧层承载力验算

地基土层通常是不同的，在多数情况下，土层强度随深度而增加，而外荷载引起的附加应力则随深度增加而衰减。当持力层以下受力层范围内存在软弱土层时，且这些土层的承载力小于持力层的承载力时，必须进行软弱下卧层的验算，要求作用在下卧层顶面的全部压力不应超过下卧层土的承载力，即：

$$p_z + p_{cz} \leqslant f_{az} \tag{15-15}$$

式中 p_z ——相应于作用的标准组合时，软弱下卧层顶面处的附加压力值（kPa）；

p_{cz} ——软弱下卧层顶面处土的自重压力值（kPa）；

f_{az} ——软弱下卧层顶面处经深度修正后地基承载力特征值（kPa）。

当持力层与下卧软弱土层的压缩模量比值 $\dfrac{E_{s1}}{E_{s2}} \geqslant 3$ 时，p_z 可按压力扩散角的概念计算。如

图 15.10 所示，假设基底附加压力（$p_0 = p_k - p_c$）在持力层内往下传递时按某一角度 θ 向外扩散，且均匀分布于较大面积上。根据扩散前后总压力相等的条件，对矩形基础，可得：

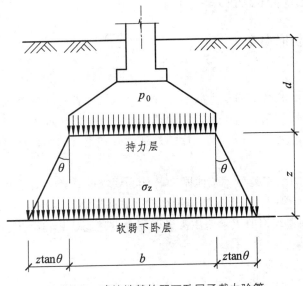

图 15.10 建筑地基软弱下卧层承载力验算

$$p_z = \frac{bl(p_k - p_c)}{(b + 2z\tan\theta)(l + 2z\tan\theta)} \qquad (\text{矩形基础}) \qquad （15-16）$$

式中 b ——矩形基础或条形基础底边宽度（m）；

l ——矩形基础底边的长度（m）；

p_c ——基础底面处土的自重压力值（kPa）；

p_0 ——基底附加压力（kPa）；

z ——基础底面至软弱下卧层顶面的距离（m）；

θ ——地基压力扩散线与垂直线的夹角，可按下表采用。

表 15.4 地基压力扩散角 θ

$\alpha = \dfrac{E_{s1}}{E_{s2}}$	z/b	
	0.25	0.5
3	6°	23°
5	10°	25°
10	20°	30°

注： ① E_{s1}、E_{s2} 分别为上层土与下层土的压缩模量。

② $z/b < 0.25$ 时取 $\theta = 0°$，必要时，宜由试验确定；$z/b > 0.50$ 时 θ 值不变。

对条形基础，仅考虑宽度方向的扩散，并沿基础纵向取单位长度作为计算单元，将式简化后可得：

$$p_z = \frac{b(p_k - p_c)}{b + 2z \tan \theta} \qquad （条形基础）$$

（15-17）

对于沉降已经稳定的建筑或经过预压的地基，可适当提高地基的承载力。

15.6 地基变形与稳定计算

15.6.1 地基的变形验算

1. 地基变形特征

按地基承载力特征值确定的基础底面尺寸，一般可保证建筑物不发生地基剪切破坏而具有足够的安全度。但是，在荷载作用下，地基土总会产生发生或大或小的压缩变形，使建筑物产生沉降。如变形过大，会影响建筑物的外观效果和正常使用，严重时会引起建筑物的开裂、倾斜，甚至破坏。

由于不同建筑物的结构类型、整体刚度、使用要求的差异，对地基变形的敏感程度、危害、变形要求也不同。因此，对于各类建筑结构，如何控制其不利的变形形式——"地基的特征变形"，使之不影响建筑物的正常使用甚至破坏，也是地基基础设计必须予以充分考虑的一个基本问题。

地基变形特征分为以下几种：

（1）沉降量——基础某点的沉降值，一般即独立基础或刚性特别大的基础中心的沉降值。

（2）沉降差——相邻两个柱基的沉降量之差。

（3）倾斜——独立基础在倾斜方向基础两端点的沉降差与其距离的比值。

（4）局部倾斜——砌体承重结构沿纵墙 6～10 m 内基础两点的沉降差与其距离的比值。

由于建筑地基不均匀、荷载差异很大、体型复杂等因素引起的地基变形，对于砌体承重结构应由局部倾斜值控制；对于框架结构和单层排架结构应由相邻柱基的沉降差控制；对于多层或高层建筑和高耸结构应由倾斜值控制；必要时尚应控制平均沉降量。

2. 地基变形验算的范围

《建筑地基基础设计规范》（GB50007—2011）规定以下建筑物地基除满足承载力要求外，尚须进行变形验算：

（1）设计等级为甲、乙级的建筑物。

（2）表 15.5 所列的丙级建筑物以外的建筑物。

（3）表 15.5 所列范围以内有下列情况之一的丙级建筑物。

① 地基承载力特征值小于 130 kPa，且体型复杂的建筑。

② 在基础上及其附近有地面堆载或相邻基础荷载差异较大，引起地基产生过大的不均匀沉降时。

③ 软弱地基上的相邻建筑存在偏心荷载时。

④ 相邻建筑如距离过近，可能发生倾斜时。

⑤ 地基内有厚度较大或厚薄不均的填土，其自重固结未完成时。

表 15.5　可不做地基变形计算设计等级为丙级的建筑物范围

地基主要受力层情况	地基承载力特征值 f_{ak}/kPa		$60\le f_{ak}<80$	$80\le f_{ak}<100$	$100\le f_{ak}<130$	$130\le f_{ak}<160$	$160\le f_{ak}<200$	$200\le f_{ak}<300$
	各土层坡度/%		≤5	≤5	≤10	≤10	≤10	≤10
建筑类型	砌体承重结构、框架结构（层数）		≤5	≤5	≤5	≤6	≤6	≤7
	单层排架结构（6 m 柱距）	单跨 吊车额定起重量/t	5~10	10~15	15~20	20~30	30~50	50~100
		单跨 厂房跨度/m	≤12	≤18	≤24	≤30	≤30	≤30
		多跨 吊车额定起重量/t	3~5	5~10	10~15	15~20	20~30	30~75
		多跨 厂房跨度/m	≤12	≤18	≤24	≤30	≤30	≤30
	烟囱	高度/m	≤30	≤40	≤50	≤75		≤100
	水塔	高度/m	≤15	≤20	≤30	≤30		≤30
		容积/m³	≤50	50~100	100~200	200~300	300~500	500~1000

注：（1）地基主要受力层系指条形基础底面下深度为 3b（b 为基础底面宽度），独立基础下为 1.5b，且厚度均不小于 5 m 的范围（二层以下一般的民用建筑除外）。

（2）地基主要受力层中如有承载力特征值小于 130 kPa 的土层时，表中砌体承重结构的设计，应符合地基基础规范第七章的有关要求。

（3）表中砌体承重结构和框架结构均指民用建筑，对于工业建筑可按厂房高度、荷载情况折合成与其相当的建筑层数。

（4）表中吊车额定起重量、烟囱高度和水塔容积的数值系指最大值。

3. **地基变形验算**

根据结构类型、整体刚度、体型大小、荷载分布、基础型式以及土的工程地质特性，计算地基变形值 s，验算其是否允许值[s]之内，即：

$$s\le[s] \tag{15-18}$$

地基变形允许值[s]的确定是一项十分复杂的工作，应通过建筑物沉降观测，并根据建筑物的结构类型及使用情况，考虑地基和上部结构的共同工作，从大量资料中进行总结和分析研究而确定。在综合分析国内外各类建筑的有关资料的基础上，根据建筑物的类型、变形特征、地基土类别，《建筑地基基础设计规范》（GB50007—2011）规定了地基变形允许值（见表 15.6）。对该表中未包括的建筑物，其地基变形允许值应根据上部结构对地基变形的适应能力和使用上的要求确定。

计算地基变形时，地基内的应力分布，可采用各向同性均质线性变形体理论，其最终变形量可采用分层总和法计算（参见地基基础规范）。

在必要的情况下，需要分别预估建筑物在施工期间和使用期间的地基变形值，以便预留建筑物有关部分之间的净空，并考虑连接方法和施工顺序。此时，一般多层建筑物在施工期间完成的沉降量，对于砂土可认为其最终沉降量已完成 80%以上，对于低压缩黏性土可认为已完成最终沉降量的 50%～80%，对于中压缩性土可认为已完成 20%～50%，对于高压缩性土可认为已完成 5%～20%。

表 15.6　建筑物地基变形允许值

变　形　特　征		地基土类别	
		中、低压缩性土	高压缩性土
砌体承重结构基础的局部倾斜		0.002	0.003
工业与民用建筑相邻柱基的沉降差 （1）框架结构 （2）砌体墙填充的边排柱 （3）当基础不均匀沉降时不产生附加应力的结构		$0.002l$ $0.0007l$ $0.005l$	$0.003l$ $0.001l$ $0.005l$
单层排架结构（柱距为 6 m）柱基的沉降量/mm		（120）	200
桥式吊车轨面的倾斜 （按不调整轨道考虑）	纵向	0.004	
	横向	0.003	
多层和高层建筑的整体倾斜	$H_g \leqslant 24$	0.004	
	$24 < H_g \leqslant 60$	0.003	
	$60 < H_g \leqslant 100$	0.002 5	
	$H_g > 100$	0.002	
体型简单的高层建筑基础的平均沉降量/mm		200	
高耸结构基础的倾斜	$H_g \leqslant 20$	0.008	
	$20 < H_g \leqslant 50$	0.006	
	$50 < H_g \leqslant 100$	0.005	
	$100 < H_g \leqslant 150$	0.004	
	$150 < H_g \leqslant 200$	0.003	
	$200 < H_g \leqslant 250$	0.002	
高耸结构基础的沉降量/mm	$H_g \leqslant 100$	400	
	$100 < H_g \leqslant 200$	300	
	$200 < H_g \leqslant 250$	200	

注：（1）本表数值为建筑物地基实际最终变形允许值。

　　（2）有括号者仅适用于中压缩性土。

　　（3）l 为相邻柱基的中心距离（mm）；H_g 为自室外地面起算的建筑物高度（m）。

　　（4）沉降量、沉降差、倾斜和局部倾斜含义同前。

15.6.2　地基稳定性验算

　　某些建筑物当承受较大的水平荷载和偏心荷载时，有可能发生沿基底面的滑动、倾斜或与深层土层一起滑动。如果地基土层本身倾斜，则更容易发生整体滑动破坏。《建筑地基基础设计规范》（GB50007—2011）规定，对经常受水平荷载的高层建筑、高耸结构和挡土墙等，以及建造在斜坡上或边坡附近的建筑物和构筑物尚应验算其稳定性；对基坑工程应进行稳定性验算。

地基稳定性可采用圆弧滑动面法进行验算，最危险的滑动面上诸力对滑动中心所产生的抗滑力矩与滑动力矩应符合下式：

$$M_R / M_S \geqslant 1.2 \qquad\qquad (15\text{-}19)$$

式中　M_R——抗滑力矩；

M_S——滑动力矩。

位于稳定土坡坡顶上的建筑物，当垂直于坡顶边缘线的基础底面边长小于或等于 3 m 时，其基础底面外边缘线到坡顶的水平距离 a 可按下式计算（见图 15.11），但不得小于 2.5 m。

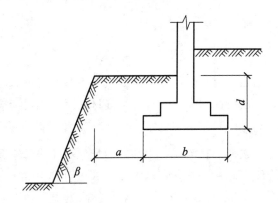

图 15.11　基础底面外边缘线至坡顶的水平距离示意图

对条形基础：

$$a \geqslant 3.5b - \frac{d}{\tan\beta} \qquad\qquad (15\text{-}20)$$

对矩形基础：

$$a \geqslant 2.5b - \frac{d}{\tan\beta} \qquad\qquad (15\text{-}21)$$

式中　a——基础底面外边缘线至坡顶的水平距离（m）；

b——垂直于坡顶边缘线的基础底面边长（m）；

d——基础埋置深度（m）；

β——边坡坡角（°）。

当基础底面边缘线至坡顶的水平距离不满足式（15-20）、式（15-21）的要求时，可根据基底平均压力按公式（15-6）确定基础距坡顶边缘的距离和基础埋深。当边坡坡角大于 45°、坡高大于 8 m 时，尚应按式（15-19）验算坡体稳定性。

第 16 章　无筋扩展基础及扩展基础设计

如前所述，无筋扩展基础通常由砖、块石、毛石、素混凝土、三合土和灰土等材料建造而成，设计时必须保证基础内产生的拉应力和剪应力不能超过基础材料本身的抗拉、抗剪强度设计值，工程上主要采取构造措施来保证。

16.1　构造要求

根据建造材料的不同无筋扩展基础可分为混凝土和毛石混凝土基础、砖基础、毛石基础、灰土基础和三合土基础等，在设计此类基础时应按其材料特点满足相应的构造要求：

1. 混凝土和毛石混凝土基础

混凝土基础为现场浇筑成形。在混凝土中加入少量毛石（小于基础体积的 30%）即为毛石混凝土基础。混凝土强度等级，一般采用 C15，混凝土中掺用的毛石应选用坚实、未风化的石料其极限抗压强度不应低于 30 N/mm²，毛石尺寸不应大于所浇筑部位最小宽度的 1/3，并不得大于 300 mm，石料表面污泥、水锈应在填充前用水冲洗干净。

混凝土基础浇筑前应进行验槽，基坑内浮土、积水、淤泥、杂物等均应清除干净，基底局部软弱土层应挖去，用灰土或砂砾回填夯实至基底相平。毛石混凝土基础浇筑前应先铺一层 100～150 mm 厚混凝土打底，再铺设毛石，继续浇捣混凝土，每浇捣一层（一般 200~250 mm 厚），铺一层毛石，直至基础顶面，保持毛石顶部有不少于 100 mm 厚的混凝土覆盖层，所掺用的毛石数量不得超过基础体积的 25%。混凝土应连续浇筑完毕，如必须留设施工缝时，应留在混凝土与毛石交接处，使毛石露出混凝土面一半，并按有关要求进行接缝处理。

2. 砖基础

砖基础一般用不低于 MU10 的砖（砖材宜用经熔烧过的）和不低于 M5 的砂浆砌成。因砖的抗冻性较差，所以在寒冷地基和含水量较大的土中，应采用高强度等级的砖和水泥砂浆。

砖基础通常做成阶梯形，俗称大放脚，各部分的尺寸应符合砖的尺寸模数。其砌筑方式有两种，一是"两皮一收"。另一种是"二、一间隔收"，但须保证底层为两皮砖，即 120 mm 高。上述两种砌法都能符合公式的台阶高宽比要求，"二、一间隔收"较节省材料，同时又恰好能满足台阶宽高比要求，故而采用较多。

为了保证砖基础的砌筑质量，并能起到平整和保护基坑作用，砌筑基础前，常常在砖基础底面以下做垫层。垫层材料可选用灰土、三合土和混凝土。垫层每边伸出基础底面 50～100 mm，厚度一般为 100 mm。设计时，这样的薄垫层一般作为构造垫层，不作为基础结构部分考虑。因此，垫层的宽度和高度都不计入基础的底宽 b 和埋深 d 之内。

3. 毛石基础

毛石基础是用强度等级不低于 MU20 的毛石和不低于 M5 的砂浆砌成，一般采用混合砂浆或水泥砂浆。当基底压力较小，且基础位于地下水位以上时，也可用白灰砂浆。

毛石基础一般砌成阶梯形。毛石的形状不规整，不易砌平，为了保证毛石基础的整体刚性和传力均匀，每一台阶均不少于 2 ~ 3 排，每阶高度可在 400 ~ 600 mm（视石块大小和规整情况定）。当用混凝土或块石混凝土时，每阶高度一般为 500 mm。每阶挑出宽度应小于 200 mm，每阶高度不小于 400 mm，分阶时应注意每一台阶均应保证刚性角要求。

4. 灰土基础和三合土基础

这两种基础都是在基槽内分层铺土夯实而成。每层虚铺厚度为 250 mm，夯实至 150 mm（俗称一步）。三层及三层以下建筑物可用二步，三层以上宜用三步。灰土基础必须采用符合标准的石灰和土料，并取灰土比为 3：7 或 2：8 为宜。

施工时，基坑应保持干燥，防止灰土早期浸水，灰土要拌和均匀，温度要适当，含水量过大或过小均不易夯实。因此，最好实地测定其最佳含水量，使在一定夯击能量下，达到最大密实度（干密度不小于 1.5 t/m³）。

灰土基础在我国应用历史悠久，因其造价低廉（仅为砖石或混凝土基础的 1/2 ~ 1/3）、耐久性强而被广泛采用。灰土基础与砖墙衔接部分，要做砖放脚。

三合土基础夯实至设计标高后，最后一遍夯打宜浇浓灰浆，待其表面略微风干后，再铺一层薄砂，最后整平夯实。因三合土强度低，仅限于低层（4 层以下）采用。

16.2　设计计算

（1）初步选定基础高度 H_0。

混凝土基础的高度 H_0 不宜小于 200 mm，一般为 300 mm。对于石灰三合土基础和灰土基础，基础高度 H_0 应为 150 mm 的倍数。砖基础的高度应符合砖的模数。

（2）基础宽度 b 的确定。

根据地基承载力条件初步确定基础宽度，再按式（16-1）验算基础宽度，见图 16.1。

$$b \leqslant b_0 + 2H_0 \tan \alpha \qquad (16\text{-}1)$$

式中　b——基础底面宽度（m）；

　　　b_0——基础顶面的墙体宽度或柱脚宽度（m）；

　　　H_0——基础高度（m）；

　　　b_2——基础台阶宽度（m）；

　　　$\tan \alpha$——基础台阶宽高比，$b_2 : H_0$。

如验算符合要求，则可采用原先选定的基础宽度和高度，否则应调整基础高度重新验算，直到满足要求为止。

（3）当刚性基础由不同材料叠合而成时，应对接触部分作抗压验算。

（4）对混凝土基础，当基础底面平均压力超过 300 kPa 时，尚应对台阶高度变化处的断面进行抗剪验算，验算公式如下：

$$V_s \leqslant 0.366 f_t A \tag{16-2}$$

式中　V_s——相应于荷载效应基本组合时，地基土平均净反力产生的沿墙（柱）边缘或变阶处单位长度的剪力设计值；

f_t——混凝土轴心抗拉强度设计值；

A——沿墙（柱）边缘或变阶处单位长度面积。

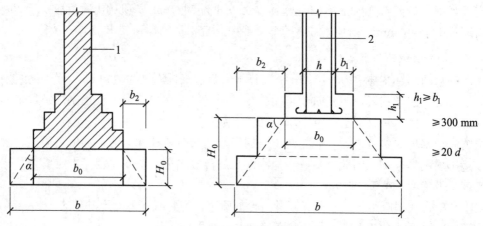

图 16.1　无筋扩展基础构造示意图

【**例 16-1**】某仓库外墙采用条形砖基础，墙厚 240 mm，基础埋深 2 m，已知作用于基础顶面标高处的上部结构荷载标准组合值为 240 kN/m。地基为人工实填土，承载力特征值为 160 kPa，重度为 19 kN/m³。试计算该基础最小高度。（2008 年注册岩土工程师考题）

解析： 根据（15-6），对条形基础，$p_k = \dfrac{F_k + G_k}{A} = \dfrac{240 + b \times 2 \times 20}{b} = \dfrac{240}{b} + 40$

人工填土 $\eta_b = 0$，$\eta_d = 1.0$，所以：

$$f_a = f_{ak} + \eta_b \gamma (b-3) + \eta_d \gamma_m (d-0.5) = 160 + 0 + 1.0 \times 19 \times (2-0.5) = 188.5 \text{ kPa}$$

由 $p_k \leqslant f_a$，可得 $\dfrac{240}{b} + 40 \leqslant 188.5$，$b \geqslant 1.616$ m，取 $b=1.62$ m，故 $p_k = 188.15$ kPa

对砖基础，$100 < p_k \leqslant 200$，查表 3-14，台阶宽高比的允许值为：$\tan \alpha = b_2 : H_0 = 1 : 1.15$。

$$H_0 \geqslant \dfrac{b - b_0}{2 \tan \alpha} = \left(\dfrac{1\,620 - 240}{2}\right) \times 1.5 = 1\,035 \text{ mm}$$，故该基础最小高度为 1 035 mm。

16.3　扩展基础设计

当上部结构荷载较大、地基土承载力又较低，或者地基土不均匀时，常采用扩展基础。扩展基础具有良好的抗弯抗剪能力，更重要的是这种基础可扩大基础底面积来满足地基承载力要求。

扩展基础系指柱下钢筋混凝土独立基础和墙下钢筋混凝土条形基础。墙下钢筋混凝土条形基础的内力计算一般可按平面应变问题处理，在长度方向可取单位长度计算。截面设计验算的内容主要包括基础底面宽度 b 和基础的高度 h 及基础底板配筋等。基底宽度应根据地基承载力要求确定，基础高度由混凝土的抗剪条件确定，基础底板的受力钢筋配筋则由基础验算截面的抗弯能力确定。在确定基础底面尺寸或计算基础沉降时，应考虑设计地面以下基础及其上覆土重力的作用，而在进行基础截面设计（基础高度的确定、基础底板配筋）中，应采用不计基础与上覆土重力作用时的地基净反力 p_j 计算。

16.3.1 扩展基础的构造要求

扩展基础的构造，应符合下列要求：

（1）锥形基础的边缘高度不宜小于 200 mm，阶梯形基础的每阶高度宜为 300～500 mm。

（2）垫层的厚度不宜小于 70 mm；垫层混凝土强度等级为 C10。

（3）扩展基础底板受力钢筋的最小直径不宜小于 10 mm；间距不宜大于 200 mm，也不宜小于 100 mm。墙下钢筋混凝土条形基础纵向分布钢筋的直径不小于 8mm；间距不大于 300 mm；每延米分布钢筋的面积不应小于受力钢筋面积的 15%。当有垫层时钢筋保护层的厚度不应小于 40 mm；无垫层时不应小于 70 mm。

（4）混凝土强度等级不应低于 C20。

（5）当柱下钢筋混凝土独立基础的边长和墙下钢筋混凝土条形基础的宽度大于或等于 2.5m 时，底板受力钢筋的长度可取边长或宽度的 0.9 倍，并宜交错布置。

（6）钢筋混凝土条形基础底板在 T 形及十字形交接处，底板横向受力钢筋仅沿一个主要受力方向通长布置，另一方向的横向受力钢筋可布置到主要受力方向底板宽度 1/4 处。在拐角处底板横向受力钢筋应沿两个方向布置。

（7）现浇柱的基础，其插筋的数量、直径以及钢筋种类应与柱内的纵向钢筋相同。插筋与柱的纵向受力钢筋的连接方法，应符合现行的规定。插筋的下端宜做成直钩放在基础底板钢筋网上。当符合下列条件之一时，可仅将四角的插筋伸至底板钢筋网上，其余插筋锚固在基础顶面下 l_a 或 l_{aE} 处（图 16.2）。

① 柱为轴心受压或小偏心受压，基础高度 $h \geq 1\,200$ mm。

② 柱为大偏心受压，基础高度 $h \geq 1\,400$ mm。

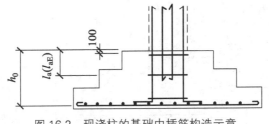

图 16.2 现浇柱的基础中插筋构造示意

l_a 为钢筋混凝土柱和剪力墙纵向受力钢筋在基础内的锚固长度，应根据钢筋在基础内的最小保护层厚度按现行《混凝土结构设计规范》GB50010 有关规定确定；l_{aE} 为纵向受力钢筋的抗震锚固长度：一、二级抗震等级 $l_{aE} = 1.15 l_a$，三级抗震等级 $l_{aE} = 1.05 l_a$，四级抗震等级 $l_{aE} = l_a$。当基础高度小于 l_a（l_{aE}）时，纵向受力钢筋的锚固总长度除符合前述要求外，其最小直锚段的长度不应小于 $20d$，弯折段的长度不应小于 150 mm。

16.3.2　扩展基础的设计计算

钢筋混凝土扩展基础的设计计算包括底板厚度计算、配筋计算以及局部受压承载力验算。

当扩展基础的混凝土强度等级小于柱的混凝土强度等级时，应验算柱下扩展基础顶面的局部受压承载力。验算方法按《混凝土结构设计规范》（GB 50010—2010）的有关规定和公式进行。

1. 墙下钢筋混凝土条形基础的设计计算

（1）中心荷载作用

中心荷载状态下（图 16.3），将基础悬挑部分视为 p_n 作用下的倒置悬臂梁。取沿墙长度方向 $l=1m$ 的基础底板分析，则：

$$p_n = \frac{F}{b} \qquad\qquad （16\text{-}3）$$

式中　p_n——扣除基础自重及其上土重后相应于荷载效应基本组合时的地基土单位面积净反力设计值（kPa）；

F——上部结构传至地面标高处的荷载设计值（kN/m）；

b——墙下钢筋混凝土条形基础宽度（m）。

在 p_n 作用下，将在基础底板内产生弯矩和剪力，其值在图 16.3 中 I—I 截面（悬臂板根部）处最大：

$$V = p_n \cdot a_1 \qquad\qquad （16\text{-}4）$$

$$M = \frac{1}{2} p_n a_1^2 \qquad\qquad （16\text{-}5）$$

式中　V——基础底板根部的剪力设计值（kN/m）；

M——基础底板根部的弯矩设计值（kN·m）；

a_1——I—I 截面到基础边缘的距离（m）。对于墙下钢筋混凝土条形基础，其最大弯矩、剪力的位置为：当墙体材料为混凝土时，取 $a_1 = b_1$；若为砖墙且放脚不大于 1/4 砖长时，取 $a_1 = b_1 + 1/4$ 砖长。

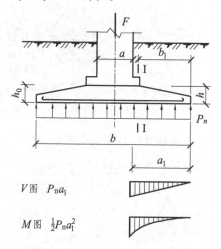

图 16.3　中心荷载作用下墙下钢筋混凝土条形基础受力示意

① 基础底板厚度的确定

墙下钢筋混凝土条形基础底板属于不配置箍筋与弯起钢筋的情况，因此，其底板厚度应满足混凝土的抗剪条件：

$$V \leq 0.7\beta_{hs} f_t h_0 \tag{16-6}$$

式中　β_{hs}——截面高度影响系数，$\beta_{hs} = (800/h_0)^{1/4}$；当 $h_0 \leq 800$ mm 时，取 $h_0 = 800$ mm；当 $h_0 \geq 2\,000$ mm 时，取 $h_0 = 2\,000$ mm；

　　　　f_t——混凝土轴心抗拉强度设计值（kPa）；

　　　　h_0——基础底板的有效高度（mm）。

基础高度的确定分两种情况：

$$h = h_0 + 40 + \frac{\phi}{2} \text{（有垫层时）}, \quad h = h_0 + 70 + \frac{\phi}{2} \text{（无垫层时）}$$

式中　　ϕ——钢筋直径。

②基础底板配筋计算

基础底板的配筋，应符合《混凝土结构设计规范》（GB 50010—2010）正截面受弯承载力计算公式，也可按简化矩形截面单筋板计算。当取 $\xi = x/h_0 = 0.2$ 时，按下式计算：

$$A_s = \frac{M}{0.9 h_0 f_y} \tag{16-7}$$

式中　$0.9 h_0$——截面内力臂的近似值；

　　　A_s——每米长基础底板受力钢筋面积（mm²）；

　　　f_y——钢筋抗拉强度设计值（kPa）。

（2）偏心荷载作用

对墙下钢筋混凝土条基，偏心受压时底板厚度计算及配筋计算和中心受压时基本相同，主要区别是引起底板受弯、受剪的基底净反力不同，计算时只需用偏心受压时基础边缘处最大设计净反力 $p_{n,\,max}$ 代替中心受压时净反力设计值 p_n 代入式（16-6）（16-7）即可。

偏心受压状态下（图 16.4），基础边缘处的最大和最小净反力为：

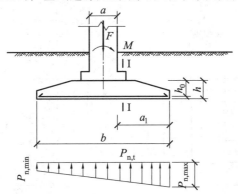

图 16.4　偏心荷载作用下墙下钢筋混凝土条形基础受力示意

$$p_{n,\,max} = \frac{F}{b} + \frac{6M}{b^2}, \quad p_{n,\,min} = \frac{F}{b} - \frac{6M}{b^2} \tag{16-8}$$

悬臂板根部截面 I—I 处的净反力为：

$$p_{\mathrm{n, 1}} = p_{\mathrm{n, min}} + \frac{(b-a_1)}{b}(p_{\mathrm{n, max}} - p_{\mathrm{n, min}}) \tag{16-9}$$

2. 柱下钢筋混凝土独立基础的设计计算

如前，偏心受压基础底板厚度和配筋计算与中心受压情况基本相同，此处不再区分。

（1）基础底板厚度的确定

对柱下独立基础，当冲切破坏锥体落在基础底面以内时，应按下列公式验算柱与基础交接处以及基础变阶处的受冲切承载力：

$$F_l \leqslant 0.7\beta_{\mathrm{hp}} f_t a_m h_0 \tag{16-10}$$

$$a_m = (a_t + a_b)/2 \tag{16-11}$$

$$F_l = p_n A_l \tag{16-12}$$

式中　β_{hp}——受冲切承载力截面高度影响系数，当 $h \leqslant 800$ mm 时，β_{hp} 取 1.0；当 $h \geqslant 2\,000$ mm 时，β_{hp} 取 0.9；其间按线性内插法取用；

　　　f_t——混凝土轴心抗拉强度设计值（kPa）；

　　　h_0——基础冲切破坏锥体的有效高度（m）；

　　　a_m——冲切破坏锥体最不利一侧计算长度（m）；

　　　a_t——冲切破坏锥体最不利一侧斜截面的上边长（m），当计算柱与基础交接处的受冲切承载力时，取柱宽；当计算基础变阶处的受冲切承载力时，取上阶宽；

　　　a_b——冲切破坏锥体最不利一侧斜截面在基础底面积范围内的下边长（m）：当冲切破坏锥体的底面落在基础底面以内，如图[16.5（a）、（b）]，计算柱与基础交接处的受冲切承载力时，取柱宽加两倍基础有效高度；当计算基础变阶处的受冲切承载力时，取上阶宽加两倍该处的基础有效高度；当冲切破坏锥体的底面在 l 方向落在基础底面以外，即 $a+2h_0 \geqslant l$ 时，$a_b = l$；

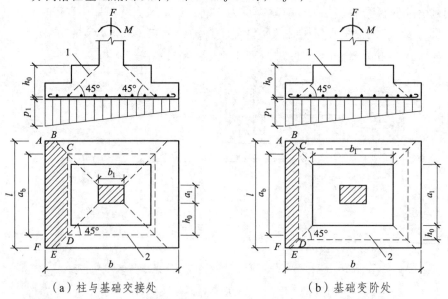

（a）柱与基础交接处　　　　　　　　　（b）基础变阶处

图 16.5　计算阶形基础的受冲切力验算截面位置

1—冲切破坏锥体最不利一侧的斜截面；2—冲切破坏锥体的底面线

p_n ——扣除基础自重及其上土重后相应于作用的基本组合时的地基土单位面积净反力（kPa），对偏心受压基础可取基础边缘处最大地基土单位面积净反力；

A_l ——冲切验算时取用的部分基底面积[图16.5(a)、（b）中的阴影面积 $ABCDEF$]；

F_l ——相应于作用的基本组合时作用在 A_l 上的地基土净反力设计值（kPa）。

如满足式（16-10）要求，表示该基础高度不会发生冲切破坏；如不满足上式，则要加大基础高度 h 直至满足要求。

（2）基础底板配筋计算

基础底板的配筋，应按抗弯计算确定。由于独立基础底板在地基净反力作用下，在两个方向均发生弯曲，所以两个方向都要配受力钢筋，钢筋面积按两个方向的最大弯矩分别计算。计算时，应按现行《混凝土结构设计规范》正截面受弯承载力进行。在轴心荷载或单向偏心荷载作用下，当矩形基础台阶的宽高比小于或等于2.5和偏心距小于或等于1/6基础宽度时，任意截面的弯矩可按下列简化方法计算（如图16.6）：

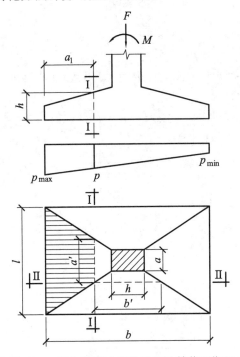

图16.6 柱与基础交接处冲切验算截面位置

$$\text{I—I 截面} \quad M_{\text{I}} = \frac{1}{12} a_1^2 \left[(2l + a')\left(p_{\max} + p - \frac{2G}{A}\right) + (p_{\max} - p)l \right] \quad （16-13）$$

$$\text{II—II 截面} \quad M_{\text{II}} = \frac{1}{48}(l - a')^2 (2b + b')\left(p_{\max} + p_{\min} - \frac{2G}{A}\right) \quad （16-14）$$

式中 M_{I}，M_{II} ——任意截面 I—I、II—II 处相应于作用的基本组合时的弯矩设计值；

a_1 ——任意截面 I—I 至基底边缘最大反力处的距离；

l，b ——基础底面的边长；

$p_{\max}$，$p_{\min}$ ——相应于作用的基本组合时的基础底面边缘最大和最小地基反力设计值；

p ——相应于荷载效应基本组合时在任意截面 I—I 处基础底面地基反力设计值；

251

G——考虑作用分项系数的基础自重及其上的土自重；当组合值由永久作用控制时，作用分项系数可取 1.35。

基础底板的配筋仍按式（16-7）计算。

【例 16-2】 某条形基础宽度 2 m，埋深 1 m，地下水埋深 0.5 m。承重墙位于基础中轴，宽度 0.37 m，作用于基础顶面荷载 235 kN/m，基础材料采用钢筋混凝土。问验算基础底板配筋时的弯矩为多少？提示：假定基础台阶宽高比≤2.5，且偏心距小于 1/6 基础宽度。（2011年注册岩土工程师考题）

解析：基础底面地基反力设计值为

$$p_{max} = p, \quad p = \frac{F+G}{A}$$

考虑分项系数的基础及其填土的自重为

$$G = 1.35G_k = 1.35 \times [20 \times 0.5 + (20-10) \times 0.5] \times 2 \times 1 = 40.5 \text{ kN}$$

根据式（16-13）

$$M_I = \frac{1}{12}a_1^2 \left[(2l+a')(p_{max}+p-\frac{2G}{A}) + (p_{max}-p)l \right]$$

$$= \frac{1}{12}(\frac{2-0.37}{2})^2 \left[(2 \times 1+1)(p_{max}+p-\frac{2G}{A}) + (p_{max}-p) \times 1 \right]$$

$$= \frac{1}{12} \times 0.815^2 \times 3 \times (\frac{2 \times 235 + 2 \times 40.5}{2 \times 1} - \frac{2 \times 40.5}{2 \times 1}) = 39 \text{ kN} \cdot \text{m}$$

第 17 章 柱下条形基础

在框架结构中，当地基软弱而荷载较大时，若采用柱下独立基础，可能因基础底面积很大而使基础边缘互相接近甚至重叠在一起；为增强基础的整体性，减轻建筑物的不均匀沉降，同时也便于施工，可采用柱下条形基础。

17.1 构造要求

柱下条形基础的构造，除满足扩展基础的构造要求外，尚应满足下列规定：

（1）柱下条形基础梁的高度宜为柱距的 1/4 ~ 1/8。翼板厚度不应小于 200 mm。当翼板厚度大于 250 mm 时，宜采用变厚度翼板，其坡度宜小于或等于 1：3。

（2）条形基础的端部宜向外伸出，其长度宜为第一跨距的 0.25 倍。

（3）现浇柱与条形基础梁的交接处，基础梁的平面尺寸应大于柱的平面尺寸，且柱的边缘至基础梁边缘的距离不得小于 50 mm（图 17.1）。

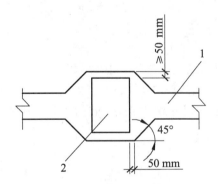

图 17.1 现浇柱与条形基础梁交接处平面尺寸

1—基础梁；2—柱

（4）条形基础梁顶部和底部的纵向受力钢筋除满足计算要求外，顶部钢筋按计算配筋全部贯通，底部通常钢筋不应少于底部受力钢筋截面总面积的 1/3。

（5）柱下条形基础的混凝土强度等级不应低于 C20。

17.2 柱下条形基础的设计计算

柱下条形基础的横向剪力和弯矩通常可考虑由翼板的抗剪、抗弯能力承担，其内力计算与墙下条形基础相同。柱下条形基础纵向的剪力和弯矩一般则由基础梁承担，由于梁长度方向的尺寸与其竖向截面高度相比较大，可看成地基上的受弯构件。基础梁的纵向内力通常采用倒梁法或弹性地基梁法计算。

17.2.1 基础底面尺寸的确定

1. 轴向荷载作用

将条形基础看作刚性矩形基础，假定此时荷载合力的重心基本上与基础形心重合，地基反力为均匀分布[见图17.2（a）]，则按式（17-1）可确定出基础底面尺寸。

$$p = \frac{\sum P + G}{bl} \leqslant f_a \qquad (17\text{-}1)$$

式中 p ——均布地基反力（kPa）；

     $\sum P$ ——上部结构传至基础顶面的竖向力设计值总和（kN）；

     G ——基础自重（kN）；

     $b，l$ ——条形基础的宽度和长度（m）；

     f_a ——修正后的地基承载力特征值（kPa）。

2. 偏心荷载作用

如果荷载合力不与基底形心重合，或者偏心距超过基础长度的3%，则基底反力为视为梯形分布[见图17.2（b）]，按下式计算：

$$p_{\substack{max \\ min}} = \frac{\sum P + G}{bl}\left(1 \pm \frac{6e}{l}\right) \qquad (17\text{-}2)$$

式中 $p_{max}，p_{min}$ ——基底反力的最大值和最小值（kPa）；

     e ——荷载合力在长度方向的偏心距（m）。

偏心荷载作用下的基础底面尺寸除满足式（17-1）外，还要求：

$$p_{max} \leqslant 1.2 f_a \qquad (17\text{-}3)$$

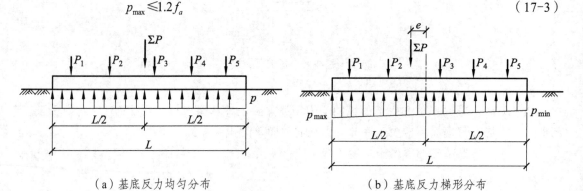

（a）基底反力均匀分布   （b）基底反力梯形分布

图17.2 简化计算法的基底反力分布

17.2.2 翼板的计算

（1）按式（17-4）计算基底沿宽度方向 b 的净反力：

$$p_{\substack{j\max \\ j\min}} = \frac{\sum P}{bl}(1 \pm \frac{6e_b}{l})$$ （17-4）

式中　$p_{j\max}$，$p_{j\min}$ ——基础宽度方向的最大、最小净反力（kPa）；

e_b ——荷载合力在基础宽度方向的偏心距（m）。

（2）按斜截面抗剪能力确定翼板的厚度，并将翼板作为悬臂按下式计算弯矩和剪力：

$$M = (\frac{p_{j1}}{3} + \frac{p_{j2}}{2})l_1^2$$ （17-5）

$$V = (\frac{p_{j1}}{2} + p_{j2})l_1$$ （17-6）

式中　M、V 分别为柱或墙边的弯矩和剪力，p_{j1}、p_{j2}、l_1 如图 17.3 所示。

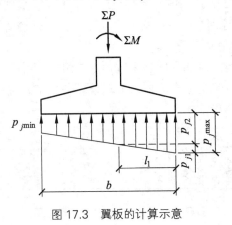

图 17.3　翼板的计算示意

17.2.3　基础梁内力分析

1. 倒梁法

倒梁法是一种简化的内力计算方法，它假定柱下条形基础的基底反力为直线分布，以柱子作为固定铰支座，基底净反力作为荷载，然后将基础视为倒置的连续梁从而计算得到内力值。计算简图如图 17.4 所示。

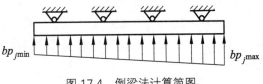

图 17.4　倒梁法计算简图

在比较均匀的地基上，上部结构刚度较好，荷载分布较均匀，且条形基础梁的高度不小于 1/6 柱距时，地基反力可按直线分布，条形基础梁的内力可按连续梁计算，此时边跨跨中弯矩及第一内支座的弯矩值宜乘以 1.2 的系数。

当基础或上部结构的刚度较大，柱距不大且接近等间距，相邻柱荷载相差不大时，用倒梁法计算内力比较接近实际。但按这种方法计算的支座反力一般不等于柱荷载，因为没有考虑土与基础以及上部结构的共同作用，地基反力并非按直线分布。为取得较理想的结果，可用逐次渐近的方法，将支座处的不平衡力均匀分布在该支座附近 1/3 跨度范围内。调整后的地基反力呈阶梯形分布，然后再进行连续梁分析，可反复多次，直到支座反力接近柱荷载为止。

2. 弹性地基梁法

当上部结构刚度不大，荷载分布不均匀，且条形基础梁的高度小于1/6柱距时，地基反力不按直线分布，此时宜按弹性地基梁计算内力。

比较典型的有文克尔地基梁解析法，它采用文克尔（Winkler）线弹性地基模型求解地基反力，其基本假定是地基上任一点所受的压力强度 p 与该点地基变形量 s 成正比，该点地基变形量与其他各点压强无关，即：

$$p = ks \qquad\qquad (17-7)$$

式中　p——地基上任一点的压力强度；

　　　k——基床系数（kN/cm^3），k 值的大小与地基土土性、基础底面尺寸大小和形状以及基础荷载和刚度等因素有关，宜根据实际条件由现场荷载试验确定；

　　　s ——压力作用点的地基变形量。

以上假设，实质上就是把地基看作是无数小土柱组成，并假设各土柱之间无摩擦力，即将地基视为无数不相联系的弹簧组成的体系。对某一种地基，基床系数为一定值，这就是著名的文克尔地基模型，如图17.5所示。

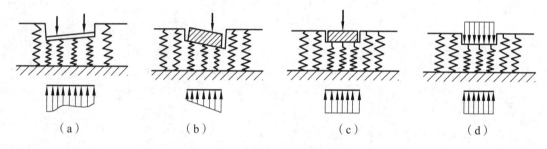

图 17.5　文克尔地基模型示意图

从模型上施加的不同荷载情况可以看出，基底压力图形与基础的竖向位移图是相似的，而基底各点竖向位移呈线性变化，故其反力亦呈线性分布。

文克尔地基模型忽略了地基中的剪应力，认为地基沉降只发生在基底范围以内，这与工程实际情况不符，如图17.6所示。实际上，由于剪应力的存在，地基中的附加应力 σ_z 向周围扩散，使基底以外的地表发生沉降。因此，文克尔地基模型一般适用于抗剪强度很低的半液态土（如淤泥、软黏土等）地基，或基底下塑性区相对较大的情况以及厚度不超过梁或板的短边宽度之半的薄压缩层地基。

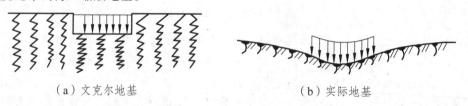

（a）文克尔地基　　　　　　　（b）实际地基

图 17.6　文克尔地基变形与实际地基变形比较

关于文克尔地基上梁的计算方法比较复杂，工作量较大，可参考有关书籍中的公式及图表进行计算，或运用计算机软件解决。

总之，弹性地基梁法考虑了基础与地基的相互作用，其计算模型可较好地模拟地基土在荷载作用下实际的应力-应变关系，相比倒梁法而言比较精确，所以得到了较好的应用；但该方法未考虑上部结构的影响，所以计算结果偏于保守。

第18章 其他形式浅基础

18.1 筏形基础

当柱子或墙传来的荷载很大，地基土较软弱，用单独基础或条形基础都不能满足地基承载力要求时，往往需要把整个房屋底面（或地下室部分）做成一片连续的钢筋混凝土板，作为建筑物的基础，称为筏形基础。筏形基础分为梁板式和平板式两种类型，其选型应根据地基土质、上部结构体系、柱距、荷载大小、使用要求以及施工条件等因素确定。框架-核心筒结构和筒中筒结构宜采用平板式筏形基础。

18.1.1 筏形基础的设计内容

包括：（1）根据地基承载力和结构柱网布置情况确定底板尺寸；（2）由抗冲切和抗剪强度验算确定底板厚度；（3）进行筏形基础的内力计算，确定配筋。

18.1.2 筏形基础的构造要求

（1）筏形基础的混凝土强度等级不应低于 C30，当有地下室时应采用防水混凝土，防水混凝土的抗渗等级应按表 18.1 选用。对重要建筑，宜采用自防水并设置架空排水层。

表 18.1 无筋扩展基础台阶宽高比的允许值

埋置深度 d/m	设计抗渗等级	埋置深度 d/m	设计抗渗等级
$d<10$	P6	$20 \leq d < 30$	P10
$10 \leq d < 20$	P8	$30 \leq d$	P12

（2）采用筏形基础的地下室，地下室钢筋混凝土外墙厚度不应小于 250 mm，内墙厚度不应小于 200 mm。墙的截面设计除满足承载力要求外，尚应考虑变形、抗裂及防渗等要求。墙体内应设置双面钢筋，钢筋不宜采用光面圆钢筋，水平钢筋的直径不应小于 12 mm，竖向钢筋的直径不应小于 10 mm，间距不应大于 200 mm。

（3）地下室底层柱、剪力墙与梁板式筏基的基础梁连接的构造应符合下列要求：

① 柱、墙的边缘至基础梁边缘的距离不应小于 50 mm。

② 当交叉基础梁的宽度小于柱截面的边长时，交叉基础梁连接处应设置八字角，柱角与八字角之间的净距不宜小于 50 mm[图 18.1（a）]。

③ 单向基础梁与柱的连接，可按图 18.1（b）、（c）采用。

④ 基础梁与剪力墙的连接，可按图 18.1（d）采用。

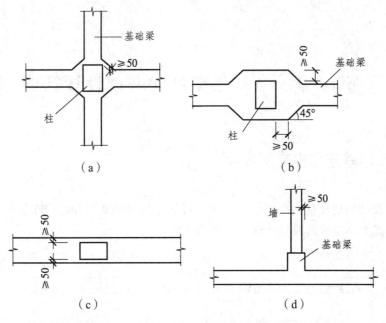

图 18.1　地下室底层柱或剪力墙与梁板式筏基的基础梁连接的构造要求

18.2　箱形基础

随着建筑物高度的增加，荷载增大，为了增加基础板的刚度，以减小不均匀沉降，高层建筑往往把地下室的底板、顶板、侧墙及一定数量的内隔墙一起构成一个整体刚度很强的单层或多层钢筋混凝土箱形结构，称为箱形基础。

箱形基础是高层建筑常用的基础型式之一，它具有以下几方面特点：

第一，箱基的整体性好、刚度大、基础整体弯曲变形小，能较好的抵抗由于局部地基不均匀或受力不均匀引起的地基不均匀沉降。第二，由于箱基埋深大，周围土体对其有嵌固作用，所以可以增加建筑物的整体稳定性，并有利于抗震。同时，大的埋深和大的底面积也可以提高地基承载力（设计值）。第三，箱基的埋深大，挖除的土方多，可通过所挖除的土重来减小或抵消上部结构传来的附加压力，成为补偿性基础，从而减少地基变形。箱基的缺点是纵横墙多，有碍地下室空间的利用。

箱基设计包括以下内容：确定埋置深度；初步确定箱基各部分尺寸；进行地基验算（包括地基承载力、地基变形、整体倾斜及地基稳定性验算）；箱基内力分析计算；箱基的构件计算；绘制箱基施工图。

第19章　多层框架结构基础设计算例

19.1　条形基础布置方案设计

某多层框架结构底层柱网布置如图所示，根据结构平面布置和柱位布置情况，给各柱进行编号，柱荷载大小相近的编号一致，亦如图所示。

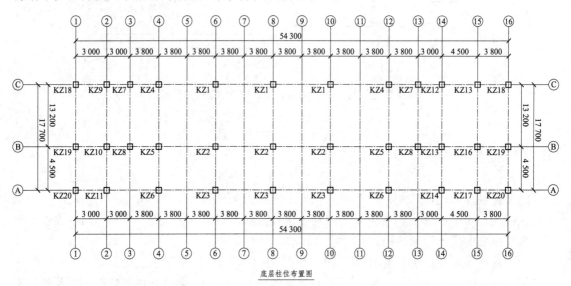

底层柱位布置图

图 19.1　底层框柱布置图

采用柱下条形基础，基础布置如图 19.2 所示。

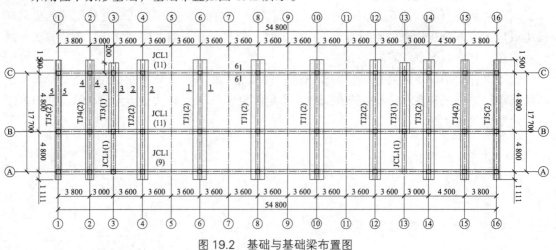

图 19.2　基础与基础梁布置图

由于前面第二篇只有一榀框架的荷载计算结果，没有完整的数据，因此采用估算法根据各柱承担的荷载面积比例估算其他柱所承受的轴力。各柱承担的荷载作用面积计算见表 19.1。

表 19.1　各柱承担荷载作用面积

轴号	柱编号	荷载作用面积/m²	轴号	柱编号	荷载作用面积/m²
A	KZ3	17.28	B	KZ13	21.94
A	KZ6	16.56	B	KZ16	24.57
A	KZ11	12.60	B	KZ19	11.41
A	KZ14	13.32	C	KZ1	24.84
A	KZ17	10.08	C	KZ4	18.63
A	KZ20	4.68	C	KZ7	11.39
B	KZ2	42.12	C	KZ9	11.90
B	KZ5	31.59	C	KZ12	12.94
B	KZ8	19.31	C	KZ15	14.49
B	KZ10	20.18	C	KZ18	6.73

已算得 KZ1、KZ2、KZ3 的柱底荷载见表 19.2。

表 19.2　KZ1、KZ2、KZ3 柱底荷载标准组合值

柱编号	轴力/kN	剪力/kN	弯矩/（kN·m）
KZ1	1 186.16	−7.62	13.11
KZ2	1 901.12	1.95	−3.33
KZ3	1 016.36	4.01	−7.62

根据表 19.1 和表 19.2 可计算出其他柱柱底荷载标准组合值，见表 19.3。

表 19.3　各柱柱底荷载的标准组合值

柱编号	轴力	柱编号	轴力
KZ3	1 016.36	KZ13	990.19
KZ6	974.01	KZ16	1 108.99
KZ11	741.10	KZ19	515.00
KZ14	783.44	KZ1	1 186.16
KZ17	592.88	KZ4	889.62
KZ20	275.26	KZ7	543.66
KZ2	1 901.12	KZ9	568.39
KZ5	1 425.84	KZ12	617.82
KZ8	871.35	KZ15	691.93
KZ10	910.98	KZ18	321.37

由表 19.3 可知，各柱柱底承受的弯矩、剪力很小，且剪力引起的弯矩与柱底弯矩符号不同，偏心距估值不足 1cm，因而忽略弯矩作用，并且考虑到楼梯间自重较大，其承重柱 KZ7、KZ8、KZ9、KZ10、KZ12、KZ13 的荷载增大，根据楼梯自重与同投影面积板重算得增大比例为：

$$K=[（3.08×150+3.82×100）/（6.9×100）+1]/2=1.16$$

因此调整后各柱底轴力标准值见表 19.4。

初选条基宽度见表 19.5 所示。

表 19.4 调整后柱底轴力标准值

柱号	KZ01	KZ02	KZ03	KZ04	KZ05	KZ06	KZ07	KZ08
轴力/kN	1 186.16	1 901.12	1 016.36	889.62	1 425.84	974.01	630.64	1 010.76
ΣF_i			4 103.64			3 289.47		1 641.4
柱号	KZ09	KZ10	KZ11	KZ12	KZ13	KZ14		
轴力/kN	659.33	1 056.73	741.10	716.67	1 148.62	783.44		
ΣF_i			2 457.16			2 648.73		
柱号	KZ15	KZ16	KZ17	KZ18	KZ19	KZ20		
轴力/kN	691.93	1 108.99	592.88	321.37	515.00	275.26		
ΣF_i			2 393.79			1 111.63		

表 19.5 基础底面尺寸及基底平均压力

基础编号	左端外伸长度/m	AB 跨长/m	BC 跨长/m	右端外伸长度/m	总长度/m	底板宽度/m	埋深/m	ΣF_i	平均基底压力/kPa
TJ1	1	4.8	6.9	1.5	14.2	1.8	1.8	4 103.64	196.55 $<f_a$
TJ2	1	4.8	6.9	1.5	14.2	1.4	1.8	3 289.47	201.47 $<f_a$
TJ3（1）	0.275		6.9	1.2	8.375	1.2	1.8	1 641.4	199.32 $<f_a$
TJ3（2）	1	4.8	6.9	1.5	14.2	1.2	1.8	2 648.73	191.44 $<f_a$
TJ4	1	4.8	6.9	1.5	14.2	1	1.8	2 457.16	209.04 $<f_a$
TJ5	1	4.8	6.9	1.5	14.2	0.8	1.8	1 111.63	133.86 $<f_a$

19.2 条形基础剖面尺寸设计

条形基础在进行剖面计算时,应采用荷载的基本组合值,可以取标准组合值的 1.35 倍,其值如表 19.6 所示。条形基础剖面由肋梁和底板两部分组成,若采用倒梁法进行内力计算,则肋梁的高度不宜小于 $l/6$,因此取基础高度为 1 200 mm;肋梁宽度应宽于柱宽,取 550 mm,两边各超出柱截面边缘 50 mm,各基础剖面尺寸如图 19.3 所示。形状参数计算如表 19.7 所示。

表 19.6　柱荷载的基本组合值

基础编号	F_A/kN	F_B/kN	F_C/kN	$\overline{p}_j$/kPa	$\overline{q}_j$/（kN/m）
TJ1	1 372.09	2 566.51	1 601.32	216.74	390.13
TJ2	1 314.92	1 924.88	1 200.99	223.38	312.73
TJ3（1）	0	1 364.53	851.37	220.49	264.59
TJ3（2）	1 057.65	1 550.64	967.5	209.85	251.82
TJ4	1 000.48	1 426.59	890.1	233.60	233.6
TJ5	371.61	695.25	433.85	132.10	105.68

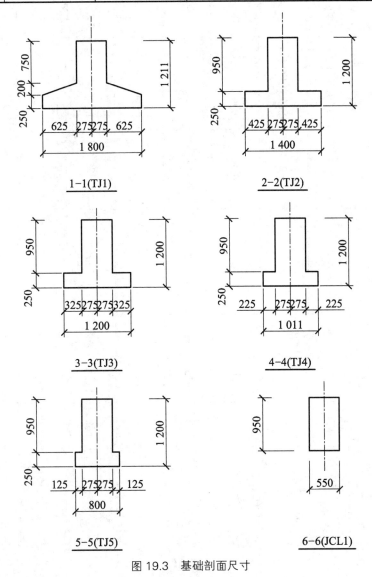

1-1(TJ1)　　2-2(TJ2)

3-3(TJ3)　　4-4(TJ4)

5-5(TJ5)　　6-6(JCL1)

图 19.3　基础剖面尺寸

表 19.7 基础剖面形状参数计算

基础编号	图示	b/m	h/m	c(分块形心)/m	分块面积/m²	分块惯性矩/m⁴	面积/m²	形心(距顶面距离)/m	惯性矩 I/m⁴
TJ1	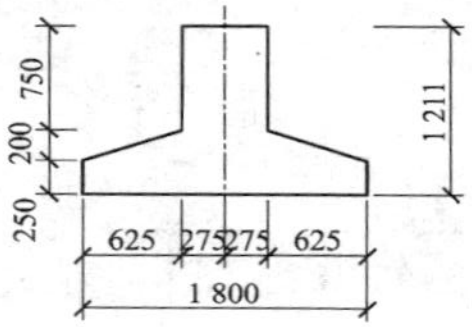	0.55	0.8	0.375	0.44	0.023 466 667	1.07	0.698 831 776	0.108 265 206
		1.8	0.35	0.925	0.63	0.006 431 25			
TJ2	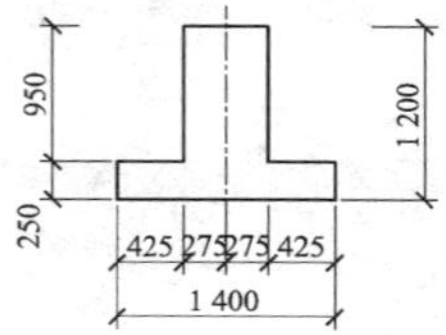	0.55	0.95	0.475	0.522 5	0.039 296 354	0.872 5	0.715 687 679	0.116 574 858
		1.4	0.25	1.075	0.35	0.001 822 917			
TJ3	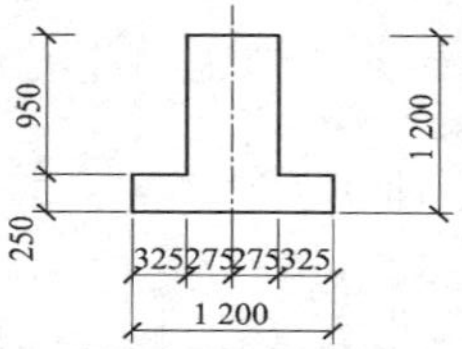	0.55	0.95	0.475	0.522 5	0.039 296 354	0.822 5	0.693 844 985	0.109 466 757
		1.2	0.25	1.075	0.3	0.001 562 5			
TJ4	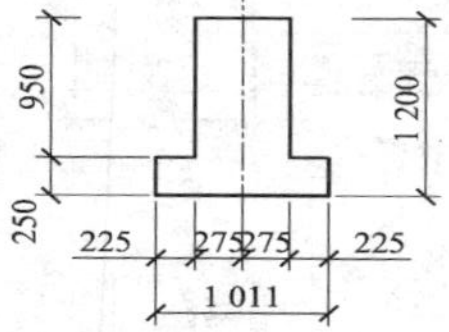	0.55	0.95	0.475	0.522 5	0.039 296 354	0.772 5	0.669 174 757	0.101 472 224
		1	0.25	1.075	0.25	0.001 302 083			
TJ5	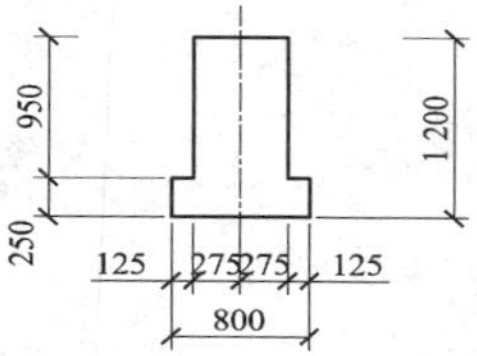	0.55	0.95	0.475	0.522 5	0.039 296 354	0.722 5	0.641 089 965	0.092 407 225
		0.8	0.25	1.075	0.2	0.001 041 667			

19.3　基础计算

1. 基础内力计算

以 TJ1 为例，下面将详细讲述采用倒梁法计算条形基础内力及配筋。

TJ1 基础混凝土采用 C30（f_c=14.3 MPa，f_t=1.43 MPa，E_c=30 MPa），纵向受力筋采用 HRB400（f_y=360 MPa），箍筋及其他构造用筋采用 HRB335（f_{yv}=300 MPa），基础埋深为 1.8 m，下设 100 mm 厚 C20 素混凝土垫层，垫层边缘超出基础底板边缘 50 mm。根据表 19.5、表 19.6 可得 TJ1 计算简图如图 19.4 所示。

图 19.4　TJ1 计算简图

倒梁法把基础梁当成以柱端为不动支座的两跨连续梁，采用弯矩分配法计算支座处弯矩如下：

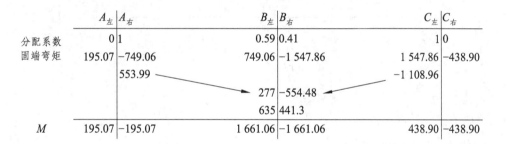

计算得各支座反力为：

$$R_A=[390.13×（1+4.8）^2/2-1\ 661.09]/4.8=1\ 021.02\ \text{kN}$$

$$R_C=[390.13×（1.5+6.9）^2/2-1\ 661.09]/6.9=1\ 754.01\ \text{kN}$$

$$R_B=390.13×14.2-R_A-R_B=2\ 764.83\ \text{kN}$$

支座反力与柱荷载不相等，在支座处存在不平衡力，其大小为：

$$\Delta R_A=F_A-R_A=1\ 372.09-1\ 021.02=351.07\ \text{kN}$$

$$\Delta R_B=F_B-R_B=2\ 566.51-2\ 764.83=-198.32\ \text{kN}$$

$$\Delta R_C=F_C-R_C=1\ 601.32-1\ 754.01=-152.73\ \text{kN}$$

把支座不平衡力均匀分布于支座两侧各 1/4 跨度范围，有：

$$\Delta q_A=351.07/（1+4.8/3）=135.02\ \text{kN/m}$$

$$\Delta q_B=-198.32/（4.8/3+6.9/3）=-50.85\ \text{kN/m}$$

$$\Delta q_C=-152.73/（6.9/3+1.5）=-40.19\ \text{kN/m}$$

把均布不平衡力 Δq 作用于连续梁上，如图所示：

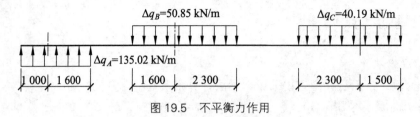

图 19.5　不平衡力作用

重新计算柱两侧固端弯矩，并按弯矩分配法计算可得：

	$A_左$	$A_右$		$B_左$	$B_右$		$C_左$	$C_右$
分配系数	0	1		0.59	0.41		1	0
固端弯矩	262.6	−921.9		683.98	−1 413.36		1 441.55	−393.7
		629.3					−1 047.85	
				329.65	−523.93			
				544.97	378.71			
M	262.58	−262.58		1 558.59	−1 558.59		393.7	−393.7

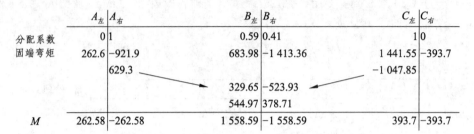

得调整后的支座反力为：

$$R_A'=1\ 333.24\ \text{kN}$$

$$R_C'=2\ 665.18\ \text{kN}$$

$$R_B'=1\ 641.49\ \text{kN}$$

支座处不平衡力为：

$$\Delta R_A'=F_A-R_A'=1\ 372.09-1\ 333.24=38.85\ \text{kN}$$

$$\Delta R_B'=F_B-R_B'=2\ 566.51-2\ 665.18=1.33\ \text{kN}$$

$$\Delta R_C'=F_C-R_C'=1\ 601.32-1\ 641.49=-40.18\ \text{kN}$$

调整后的支座反力与柱荷载差值小于柱荷载的 20%，不需要二次调整。基础梁弯矩图如下图所示。

	$A_左$	$A_右$		$B_左$	$B_右$		$C_左$	$C_右$
分配系数	0	1		0.59	0.41		1	0
固端弯矩	262.6	−921.9		683.98	−1 413.36		1 441.55	−393.7
		629.3					−1 047.85	
				329.65	−523.93			
				544.97	378.71			
M	262.58	−262.58		1 558.59	−1 558.59		393.7	−393.7

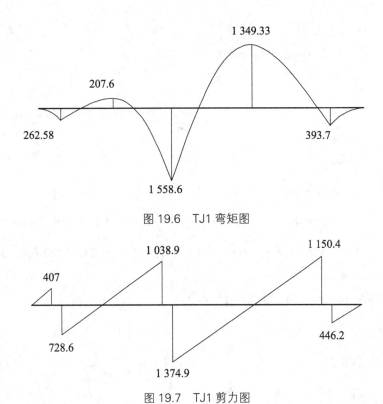

图 19.6　TJ1 弯矩图

图 19.7　TJ1 剪力图

2. 基础肋梁正截面计算

根据《建筑地基基础设计规范》要求，柱下条形基础肋梁截面在柱位处按矩形截面计算，跨中按 T 形截面设计。纵向受力钢筋直径为 10~28 mm，梁内受力钢筋的直径应尽可能相同，当采用两种不同的直径时，它们之间的差值宜大于 2 mm，但不宜超过 6 mm，间距 100~200 mm；当无垫层时，底板钢筋保护层厚度不得小于 70 mm，有垫层时，底板钢筋保护层厚度不小于 40 mm，肋梁两侧及顶部钢筋保护层厚度不小于 40 mm；顶部纵向受力钢筋应全部贯通，底部贯通钢筋面积不小于底板配筋的 1/3，且不少于 2 根；当梁腹高度大于 450 mm 时，应配置纵向构造钢筋和拉筋，每侧纵向构造钢筋的截面面积不应小于扣除翼缘厚度后的截面面积的 0.1%，间距不大于 200 mm，拉筋直径不小于箍筋直径，间距不大于箍筋间距的 3 倍，且不大于 600 mm，当有多层拉筋时，宜交错布置。

跨中处应按 T 形截面设计，基础高度为 1.2 m，基础混凝土采用 C30（f_c=14.3 MPa，f_t=1.43 MPa，E_c=30 MPa），纵向受力筋采用 HRB400（f_y=360 MPa），箍筋及其他构造用筋采用 HRB335（f_{yv}=300 MPa），基础埋深为 1.8 m，下设 100 mm 厚 C10 素混凝土垫层，垫层边缘超出基础底板边缘 50 mm。钢筋保护层厚度为 40 mm，考虑钢筋直径较粗，取 b=0.055 m，h_0=1 200−40−15=1 145 mm。

查表知 α_{sb}=0.384，ξ_b=0.550，ρ_{min}=0.215%，α_1=1，a_s'=55 mm。

$$\alpha_1 f_c b_f' h_f'\ (h_0 - h_f'/2)$$

$$=14.3 \times 1\ 800 \times 350 \times (1\ 145 - 350/2)/1\ 000\ 000 = 8\ 738.7\ \text{kN} \cdot \text{m} > 1\ 349.33\ \text{kN} \cdot \text{m}$$

$$\alpha_s = M/\ (\alpha_1 f_c b_f' h_0^2) = 1\ 349.33 \times 1\ 000\ 000/\ (14.3 \times 1\ 800 \times 1145^2) = 0.039\ 98$$

$$\xi=1-(1-2\alpha_s)^{0.5}=0.040\ 8$$

$$\rho=\xi f_c/f_y=0.040\ 8\times14.3/300=0.001\ 945<\rho_{min}$$

所以应按最小配筋率配置肋梁上侧配筋

$$A_s=\rho_{min}bh_0=0.002\ 15\times550\times1\ 145=1\ 354\ mm^2（实配4\Phi22，A_s=1\ 520\ mm^2）$$

B 柱位处配筋计算：

柱位处按双筋矩形截面计算，$A_s'=1\ 520\ mm^2$

$$x=h_0-\{h_0^2-2[M-f_y'A_s'(h_0-a_s')]/(\alpha_1f_cb)\}^{0.5}=112.35\ mm$$

$$2a_s'=2\times55=110\ mm<112.35\ mm<\xi_bh_0=0.550\times1\ 145=629.75\ mm$$

$$A_s=(f_y'A_s'+\alpha_1f_cbx)/f_y=3\ 974.6\ mm^2（实配4\Phi28\&4\Phi22，A_s=3\ 984\ mm^2）$$

A 柱位处配筋计算：

柱位处按双筋矩形截面计算，$A_s'=1\ 520\ mm^2$

$$x=h_0-\{h_0^2-2[M-f_y'A_s'(h_0-a_s')]/(\alpha_1f_cb)\}^{0.5}=-36.4\ mm$$

$$x<2a_s'\&x<\xi_bh_0$$

$$A_s=M/[f_y(h_0-a_s')]=669.15\ mm^2$$

（按最小配筋率配筋，实配4Φ22，$A_s=1\ 520\ mm^2$）

同样，C 柱实配4Φ22，$A_s=1\ 520\ mm^2$。

肋梁斜截面计算：

肋梁箍筋采用四肢箍，直径 10 mm，不配弯起筋。

B 柱右侧截面剪力值最大，为：

$$V=1\ 374.9\ kN>0.7f_tbh_0=630.4\ kN$$

$$A_{sv}/s=(V-0.7f_tbh_0)/(1.25f_{yv}h_0)=1.734\ mm^2/mm$$

实配四肢箍 Φ10@120（$A_{sv}/s=2.62\ mm^2/mm$）

$$\rho_{sv}=A_{sv}/bs=0.004\ 76>\rho_{sv,min}=0.24f_t/f_{yv}=0.24\times1.43/300=0.001\ 144$$

其他截面及 B 柱两侧截面配筋情况如表 19.8。

表 19.8　TJ1 配箍表

截面位置	A 柱左	A 柱右	B 柱左	B 柱右	C 柱左	C 柱右
配筋	Φ10@300	Φ10@300	Φ10@200	Φ10@120	Φ10@160	Φ10@300

底板横向配筋：

A 柱底板地基净反力最大，为：

$$p_j=(390.13+135.02)/1.8=291.75（kN/m）/m$$

计算简图如下：

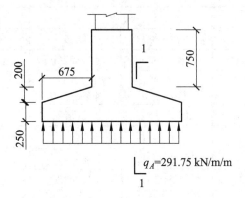

图 19.8　基础剖面计算简图

$$M_I=ql_1^2/2=291.75\times0.675^2/2=66.5 \text{ kN}\cdot\text{m/m}$$

$$A_s= M/[0.9f_y（h_0-25）]=66.5\times1\,000\,000/[0.9\times300\times（1\,145-25）]=219.9 \text{ mm}^2/\text{m}$$

$$A_s/（450-55）/1\,000=0.000\,557<\rho_{\min}$$

应按最小配筋率配筋:

$$A_s=\rho_{\min}b_1h_{10}=0.002\,15\times1\,000\times（450-55）=849.3 \text{ mm}^2/\text{m}$$

实配 $\Phi12@125$（8 根/m），$A_s=904 \text{ mm}^2/\text{m}$。

基础剖面及配筋图详见施工图。

其他基础计算结果及配筋见表19.9。

基础连系梁位于首层墙体下方，按最小配筋率进行配筋，纵向配筋 $4\Phi22$，纵向构造筋 $\Phi12@200$，四肢箍 $\Phi10@500$。

表 19.9　各基础内力值表

项目		TJ1	TJ2	TJ3（1）	TJ3（2）	TJ4	TJ5
$M/$（kN·m）	A 柱	262.6	251.8		202.6	191.6	71.1
	B 柱	1 558.6	1 182.0	9.0	952.1	877.2	422.2
	C 柱	393.7	291.1	172.2	234.5	215.4	106.7
	AB 跨中	−207.6	−176.1		−141.7	−132.4	−56.2
	BC 跨中	−1 349.3	−1 129.5	−1 332.8	−909.2	−847.8	−365.5
V/kN	A 柱左	407.0	390.3		314.0	297.0	110.2
	A 柱右	−728.8	−697.9		−561.4	−531.0	−197.4
	B 柱左	1 038.9	759.0		611.5	560.7	281.5
	B 柱右	−1374.9	−1 058.8	−891.2	−852.8	−787.2	−372.4
	C 柱左	1 150.4	959.7	289.8	772.5	720.0	311.6
	C 柱右	−446.2	−329.9	−233.2	−265.8	−244.1	−120.9

表 19.10　各基础配筋表

TJ1	A	B	C	AB 跨	BC 跨
纵向钢筋	4Φ22	4Φ28+4Φ22	4Φ22	4Φ22	4Φ22
纵向构造筋	Φ12@200	Φ12@200	Φ12@200	Φ12@200	Φ12@200
箍筋（四肢）	Φ10@500；Φ10@300	Φ10@200；Φ10@120	Φ10@160；Φ10@500	Φ10@500	Φ10@300
底板配筋	Φ12@125	Φ12@125	Φ12@125	Φ12@125	Φ12@125
TJ2	A	B	C	AB 跨	BC 跨
纵向钢筋	4Φ22	3Φ28+3Φ22	4Φ22	4Φ22	4Φ22
纵向构造筋	Φ12@200	Φ12@200	Φ12@200	Φ12@200	Φ12@200
箍筋（四肢）	Φ10@500；Φ10@300	Φ10@300；Φ10@200	Φ10@200；Φ10@500	Φ10@500	Φ10@400
底板配筋	Φ12@125	Φ12@125	Φ12@125	Φ12@125	Φ12@125
TJ3(1)		B	C	AB 跨	BC 跨
纵向钢筋		4Φ22	4Φ22		4Φ25
纵向构造筋		Φ12@200	Φ12@200		Φ12@200
箍筋（四肢）		Φ10@300	Φ10@500；Φ10@500		Φ10@500
底板配筋		Φ12@125	Φ12@125		Φ12@125
TJ3（2）	A	B	C	AB 跨	BC 跨
纵向钢筋	4Φ22	4Φ22+2Φ25	4Φ22	4Φ22	4Φ22
纵向构造筋	Φ12@200	Φ12@200	Φ12@200	Φ12@200	Φ12@200
箍筋（四肢）	Φ10@500；Φ10@500	Φ10@500；Φ10@300	Φ10@300；Φ10@500	Φ10@500	Φ10@500
底板配筋	Φ12@125	Φ12@125	Φ12@125	Φ12@125	Φ12@125
TJ4	A	B	C	AB 跨	BC 跨
纵向钢筋	4Φ22	4Φ22+2Φ25	4Φ22	4Φ22	4Φ22
纵向构造筋	Φ12@200	Φ12@200	Φ12@200	Φ12@200	Φ12@200
箍筋（四肢）	Φ10@500；Φ10@500	Φ10@500；Φ10@300	Φ10@300；Φ10@500	Φ10@500	Φ10@500
底板配筋	Φ12@125	Φ12@125	Φ12@125	Φ12@125	Φ12@125
TJ5	A	B	C	AB 跨	BC 跨
纵向钢筋	4Φ22	4Φ22	4Φ22	4Φ22	4Φ22
纵向构造筋	Φ12@200	Φ12@200	Φ12@200	Φ12@200	Φ12@200
箍筋（四肢）	Φ10@500；Φ0@500	Φ10@500；Φ10@500	Φ10@500；Φ10@500	Φ10@500	Φ10@500
底板配筋	Φ12@125	Φ12@125	Φ12@125	Φ12@125	Φ12@125

19.4　基础施工图

各条形基础施工配筋图如图 19.9～19.15 所示。

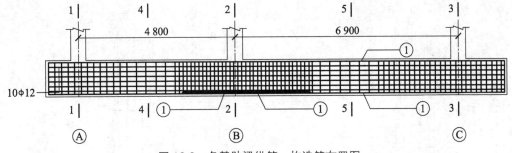

图 19.9 条基肋梁纵筋、构造筋布置图

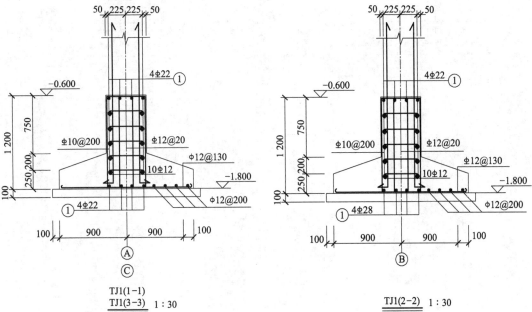

TJ1(1-1)
TJ1(3-3) 1:30

TJ1(2-2) 1:30

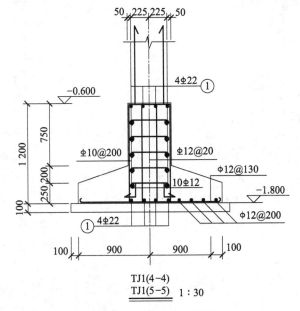

TJ1(4-4)
TJ1(5-5) 1:30

图 19.10 TJ1 施工详图

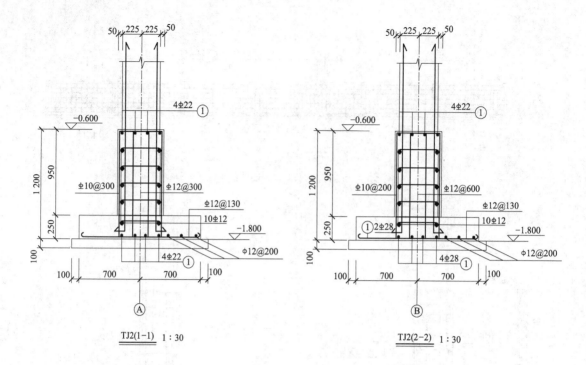

TJ2(1-1) 1:30

TJ2(2-2) 1:30

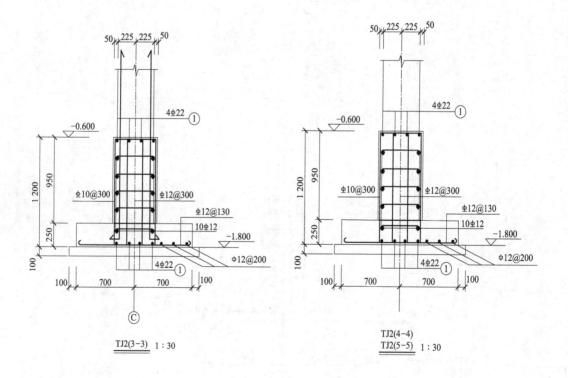

TJ2(3-3) 1:30

TJ2(4-4)
TJ2(5-5) 1:30

图 19.11 TJ2 施工详图

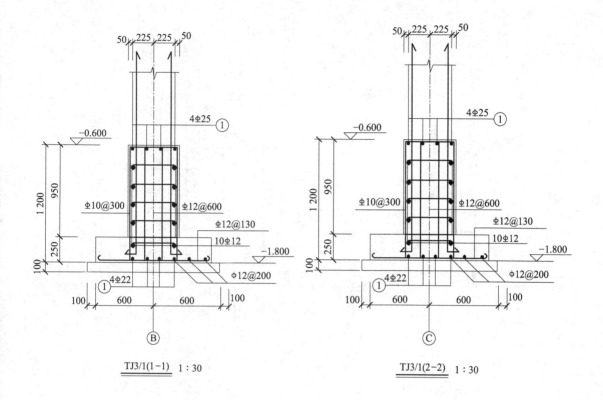

TJ3/1(1-1)   1 : 30

TJ3/1(2-2)   1 : 30

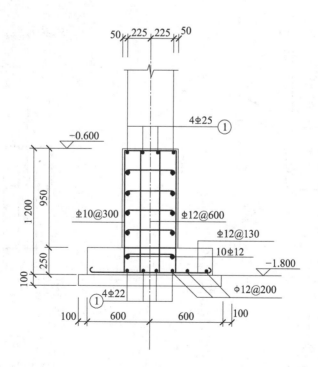

TJ3/1(3-3)   1 : 30

图 19.12   TJ3/1 施工详图

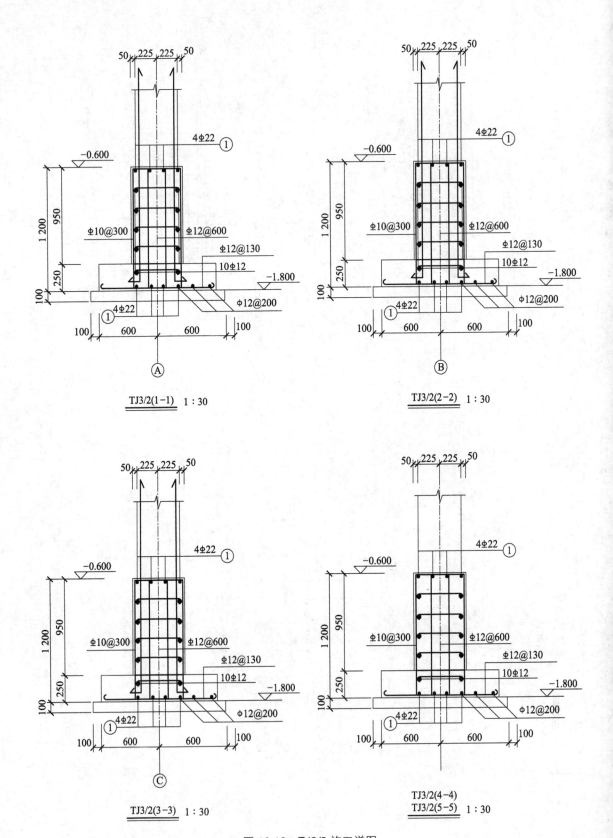

图 19.13 TJ3/2 施工详图

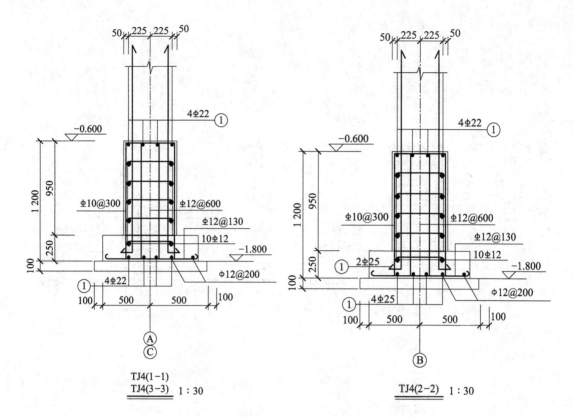

TJ4(1−1)
TJ4(3−3) 1 : 30

TJ4(2−2) 1 : 30

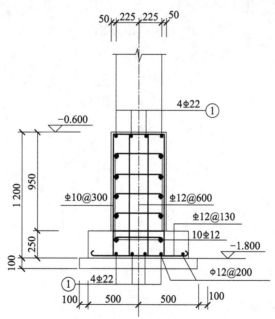

TJ4(4−4)
TJ4(5−5) 1 : 30

图 19.14 TJ4 施工详图

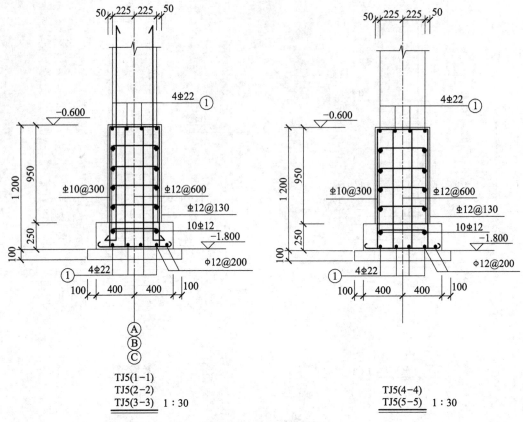

图 19.15 TJ5 施工详图

第20章　注册结构工程师考试地基基础模拟试题

全国注册岩土工程师考试是从 2002 年正式开始举行的,实行注册岩土工程师考试与注册制度为岩土工程咨询业的发展提供了条件,是我国岩土工程体制发展的重大契机。同时,实行注册岩土工程师制度也是加入 WTO 后与国际市场接轨、建立起完整的市场准入制度的需要。按照执业制度规定,注册岩土工程师有权以注册岩土工程师的名义从事规定的专业活动。在岩土工程勘察、设计、咨询及相关专业工作中形成的主要技术文件,应当由注册岩土工程师签字盖章后生效。

本书是基于土木工程专业"双证通融"培养模式改革项目而编写的特色教材,正是为了适应国家注册土木(岩土)及结构工程师考试而编写的,使得培养的学生毕业后即具备足够的职业资格注册考试方面的训练,掌握足够的实用知识,从而在工作一线岗位上能很快发挥作用,受到欢迎。据分析,这类考试的特点是在注重岩土工程基本概念和规范的理解的同时,强调加强对工程实际问题的分析理解能力,考试试题的侧重点在一定程度上反映了工程实际对工程技术人员素质的要求。因此,基于以上原因,我们在培养土木工程本科生的教学工作中也应该做相应的调整,尤其是增加工程实践与训练的环节,让学生提前了解国家注册岩土工程师考试的有关要求,所以我们决定在本书的编写中尽量结合最新的有关规范,编写过程注重实用性,并精选部分历年注册岩土工程师考试的真题附在本章,且对这些题目进行详细解析,以供学生和读者参考。

【例 20.1】某高层住宅,地基基础设计等级为乙级,基础地面处相应于荷载效应标准组合时的平均压力值,为 390 kPa,地基土层分布,土层厚度及相关参数如图所示,采用水泥粉煤灰碎石桩(CFG)桩,复合地基,桩径为 400 mm。

1. 实验得到 CFG 单桩竖向极限承载力为 1500 kN,试问:单桩竖向承载力特征值 R_a(kN)取何值?

（A）700　　　　　（B）750　　　　　（C）898　　　　　（D）926

【答案】（B）

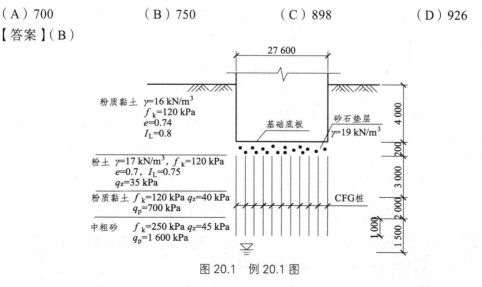

图 20.1　例 20.1 图

【解】由《建筑地基基础设计规范》（GB50007—2011）

$$R_a = 0.5Q = 0.5 \times 1\,500 = 750 \text{ kN}$$

2. 假定有效桩长为 6 m，按《建筑地基处理技术规范》JGJ79—2002 确定的单桩承载力特征值，与下列何数值接近？

（A）430　　　　　（B）490　　　　　（C）550　　　　　（D）580

【答案】（B）

【解】由《建筑地基处理技术规范》（JGJ79—2002，J220—2002）式（9.2.6）

$$R_a = u\sum_{i=1}^{n} q_{si}l_i + q_p A_p = 0.4 \times 3.14 \times (35 \times 3 + 40 \times 2 + 45 \times 1) + \frac{3.14}{4} \times 0.4^2 \times 1600$$

$$= 490 \text{ kN}$$

3. 试问，满足承载力要求特征值 f_{spk}（kPa），其实测结果最小值应接近于以下何数值？

（A）248　　　　　（B）300　　　　　（C）430　　　　　（D）335

【答案】（B）

【解】由《建筑地基基础设计规范》（GB50007—2011），并查表 5.2.4，e=0.7<0.85，且

$$I_L=0.75<0.85, \quad \eta_d=1.6, \quad f_{sp}=f_{spk}+\eta_d\gamma_m(d-0.5)$$

由式（5.2.1-1），$p_k \leqslant f_{sp}$

即　　　　　　　　$390 \leqslant f_{spk}+1.6 \times 16(4-0.5)$

得　　　　　　　　$f_{spk} \geqslant 300 \text{ kPa}$

4. 假定 R_a=450 kN，f_{spk}=248 kPa，桩间土承载力折减系数 β=0.8，试问：适合于本工程的 CFG 桩面积置换率 m，与下列何值接近？

（A）4.36%　　　　（B）8.44%　　　　（C）5.82%　　　　（D）3.8%

【答案】（A）

【解】由《建筑地基处理技术规范》（JGJ79—2002，J220—2002）式（9.2.5）

$$f_{spk}=mR_a/A_p+\beta(1-m)f_{sk}$$

f_{spk}=248 kPa，R_a=450 kPa，A_p=3.14×0.2×0.2=0.125 7 m^2

f_{sk} 取天然地基承载力，$f_{sk}=f_k$=120 kPa

$$248=450/0.125\,7+0.8(1-m) \times 120$$

解得　　　　　　　m=4.36%

5. 假定 R_a=450 kN，试问：桩体强度 F_{CU} 应选用何数值最合理？

（A）10　　　　　（B）11　　　　　（C）12　　　　　（D）13

【答案】（B）

【解】由《建筑地基处理技术规范》（JGJ79—2002，J220—2002）式（9.2.7）

$$f_{cu} \geqslant 3R_a/A_p=3 \times 450/0.125\,7=10.74 \text{ kPa}$$

6. 假定 CFG 桩面积置换率 m=5%，如图所示，桩孔按等边三角形均匀布于基底范围，试问：CFG 桩的间距 S（m），与下列何项数值最为接近？

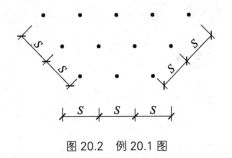

图 20.2　例 20.1 图

（A）1.5　　　　　　（B）1.7　　　　　　（C）1.9　　　　　　（D）2.1

【答案】（B）

【解】　由《建筑地基处理技术规范》（JGJ79—2002，J220—2002）式（7.2.8-2）

$$m=d^2/d_e^2,\ 等边三角形布置,\ d_e=1.05s$$

$$s=d_e/1.05=d/(1.05\times m^{0.5})=0.4/(1.05\times0.05^{0.5})=1.70\ \text{m}$$

【例 20.2】某门式刚架单层厂房基础，采用钢筋混凝土独立基础，如图所示，混凝土短桩截面 500 mm×500 mm，与水平作用方向垂直的基础底边长 $L=1.6$ m，相应于荷载效应标准组合时，作用于混凝土短桩柱顶面上的竖向荷载为 F_k，水平荷载为 H_k，基础采用混凝土等级为 C25，基础底面以上土与基础的加权平均重度为 20 kN/m³，其他参数见图。

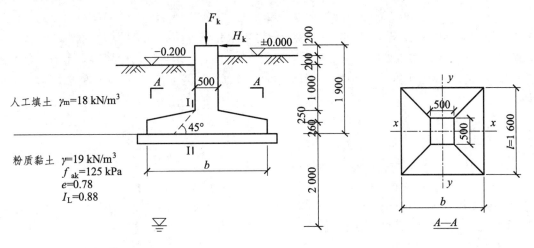

图 20.3　例 20.2 图

1. 试问，基础底面处修正后的地基承载力特征值 f_a（kPa），与以下何数值最为接近？

（A）125　　　　　　（B）143　　　　　　（C）154　　　　　　（D）165

【答案】（B）

【解】由《建筑地基基础设计规范》（GB50007—2011）式（5.2.4），并查表 5.2.4，$e=0.78<0.85$，但 $I_L=0.88>0.85$，$\eta_b=0$，$\eta_d=1.0$。

$$f_a=f_{ak}+\eta_b\gamma(b-3)+\eta_d\gamma_m(d-0.5)=125+0+1\times18\times(1.6-0.5)=144.8\ \text{kPa}$$

2. 假定修正后的地基承载力特征值为 145 kPa，$F_k=200$ kN，$H_k=70$ kN，在此条件下满足承载力要求的基础底面边长 $B=2.4$ m，试问：基础底面边缘处的最大压力标准值 p_{kmax}（kPa），与下列何项数值最为接近？

（A）140　　　　（B）150　　　　（C）160　　　　（D）170

【答案】（A）

【解】由《建筑地基基础设计规范》（GB50007—2011）5.2.2 条

$$M_k=H_k d=70×1.9=133 \text{ kN·m}$$

$$F_k+G_k=200+20×1.6×2.4×1.6=322.88 \text{ kN}$$

$$e=M_k/（F_k+G_k）=133/322.88=0.41 \text{ m}>b/6=2.4/6=0.4 \text{ m}$$

$$a=b/2-e=2.4/2-0.41=0.79 \text{ m}$$

由式（5.2.2-4）

$$p_{kmax}=2（F_k+G_k）/3la=2×322.88/（3×1.6×0.79）=170.7 \text{ kPa}$$

3. 假设 $B=2.4$ m，基础冲切破坏锥体的有效高度 $H_0=450$ mm，试问，冲切面（图中虚线处）的冲切承载力（kN），与下列何项数值最接近？

（A）380　　　　（B）400　　　　（C）420　　　　（D）450

【答案】（A）

【解】由《建筑地基基础设计规范》（GB50007—2011）式（8.2.7-1）

$$F_u=0.7\beta_{hp}f_t\alpha_m h_0=0.7×1.0×1.27×（500+450）×450=380.05 \text{ kN}$$

4. 假设基础底面边长 $B=2.2$ m，若按承载力极限状态下荷载效应的基本组合（永久荷载控制）时，基础底面边缘处的最大基础反力值为 260 kPa，已求得冲切验算时取用的部分基础底面积 $A_l=0.609$ m^2，试问：图中冲切面承受的冲切力设计值（kN），与下列何项数值最为接近？

（A）60　　　　（B）100　　　　（C）130　　　　（D）160

【答案】（C）

【解】由《建筑地基基础设计规范》（GB50007—2011）8.2.7-3

$$F_l=p_j A_l=（p_{max}-1.35\gamma_G d）A_l=（260-1.35×20×1.6）×0.609=132 \text{ kN}$$

5. 假设 $F_k=200$ kN，$H_k=50$ kN，基底面边长 $B=2.2$ m，已求出基底面积 $A=3.52$ m^2，基底面的抵抗矩 $W_y=1.29$ m^3，试问基底面边缘处的最大压力标准值 p_{kmax}（kPa），与下列何项数值最为接近？

（A）130　　　　（B）150　　　　（C）160　　　　（D）180

【答案】（C）

【解】由《建筑地基基础设计规范》（GB50007—2011）5.2.2 条

$$M_k=H_k d=50×1.9=95 \text{ kN·m}$$

$$F_k+G_k=200+20×3.52×1.6=312.64 \text{ kN}$$

$$e=M_k/（F_k+G_k）=95/312.64=0.303 \text{ m}<b/6=2.2/6=0.37 \text{ m}$$

由式（5.2.2-2）

$$p_{kmax}=（F_k+G_k）/A+M_k/W=（312.64）/3.52+95/1.29=162 \text{ kPa}$$

6. 假设基底边缘最小地基反力设计值为 20.5 kPa，最大地基反力设计值为 219.3 kPa，基底边长 B=2.2 m，试问：基础 I—I 剖面处的弯矩设计值（kN·m）？

（A）45　　　　　　　　　　（B）55

（C）65　　　　　　　　　　（D）75

【答案】（C）

【解】　由《建筑地基基础设计规范》（GB50007—2011）式（8.2.7-4）

$$p_I=20.5+（219.3-20.5）×1.35/2.2=142.5 \text{ kPa}$$

$$M_I=\frac{1}{12}a_1^2[(2l+a')(p_{max}+p_I-\frac{2G}{A})+(p_{max}-p_I)l]$$

$$=（1.1-0.25）^2×[（2×1.6+0.5）（219.3+142.5-2×1.35×20×1.6）+$$

$$（219.3-142.5）×1.6]/12$$

$$=68.7 \text{ kN·m}$$

【例 20.3】某高层住宅，采用筏板基础，筏板尺寸为 12 m×50 m；其地基基础设计等级为乙级。基础底面处相应于荷载效应标准组合时的平均压应力为 325 kPa，地基土层分布如图 20.4 所示。

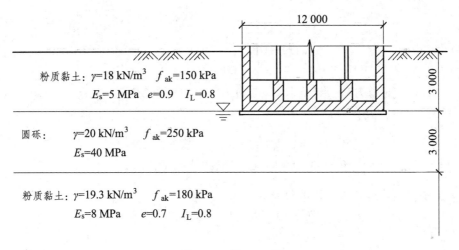

图 20.4　例 20.3 图

1. 试问：相应于荷载效应标准组合时基础底面处的附加压力值（kPa），与下列何项数值最为接近？

（A）379　　　　　　　　　　（B）325

（C）295　　　　　　　　　　（D）271

【答案】（D）

【解】　由《建筑地基基础设计规范》（GB50007—2002）式

$$p_0=p-\gamma_0 d=325-18×3=271 \text{ kPa}$$

2. 试问：基础底面处土的修正后的天然地基承载力特征值（kPa），与下列何项数值最为接近？

（A）538　　　　　　　　　　（B）448

（C）340 　　　　　　　　（D）250

【答案】（A）

【解】由《建筑地基基础设计规范》（GB50007—2011）式（5.2.4），并查表5.2.4，圆砾，η_b=3，η_d=4.4。

$$f_a=f_{ak}+\eta_b\gamma（b-3）+\eta_d\gamma_m（d-0.5）$$
$$=250+3\times（20-10）\times（6-3）+4.4\times18\times（3-0.5）$$
$$=538\ kPa$$

3. 按《建筑地基基础设计规范》GB50007—2002的规定，计算地基持力层范围内的软弱下卧层顶面处的附加压力时，试问，所需的地基压力扩散角 θ 值与下列何项数值最为接近？

（A）6° 　　　　　　　　（B）10°

（C）20° 　　　　　　　　（D）23°

【答案】（B）

【解】 由《建筑地基基础设计规范》（GB50007—2002），z/b=0.25，E_{s1}/E_{s2}=5，查表得地基压力扩散角为10°。

4. 试问：软弱下卧层土在其顶面处修正后的天然地基承载力特征值（kPa），与下列何项数值最为接近？

（A）190 　　　　　　　　（B）200

（C）230 　　　　　　　　（D）310

【答案】（D）

【解】由《建筑地基基础设计规范》（GB50007—2011）式（5.2.4），并查表5.2.4，e=0.7<0.85，I_L=0.8<0.85，η_b=0.3，η_d=1.6。

$$f_a=f_{ak}+\eta_b\gamma（b-3）+\eta_d\gamma_m（d-0.5）=180+0.3\times（19.3-10）\times3+$$
$$1.6\times（18\times3+10\times3）/6\times（6-0.5）=311.57\ kPa$$

5. 假定试验测得地基压力扩散角 θ=8°，试问，软弱下卧层顶面处，相应于荷载效应标准组合时的附加压力值（σ_{kh}），与下列何项数值最为接近？

（A）250 　　　　　（B）280 　　　　　（C）310 　　　　　（D）540

【答案】（A）

【解】 由《建筑地基基础设计规范》（GB50007—2011）

$$\sigma_{kh}=p_0b_l/（b+2z\times\tan\theta）/（l+2z\times\tan\theta）$$
$$=271\times12\times50/（12+2\times3\times\tan8）/（50+2\times3\times\tan8）$$
$$=249\ kPa$$

【例20.4】某高层住宅，采用筏板基础，地基基础设计等级为乙级。基础底面处由静荷载产生的平均压力为 380 kPa，由活荷载产生的平均压力为 65 kPa；活荷载准永久值系数为 ψ_q=0.4。地基土层分布如图 20.5（Z1）所示。地基处理采用水泥粉煤灰碎石（CFG）桩，桩径 400 mm，在基底平面（24 m×28.8 m）范围内呈等边三角形满堂均匀布置，桩距 1.7 m，详见图 20.5。

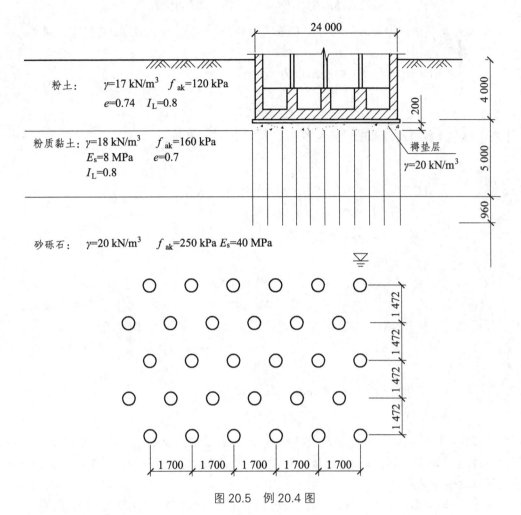

图 20.5 例 20.4 图

1. 假定试验测得 CFG 桩单桩竖向承载力特征值为 800 kN，粉质黏土层桩间土的承载力折减系数为 $\beta=0.85$，试问，初步设计估算时，粉质黏土层复合地基承载力特征值 f_{spk}（kPa），与下列何项数值最为接近？

（A）400　　　　　　　（B）450　　　　　　　（C）500　　　　　　　（D）550

【答案】（B）

【解】　根据《建筑地基处理技术规范》公式（9.2.5）及第 7.2.8 条进行计算：

等边三角形布置，$d_e=1.05s$，$m=d^2/d_e^2=0.4^2/（1.05×1.7）^2=5.02\%$

$$f_{spk}=mR_a/A_p+\beta（1-m）$$

$$f_{sk}=5.02\%×800/（3.14×0.4^2/4）+0.85×（1-5.02\%）×160=448.9 \text{ kPa}$$

2. 条件同题 18，试问，桩体试块抗压强度平均值 f_{cu}（kPa），其最小值应最接近于下列何项数值？

（A）22 033　　　　　（B）19 099　　　　　（C）12 730　　　　　（D）6 400

【答案】（B）

【解】　根据《建筑地基处理技术规范》公式（9.2.7）

$$f_{cu}=3R_a/A_p=3\times800/\left(3.14\times0.4^2/4\right)=19\ 108\ \text{kPa}$$

3. 试问：满足承载力要求的复合地基承载力特征值入 f_{spk}（kPa）的实测值，最小不应小于下列何项数值？

提示：计算时可忽略混凝土垫层的重力。

（A）332 　　　　　（B）348 　　　　　（C）386 　　　　　（D）445

【答案】（A）

【解】根据《建筑地基基础设计规范》第5.2.4条进行计算：

$$\eta_b=0.3，\eta_d=1.6$$

$$f_a=\left(380+65+0.2\times20\right)\text{kPa}=449\ \text{kPa}$$

$$f_{spk}+\eta_b\gamma\left(6-3\right)+\eta_d\gamma_m\left(d-0.5\right)$$

$$=f_{spk}+0.3\times18\times3+1.6\times17\times\left(4.2-0.5\right)\text{kPa}$$

$$=f_{spk}+116.84\ \text{kPa}$$

所以　　　　　$f_{spk}=\left(449-116.84\right)\text{kPa}=332.16\ \text{kPa}$

4. 假定现场测得粉质黏土层复合地基承载力特征值为 500 kPa，试问，在进行地基变形计算时，粉质黏土层复合地基土层的压缩模量 E_s（MPa），应取下列何项数值？

（A）25 　　　　　（B）40 　　　　　（C）16 　　　　　（D）8

【答案】（A）

【解】　根据《建筑地基处理技术规范》第9.2.8条

$$E_s=E_{s0}\times\left(f_{spk}/f_{sk}\right)=8\times500/160=25\ \text{MPa}$$

5. 假定：粉质黏土层复合地基 $E_{s1}=25$ MPa，砂砾石层复合地基 $E_{s2}=125$ MPa，$\bar{\alpha}_2=0.246\ 2$，沉降计算经验系数 $\psi_s=0.2$，试问，在筏板基础平面中心点处，复合地基土层的变形计算值（mm），与下列何项数值最为接近？

提示：① 矩形面积上均布荷载作用下角点的平均附加应力系数 $(\bar{\alpha})$ 表。（作表）

② 计算复合地基变形时，可近似地忽略混凝土垫层、褥垫层的变形和重量。

（A）4.01 　　　　　（B）4.05 　　　　　（C）16.05 　　　　　（D）16.18

【答案】（C）

【解】　根据《建筑地基基础设计规范》第5.3.5条及公式（5.3.5），将筏板分成四块矩形，用角点法进行计算。

$$l=14.4\ \text{m}，b=12\ \text{m}，l/b=1.2，z_1=4.8\ \text{m}，z_{1/b}=0.4，\alpha_1=0.247\ 9$$

$$s=4\Psi_sp_0[(z_1\alpha_1-z_0\alpha_0)/E_{s1}+(z_2\bar{\alpha}_2-z_1\alpha_1)/E_{s2}]$$

$$=4\times0.2\times(380+65\times0.4)\times[(4.8\times0.2479-0\times0.25)/25+$$

$$(5.76\times0.2462-4.8\times0.2479)/125]$$

$$=16.05\ \text{mm}$$

6. 假定该高层住宅的结构体型简单，高度为 67.5 m，试问，按《建筑地基基础设计规范》GB50007—2002 的规定，该建筑的变形允许值，应为下列何项数值？

（A）平均沉降：200 mm；整体倾斜：0.002 5

（B）平均沉降：200 mm；整体倾斜：0.003

（C）平均沉降：135 mm；整体倾斜：0.002 5

（D）平均沉降：135 mm；整体倾斜：0.003

【答案】（A）

【解】 按《建筑地基基础设计规范》表 5.3.4，整体倾斜允许值为 0.002 5，平均沉降允许值为 200 mm。

【例 20.5】某新建房屋采用框架结构，根据地勘资料，其基底自然土层的有关物理指标为：含水量 w=22%，液限 w_L=30%，塑限 w_p=17%，压缩系数 α_{1-2}=0.18 MPa^{-1}。

1. 试问：该基底自然土层土的分类应为下列何项所示？

（A）粉土　　　　　　　　（B）粉砂

（C）黏土　　　　　　　　（D）粉质黏土

【答案】（D）

【解】根据塑性指数的定义及《建筑地基基础设计规范》第 4.1.9 条

$$I_p=w_L-w_p=30-17=13 \text{ 为黏土，} 10<I_p<17 \text{ 为粉质黏土}$$

2. 试问：该基底自然土层土的状态与下列哪一项最为接近？

（A）坚硬　　　　　　　　（B）硬塑

（C）可塑　　　　　　　　（D）软塑

【答案】（C）

【解】根据液限的定义及《建筑地基基础设计规范》第 4.1.10 条

$$I_L=(W_L-W_P)/(W-W_P)=5/13=0.385$$

$$0.25<I_L<0.75，为可塑$$

3. 关于该基底自然土层土的压缩性评价，下列何项最为合理？

（A）低压缩性　　　　　　（B）中压缩性

（C）高压缩性　　　　　　（D）难以确定

【答案】（B）

【解】 根据《建筑地基基础设计规范》第 4.2.5 条，

$$0.1 \text{ MPa}^{-1}<\alpha_{1-2}=0.18 \text{ MPa}^{-1}<0.5 \text{ MPa}^{-1} \text{ 为中压缩性土}$$

4.由于承载力不足，拟对该地基土进行换填垫层法处理。假定由击实试验确定的压实填土的最大干密度 $\rho_{d\,max}$=1.7 t/m^3。试问，根据《建筑地基基础设计规范》GB50007—2002 的规定，在地基主要受力层范围内，压实填土的控制干密度 ρ_d=（t/m^3），其最小值不应小于下列何项数值？

（A）1.70　　　　　　　　（B）1.65

（C）1.60　　　　　　　　（D）1.55

【答案】（B）

【解】 根据《建筑地基基础设计规范》第 6.3.4 条

$$\lambda_c=0.97，\rho_d=0.97\times1.7 \text{ t/m}^3=1.65 \text{ t/m}^3$$

【例 20.6】试问复合地基的承载力特征值应按下述何种方法确定？

（A）桩间土的荷载试验结果

（B）增强体的荷载试验结果

（C）复合地基的荷载试验结果

（D）本场的工程地质勘察报告

【答案】（C）

【解】根据《建筑地基处理技术规范》3.0.8 条及附录 A

【例 20.7】对直径为 1.65 m 的单柱单桩嵌岩桩，当检验桩底有无空洞、破碎带、软弱夹层等不良地质现象时，应在柱底下的下述何种深度（m）范围进行？

（A）3　　　　　　　　（B）5

（C）8　　　　　　　　（D）9

【答案】（B）

【解】根据《建筑地基基础设计规范》8.5.6 条第 6 款：

$3d$=3×1.65=4.95 m，并且≥5 m，故取 5 m，应选 B 项

【例 20.8】预制钢筋混凝土单肢柱及杯口基础，如图 20.6 所示，柱截面尺寸为 400 mm×600 mm。试问：柱的插入深度 h_1（mm）、基础杯底的最小厚度 a_1（mm）和杯壁的最小厚度 t（mm），与下列何项数值最为接近？

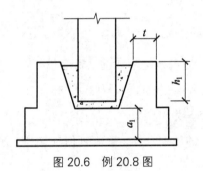

图 20.6　例 20.8 图

（A）h_1: 500；a_1: 150；t: 150　　　　（B）h_1: 500；a_1: 150；t: 200

（C）h_1: 600；a_1: 200；t: 150　　　　（D）h_1: 600；a_1: 200；t: 200

【答案】（D）

【解】根据《建筑地基基础设计规范》第 8.2.5 条。

【例 20.9】已知填土厚度 2.3 m，地面标高为 3.5 m，基础底面标高为 2.0 m，地下水位在地面下 1.5 m 处。作用于条形基础底面单位宽度的竖向力为 400 kN，力矩为 70 kN·m，基础自重和基底以上土自重的平均重度为 20 kN/m³，软弱下卧层顶面标高 1.3 m，软弱层上覆土与填土性质相同。各土层设计参数如表：

表 20-1

土　层	重度/（kN/m³）	承载力特征值/kPa	黏聚力/kPa	内摩擦角	压缩模量/MPa
填　土	18	135	15	14°	6
软弱下卧层	17	105	10	10°	2

试计算基础底面宽度。

【解】 设基础底面宽度 b 小于 3 m，取 b=3，基础埋深 d 自填土地面标高算起，d=3.5-2.0=1.5 m。

对回填土，按表 15.3，可查得承载力修正系数 $\eta_b = 0$、$\eta_d = 1.0$，γ_m=18 kN/m^3。

代入数据得到持力层承载力：

$$f_a = f_{ak} + \eta_b \gamma (b-3) + \eta_d \gamma_m (d-0.5) = 135 + 1 \times 18 \times (1.5-0.5) = 153 \text{ kPa}$$

对条形基础：

$$p_k = \frac{(F_k + G_k)}{A} = \frac{400}{b} \leqslant f_a = 153 \text{ kPa}$$

$$p_{k\max} = \frac{F_k + G_k}{A} + \frac{M_k}{W} = \frac{400}{b} + \frac{70}{b^2 \times 1.0/6} \leqslant 1.2 f_a = 183.6 \text{ kPa}$$

联合上面两式，可解得 $b > 2.95$ m，实际可取 b=3 m。

偏心距 $e = \dfrac{M_k}{F_k + G_k} = \dfrac{70}{400} = 0.175 \text{ m} < \dfrac{b}{6} = 0.5 \text{ m}$，因此假设正确。

验算软弱下卧层承载力：

由于基础底面标高为 2 m，软弱下卧层顶面标高 1.3 m，所以基础底面至软弱下卧层顶面的距离 z=2.0-1.3=0.7 m，故 $\dfrac{z}{b} = \dfrac{0.7}{3} = 0.23 < 0.25$，所以压力扩散角 θ=0°。

软弱下卧层顶附加应力：

$$p_z = \frac{b(p_k - p_c)}{b + 2z \tan \theta} = p_k - p_c = \frac{400}{3} - 1.5 \times 18 = 106.3 \text{ kPa}$$

填土厚 2.3 m，基底面亦为地下水位面，其下土应取浮重度。

故下卧层顶面处土的自重压力：

$$p_{cz} = 1.5 \times 18 + 0.7 \times (18-10) = 32.6 \text{ kPa}$$

下卧层顶面处总压力：

$$p_z + p_{cz} = 106.3 + 32.6 = 138.9 \text{ kPa}$$

因 b=3 m，故下卧层顶面处承载力特征值：

$$f_{az} = f_{ak} + \eta_d \gamma_m (d-0.5) = 105 + 1 \times \frac{1.5 \times 18 + 0.7 \times 8}{2.2} \times (2.2-0.5) = 130.2 \text{ kPa}$$

因此宽度不满足要求，需将底面尺寸加宽。

由于基础宽度已满足持力层承载力要求，因此仅按下卧层承载力计算基础所需宽度。

即按 $f_{az} \geqslant p_z + p_{cz}$，代入得：

$$\frac{400}{b} - 1.5 \times 18 + 32.6 \leqslant 130.2$$

解得 $b \geqslant 3.2$ m，取 b=3.2 m。故基础底面宽度 b 为 3.2 m。

【例 20.10】某混合结构外墙基础剖面如图。基础深埋范围内为匀质黏土。重度 γ=17.5 kN/m^3，孔隙比 e=0.8，液性指数 I_L=0.78，基础承载力特征值 f_{ak}=190 kPa。基础埋深

d=1.5 m，室内外高差 0.45 m，中心荷载标准组合值 F_k=230 kN/m。试计算基础底面宽度。

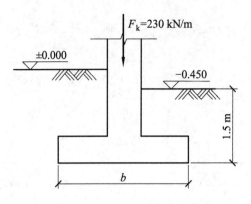

图 20.7　例 20.10 计算简图

【解】　假设基础宽度 $b < 3$ m，对匀质黏土，$e = 0.8, I_L = 0.78$，均小于 0.85，查表 15.3 得：

$$\eta_b = 0.3 , \quad \eta_d = 1.6$$

$$f_a = f_{ak} + \eta_d \gamma_m (d - 0.5) = 190 + 1.6 \times 17.5 \times (1.5 - 0.5) = 218 \text{ kPa}$$

因为室内外高差为 0.45 m，对条形基础，根据式（15-10）可得：

$$b \geqslant \frac{F_k}{f_a - \gamma_G d} = \frac{230}{218 - 20(1.5 + \dfrac{0.45}{2})} = 1.253 \text{ m}$$

可取基础底面宽度为 1.3 m。

【例 20.11】某稳定边坡坡角 β=30°，矩形基础垂直于坡顶边缘线的底面边长 b 为 2.8 m，基础埋深 d=3 m，试问按《建筑地基基础设计规范》基础底面外边缘线至坡顶的最小水平距离应 a 为多少？

【解】对矩形基础，最小水平距离 a 应为：

$$a \geqslant 2.5b - \frac{d}{\tan \beta} = 2.5 \times 2.8 - \frac{3}{\tan 30°} = 1.8 \text{ m}$$

由于 a 不得小于 2.5 m，所以最小水平距离应为 2.5 m。

【例 20.12】某条形基础墙厚 240 mm，作用的竖向荷载 F_k=198.5 kN/m，基础埋深 d=1.65 m，地基承载力特征值 f_a=180 kPa，试计算毛石基础和毛石混凝土基础的高度。

【解】　已知 b_0=240 mm，设条形基础的宽度为 b，则

$$p_k = \frac{F_k + G_k}{bl} = \frac{198.5 + 20 \times 1.65 \times b}{b} \leqslant f_a = 180 \text{ kPa}$$

解得 $b \geqslant 1.35$ m。

对毛石基础，因 $100 < p_k \leqslant 200$，查表得台阶宽高比的允许值为 $\tan \alpha = b_2 : H_0 = 1 : 1.5$。

根据式（3-1）：

$$H_0 \geqslant \frac{b - b_0}{2 \tan \alpha} = (\frac{1350 - 240}{2}) \times 1.5 = 832.5 \text{ mm}$$

若为毛石混凝土基础，则有 $\tan\alpha = b_2 : H_0 = 1 : 1.25$，所以：

$$H_0 \geq \frac{b - b_0}{2\tan\alpha} = (\frac{1350 - 240}{2}) \times 1.25 = 693.75 \text{ mm}$$

【例 20.13】某仓库外墙采用条形砖基础，墙厚 240 mm，基础埋深 2 m，已知作用于基础顶面标高处的上部结构荷载标准组合值为 240 kN/m。地基为人工压实填土，承载力特征值为 160 kPa，重度为 19 kN/m³。试计算该基础最小高度。

【解】 根据式（15-6），对条形基础：

$$p_k = \frac{F_k + G_k}{A} = \frac{240 + b \times 2 \times 20}{b} = \frac{240}{b} + 40$$

人工填土 $\eta_b = 0$，$\eta_d = 1.0$，所以：

$$f_a = f_{ak} + \eta_b\gamma(b-3) + \eta_d\gamma_m(d-0.5) = 160 + 0 + 1.0 \times 19 \times (2-0.5) = 188.5 \text{ kPa}$$

由 $p_k \leq f_a$，可得：

$$\frac{240}{b} + 40 \leq 188.5$$

故 $\qquad\qquad\qquad b \geq 1.616 \text{ m}$

取 $b = 1.62$ m，故 $p_k = 188.15$ kPa。

对砖基础，$100 < p_k \leq 200$，查表 3.14，台阶宽高比的允许值为：

$$\tan\alpha = b_2 : H_0 = 1 : 1.5$$

$$H_0 \geq \frac{b - b_0}{2\tan\alpha} = (\frac{1620 - 240}{2}) \times 1.5 = 1035 \text{ mm}$$

故该基础最小高度为 1035 mm。

【例 20.14】某柱截面为 0.4 m×0.4 m，柱下独立基础顶面作用竖向力 F=850 kN，基底面积 $b \times l = 2.6$ m×2.6 m，混凝土强度等级 C20，$f_t = 1.1$ MPa，试验算基础变阶处的冲切承载力。

【解】 $p_{n,max} = \frac{F}{A} + \frac{M}{b^2l/6} = \frac{850}{2.6^2} = 125.74 \text{ kPa}$

当计算基础变阶处的受冲切承载力时，a_b 取上阶宽加两倍该处的基础有效高度。

$$a_b = a_t + 2h_0 = 0.4 + 2 \times 0.5 + 2 \times 0.26 = 1.92 < 2.6 \text{ m}$$

又知： $\qquad a_t = b_t = 1.4$ m

故： $\qquad A_l = (\frac{b}{2} - \frac{b_t}{2} - h_0)l - (\frac{l}{2} - \frac{a_t}{2} - h_0)^2$

$$= (\frac{2.6}{2} - \frac{1.4}{2} - 0.26) \times 2.6 - (\frac{2.6}{2} - \frac{1.4}{2} - 0.26)^2 = 0.768 \text{ m}^2$$

$$F_l = P_{n,max} A_l = 125.74 \times 0.768 = 96.57 \text{ kN}$$

$$a_m = (a_t + a_b)/2 = (a_t + 2h_0 + a_t)/2 = a_t + h_0 = 1.4 + 0.26 = 1.66 \text{ m}$$

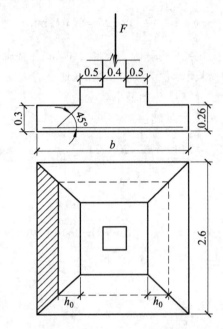

图 20.8　例 20.14 计算简图

又因为 $h = 0.3 \text{ m} < 0.8 \text{ m}$ ，故而 $\beta_{hp} = 1$ ，所以有：

$$0.7\beta_{hp}f_t a_m h_0 = 0.7 \times 1 \times 1\,100 \times 1.66 \times 0.26 = 332.3 \text{ kN}$$

$$F_l = 96.57 \text{ kN} < 0.7\beta_{hp}f_t a_m h_0 = 332.3 \text{ kN}$$

所以基础受冲切承载力满足要求。

【例 20.15】某条形基础宽度 2 m，埋深 1 m，地下水埋深 0.5 m。承重墙位于基础中轴，宽度 0.37 m，作用于基础顶面荷载 235 kN/m，基础材料采用钢筋混凝土。问验算基础底板配筋时的弯矩为多少？　提示：假定基础台阶宽高比≤2.5，且偏心距小于 1/6 基础宽度。

【解】　基础底面地基反力设计值为 $p_{max} = p$ ， $p = \dfrac{F + G}{A}$

考虑分项系数的基础及其填土的自重为：

$$G = 1.35G_k = 1.35 \times [20 \times 0.5 + (20 - 10) \times 0.5] \times 2 \times 1 = 40.5 \text{ kN}$$

计算弯矩：

$$M_I = \frac{1}{12}a_1^2 \left[(2l + a')(p_{max} + p - \frac{2G}{A}) + (p_{max} - p)l \right]$$

$$= \frac{1}{12} \times (\frac{2 - 0.37}{2})^2 \times \left[(2 \times 1 + 1)(p_{max} + p - \frac{2G}{A}) + (p_{max} - p) \times 1 \right]$$

$$= \frac{1}{12} \times 0.815^2 \times 3 \times (\frac{2 \times 235 + 2 \times 40.5}{2 \times 1} - \frac{2 \times 40.5}{2 \times 1}) = 39 \text{ kN} \cdot \text{m}$$

附表　规则框架承受均布及倒三角形分布水平力作用时反弯点的高度比

附表 1.1　规则框架承受均布水平力作用时标准反弯点的高度比 y_0 值

n	j \ K	0.1	0.2	0.3	0.4	0.5	0.6	0.7	0.8	0.9	1.0	2.0	3.0	4.0	5.0
1	1	0.80	0.75	0.70	0.65	0.60	0.60	0.60	0.60	0.55	0.55	0.55	0.55	0.55	0.55
2	2	0.45	0.40	0.35	0.35	0.35	0.35	0.40	0.40	0.40	0.40	0.45	0.45	0.45	0.45
	1	0.95	0.80	0.75	0.70	0.65	0.65	0.65	0.60	0.60	0.60	0.55	0.55	0.55	0.50
3	3	0.15	0.20	0.20	0.25	0.30	0.30	0.30	0.35	0.35	0.35	0.40	0.45	0.45	0.45
	2	0.55	0.50	0.45	0.45	0.45	0.45	0.45	0.45	0.45	0.45	0.50	0.50	0.50	0.50
	1	1.00	0.85	0.80	0.75	0.65	0.70	0.65	0.65	0.65	0.60	0.55	0.55	0.55	0.55
4	4	−0.05	0.05	0.15	0.20	0.25	0.30	0.30	0.35	0.35	0.35	0.40	0.45	0.45	0.45
	3	0.25	0.30	0.30	0.35	0.35	0.40	0.40	0.40	0.40	0.45	0.45	0.50	0.50	0.50
	2	0.60	0.55	0.50	0.50	0.45	0.45	0.45	0.45	0.45	0.45	0.50	0.50	0.50	0.50
	1	1.10	0.95	0.80	0.75	0.70	0.70	0.65	0.65	0.65	0.65	0.55	0.55	0.55	0.55
5	5	−0.20	0.00	0.15	0.20	0.25	0.30	0.30	0.30	0.35	0.35	0.40	0.45	0.45	0.45
	4	0.10	0.20	0.25	0.30	0.35	0.35	0.35	0.40	0.40	0.40	0.45	0.45	0.50	0.50
	3	0.40	0.40	0.40	0.40	0.40	0.45	0.45	0.45	0.45	0.45	0.50	0.50	0.50	0.50
	2	0.65	0.55	0.50	0.50	0.50	0.50	0.50	0.50	0.50	0.50	0.50	0.50	0.50	0.50
	1	1.20	0.95	0.80	0.75	0.75	0.70	0.70	0.65	0.65	0.65	0.55	0.55	0.55	0.55
6	6	−0.30	0.00	0.10	0.20	0.25	0.25	0.30	0.30	0.30	0.30	0.40	0.45	0.45	0.45
	5	0.00	0.20	0.25	0.30	0.35	0.35	0.40	0.40	0.40	0.40	0.45	0.45	0.50	0.50
	4	0.20	0.30	0.35	0.35	0.40	0.40	0.45	0.45	0.45	0.45	0.50	0.50	0.50	0.50
	3	0.40	0.40	0.40	0.45	0.45	0.45	0.45	0.45	0.45	0.45	0.50	0.50	0.50	0.50
	2	0.70	0.60	0.55	0.50	0.50	0.50	0.50	0.50	0.50	0.50	0.50	0.50	0.50	0.50
	1	1.20	0.95	0.85	0.80	0.75	0.70	0.70	0.65	0.65	0.65	0.55	0.55	0.55	0.55
7	7	−0.35	−0.05	0.10	0.20	0.20	0.25	0.30	0.30	0.35	0.35	0.40	0.45	0.45	0.45
	6	−0.10	0.15	0.25	0.30	0.35	0.35	0.35	0.40	0.40	0.40	0.45	0.45	0.50	0.50
	5	0.10	0.25	0.30	0.35	0.40	0.40	0.40	0.45	0.45	0.45	0.45	0.50	0.50	0.50
	4	0.30	0.35	0.40	0.40	0.40	0.45	0.45	0.45	0.45	0.45	0.50	0.50	0.50	0.50
	3	0.50	0.45	0.45	0.45	0.45	0.45	0.45	0.45	0.45	0.45	0.50	0.50	0.50	0.50
	2	0.75	0.60	0.55	0.50	0.50	0.50	0.50	0.50	0.50	0.50	0.50	0.50	0.50	0.50
	1	1.20	0.95	0.85	0.80	0.75	0.70	0.70	0.65	0.65	0.65	0.55	0.55	0.55	0.55

n	j \\ K	0.1	0.2	0.3	0.4	0.5	0.6	0.7	0.8	0.9	1.0	2.0	3.0	4.0	5.0
8	8	−0.35	−0.05	0.10	0.15	0.25	0.25	0.30	0.30	0.35	0.35	0.40	0.45	0.45	0.45
	7	−1.00	0.15	0.25	0.30	0.35	0.35	0.40	0.40	0.40	0.40	0.45	0.45	0.45	0.45
	6	0.05	0.25	0.30	0.35	0.40	0.40	0.40	0.40	0.45	0.45	0.45	0.50	0.50	0.50
	5	0.20	0.30	0.35	0.40	0.40	0.40	0.45	0.45	0.45	0.45	0.50	0.50	0.50	0.50
	4	0.35	0.40	0.40	0.45	0.45	0.45	0.45	0.45	0.45	0.45	0.50	0.50	0.50	0.50
	3	0.50	0.45	0.45	0.45	0.45	0.45	0.45	0.45	0.50	0.50	0.50	0.50	0.50	0.50
	2	0.75	0.60	0.55	0.55	0.55	0.50	0.50	0.50	0.50	0.50	0.50	0.50	0.50	0.50
	1	1.20	1.00	0.85	0.80	0.80	0.75	0.70	0.65	0.65	0.65	0.55	0.55	0.55	0.55
9	9	−0.40	−0.05	0.10	0.20	0.25	0.25	0.30	0.30	0.35	0.35	0.45	0.45	0.45	0.45
	8	−0.15	1.05	0.25	0.30	0.35	0.35	0.35	0.40	0.40	0.40	0.45	0.45	0.50	0.45
	7	0.05	0.25	0.30	0.35	0.40	0.40	0.40	0.45	0.45	0.45	0.45	0.50	0.50	0.50
	6	0.15	0.30	0.35	0.40	0.40	0.40	0.45	0.45	0.45	0.45	0.50	0.50	0.50	0.50
	5	0.25	0.35	0.40	0.40	0.45	0.45	0.45	0.45	0.45	0.45	0.50	0.50	0.50	0.50
	4	0.40	0.40	0.40	0.45	0.45	0.45	0.45	0.45	0.45	0.45	0.50	0.50	0.50	0.50
	3	0.55	0.45	0.45	0.45	0.45	0.45	0.45	0.45	0.50	0.50	0.50	0.50	0.50	0.50
	2	0.80	0.60	0.55	0.55	0.50	0.50	0.50	0.50	0.50	0.50	0.50	0.50	0.50	0.50
	1	1.20	1.00	0.85	0.80	0.75	0.70	0.70	0.65	0.65	0.65	0.55	0.55	0.55	0.55
10	10	−0.40	−0.05	0.10	0.20	0.25	0.30	0.30	0.30	0.35	0.40	0.40	0.45	0.45	0.45
	9	−0.15	0.15	0.25	0.30	0.35	0.35	0.40	0.40	0.40	0.45	0.45	0.45	0.50	0.50
	8	0.00	0.25	0.30	0.35	0.40	0.40	0.40	0.45	0.45	0.45	0.45	0.50	0.50	0.50
	7	0.10	0.30	0.35	0.40	0.40	0.45	0.45	0.45	0.45	0.50	0.50	0.50	0.50	0.50
	6	0.20	0.35	0.40	0.40	0.45	0.45	0.45	0.45	0.45	0.50	0.50	0.50	0.50	0.50
	5	0.30	0.40	0.40	0.45	0.45	0.45	0.45	0.45	0.45	0.50	0.50	0.50	0.50	0.50
	4	0.40	0.40	0.45	0.45	0.45	0.45	0.45	0.45	0.45	0.50	0.50	0.50	0.50	0.50
	3	0.55	0.50	0.45	0.45	0.45	0.50	0.50	0.50	0.50	0.50	0.50	0.50	0.50	0.50
	2	0.80	0.65	0.55	0.55	0.50	0.50	0.50	0.50	0.50	0.50	0.50	0.50	0.50	0.50
	1	1.30	1.00	0.85	0.80	0.75	0.70	0.70	0.65	0.65	0.60	0.60	0.55	0.55	0.55
11	11	−0.40	−0.05	−0.10	0.20	0.25	0.30	0.30	0.30	0.35	0.35	0.40	0.45	0.45	0.45
	10	−0.15	0.15	0.25	0.30	0.35	0.35	0.40	0.40	0.40	0.40	0.45	0.45	0.50	0.50
	9	0.00	0.25	0.30	0.35	0.40	0.40	0.40	0.45	0.45	0.45	0.45	0.50	0.50	0.50
	8	0.10	0.30	0.35	0.40	0.40	0.45	0.45	0.45	0.45	0.45	0.50	0.50	0.50	0.50
	7	0.20	0.35	0.40	0.45	0.45	0.45	0.45	0.45	0.45	0.45	0.50	0.50	0.50	0.50
	6	0.25	0.35	0.40	0.45	0.45	0.45	0.45	0.45	0.45	0.45	0.50	0.50	0.50	0.50
	5	0.35	0.40	0.40	0.45	0.45	0.45	0.45	0.45	0.45	0.45	0.50	0.50	0.50	0.50
	4	0.40	0.40	0.45	0.45	0.45	0.45	0.45	0.50	0.50	0.50	0.50	0.50	0.50	0.50
	3	0.55	0.50	0.45	0.50	0.50	0.50	0.50	0.50	0.50	0.50	0.50	0.50	0.50	0.50
	2	0.80	0.65	0.55	0.55	0.55	0.50	0.50	0.50	0.50	0.50	0.50	0.50	0.50	0.50
	1	1.30	1.00	0.85	0.80	0.75	0.70	0.70	0.65	0.65	0.65	0.60	0.55	0.55	0.55
12 以上	↓1	−0.40	−0.05	0.10	0.20	0.25	0.30	0.30	0.30	0.35	0.35	0.40	0.45	0.45	0.45
	2	−0.15	0.15	0.25	0.30	0.35	0.35	0.40	0.40	0.40	0.40	0.45	0.45	0.50	0.50
	3	0.00	0.25	0.30	0.35	0.40	0.40	0.40	0.45	0.45	0.45	0.50	0.50	0.50	0.50

n	j＼K	0.1	0.2	0.3	0.4	0.5	0.6	0.7	0.8	0.9	1.0	2.0	3.0	4.0	5.0
12 以上	4	0.10	0.30	0.35	0.40	0.40	0.45	0.45	0.45	0.45	0.45	0.50	0.50	0.50	0.50
	5	0.20	0.35	0.45	0.40	0.45	0.45	0.45	0.45	0.45	0.45	0.50	0.50	0.50	0.50
	6	0.25	0.35	0.40	0.45	0.45	0.45	0.45	0.45	0.45	0.45	0.50	0.50	0.50	0.50
	7	0.30	0.40	0.40	0.45	0.45	0.45	0.45	0.45	0.50	0.50	0.50	0.50	0.50	0.50
	8	0.35	0.40	0.45	0.45	0.45	0.45	0.45	0.45	0.50	0.50	0.50	0.50	0.50	0.50
	中间	0.40	0.40	0.45	0.45	0.45	0.45	0.45	0.45	0.50	0.50	0.50	0.50	0.50	0.50
	4	0.45	0.45	0.45	0.45	0.50	0.50	0.50	0.50	0.50	0.50	0.50	0.50	0.50	0.50
	3	0.60	0.50	0.50	0.50	0.50	0.50	0.50	0.50	0.50	0.50	0.50	0.50	0.50	0.50
	2	0.80	0.65	0.60	0.55	0.55	0.50	0.50	0.50	0.50	0.50	0.50	0.50	0.50	0.50
	↑1	1.30	1.00	0.85	0.80	0.75	0.70	0.70	0.65	0.65	0.65	0.55	0.55	0.55	0.55

注：

$$\frac{\begin{array}{c|c} i_1 & i_2 \end{array}}{\begin{array}{c|c} & i_c \\ \hline i_3 & i_4 \end{array}} \qquad K = \frac{i_1 + i_2 + i_3 + i_4}{2i}$$

附表 1.2　规则框架承受倒三角分布水平力作用时标准反弯点高度比 y_0 值

n	j＼K	0.1	0.2	0.3	0.4	0.5	0.6	0.7	0.8	0.9	1.0	2.0	3.0	4.0	5.0
1	1	0.80	0.75	0.70	0.65	0.65	0.60	0.60	0.60	0.60	0.55	0.55	0.55	0.55	0.55
2	2	0.50	0.45	0.40	0.40	0.40	0.40	0.40	0.40	0.40	0.45	0.45	0.45	0.45	0.50
	1	1.00	0.85	0.75	0.70	0.70	0.65	0.65	0.65	0.60	0.60	0.55	0.55	0.55	0.55
3	3	0.25	0.20	0.20	0.30	0.30	0.35	0.35	0.35	0.35	0.40	0.45	0.45	0.45	0.45
	2	0.60	0.50	0.50	0.50	0.50	0.45	0.45	0.45	0.45	0.45	0.50	0.50	0.50	0.50
	1	1.15	0.90	0.80	0.75	0.75	0.70	0.65	0.65	0.65	0.65	0.60	0.55	0.55	0.55
4	4	0.10	0.15	0.20	0.25	0.30	0.30	0.35	0.35	0.35	0.35	0.40	0.45	0.45	0.45
	3	0.35	0.35	0.35	0.40	0.40	0.40	0.40	0.45	0.45	0.45	0.45	0.50	0.50	0.50
	2	0.70	0.60	0.55	0.50	0.50	0.50	0.45	0.50	0.50	0.45	0.50	0.50	0.50	0.50
	1	1.20	0.95	0.85	0.80	0.75	0.70	0.70	0.75	0.65	0.65	0.55	0.55	0.55	0.55
5	5	−0.05	0.10	0.20	0.25	0.30	0.30	0.30	0.35	0.35	0.35	0.40	0.45	0.45	0.45
	4	0.20	0.25	0.35	0.35	0.40	0.40	0.40	0.40	0.40	0.45	0.45	0.45	0.50	0.50
	3	0.45	0.40	0.45	0.45	0.45	0.45	0.45	0.45	0.45	0.45	0.50	0.50	0.50	0.50
	2	0.75	0.60	0.55	0.55	0.50	0.50	0.50	0.50	0.50	0.50	0.50	0.50	0.50	0.50
	1	1.30	1.00	0.85	0.80	0.75	0.70	0.70	0.65	0.65	0.65	0.65	0.55	0.55	0.55
6	6	−0.15	0.05	0.15	0.20	0.25	0.30	0.35	0.35	0.35	0.35	0.40	0.45	0.45	0.45
	5	0.10	0.25	0.30	0.35	0.35	0.40	0.40	0.45	0.45	0.45	0.45	0.50	0.50	0.50
	4	0.30	0.35	0.40	0.40	0.45	0.45	0.45	0.45	0.45	0.45	0.45	0.50	0.50	0.50
	3	0.50	0.45	0.45	0.45	0.45	0.45	0.45	0.45	0.45	0.45	0.50	0.50	0.50	0.50
	2	0.80	0.65	0.55	0.55	0.55	0.50	0.50	0.50	0.50	0.50	0.50	0.50	0.50	0.50
	1	1.30	1.00	0.85	0.80	0.75	0.70	0.70	0.65	0.65	0.65	0.60	0.55	0.55	0.55
7	7	−0.20	0.05	0.15	0.20	0.25	0.30	0.30	0.35	0.35	0.35	0.45	0.45	0.45	0.45
	6	0.05	0.20	0.30	0.35	0.35	0.40	0.40	0.40	0.40	0.45	0.45	0.50	0.50	0.50
	5	0.20	0.30	0.35	0.40	0.40	0.45	0.45	0.45	0.45	0.45	0.50	0.50	0.50	0.50

293

n	j \ K	0.1	0.2	0.3	0.4	0.5	0.6	0.7	0.8	0.9	1.0	2.0	3.0	4.0	5.0
7	4	0.35	0.40	0.40	0.45	0.45	0.45	0.45	0.45	0.45	0.45	0.50	0.50	0.50	0.50
	3	0.55	0.50	0.50	0.50	0.50	0.50	0.50	0.50	0.50	0.50	0.50	0.50	0.50	0.50
	2	0.80	0.65	0.60	0.55	0.55	0.55	0.50	0.50	0.50	0.50	0.50	0.50	0.50	0.50
	1	1.30	1.00	0.90	0.80	0.75	0.70	0.70	0.70	0.65	0.65	0.60	0.55	0.55	0.55
8	8	−0.20	0.05	0.15	0.20	0.25	0.30	0.30	0.30	0.35	0.35	0.45	0.45	0.45	0.45
	7	0.00	0.20	0.30	0.35	0.35	0.40	0.40	0.40	0.40	0.45	0.45	0.50	0.50	0.50
	6	0.15	0.30	0.35	0.40	0.40	0.45	0.45	0.40	0.40	0.45	0.50	0.50	0.50	0.50
	5	0.30	0.40	0.40	0.45	0.45	0.45	0.45	0.45	0.45	0.45	0.50	0.50	0.50	0.50
	4	0.40	0.45	0.45	0.45	0.45	0.45	0.45	0.45	0.45	0.50	0.50	0.50	0.50	0.50
	3	0.60	0.50	0.50	0.50	0.50	0.50	0.50	0.45	0.45	0.50	0.50	0.50	0.50	0.50
	2	0.85	0.65	0.60	0.55	0.55	0.55	0.50	0.50	0.50	0.50	0.50	0.50	0.50	0.50
	1	1.30	1.00	0.90	0.80	0.75	0.70	0.70	0.70	0.70	0.65	0.60	0.55	0.55	0.55
9	9	−0.25	0.00	0.15	0.20	0.25	0.30	0.30	0.35	0.35	0.40	0.45	0.45	0.45	0.45
	8	0.00	0.20	0.30	0.35	0.35	0.40	0.40	0.40	0.40	0.45	0.45	0.50	0.50	0.50
	7	0.15	0.30	0.35	0.40	0.40	0.45	0.45	0.45	0.45	0.45	0.50	0.50	0.50	0.50
	6	0.25	0.35	0.40	0.40	0.45	0.45	0.45	0.45	0.45	0.50	0.50	0.50	0.50	0.50
	5	0.35	0.40	0.45	0.45	0.45	0.45	0.45	0.45	0.45	0.50	0.50	0.50	0.50	0.50
	4	0.45	0.45	0.45	0.45	0.45	0.50	0.50	0.50	0.50	0.50	0.50	0.50	0.50	0.50
	3	0.60	0.50	0.50	0.50	0.50	0.50	0.50	0.50	0.50	0.50	0.50	0.50	0.50	0.50
	2	0.85	0.60	0.60	0.55	0.55	0.55	0.55	0.50	0.50	0.50	0.50	0.50	0.50	0.50
	1	1.35	1.00	0.90	0.80	0.75	0.70	0.70	0.70	0.65	0.65	0.60	0.55	0.55	0.55
10	10	−0.25	0.00	0.15	0.20	0.25	0.30	0.30	0.35	0.35	0.40	0.45	0.45	0.45	0.45
	9	−0.10	0.20	0.30	0.30	0.35	0.40	0.40	0.40	0.40	0.45	0.45	0.50	0.50	0.50
	8	0.10	0.30	0.35	0.40	0.40	0.40	0.45	0.45	0.45	0.45	0.50	0.50	0.50	0.50
	7	0.20	0.35	0.40	0.40	0.45	0.45	0.45	0.45	0.45	0.45	0.50	0.50	0.50	0.50
	6	0.30	0.40	0.40	0.45	0.45	0.45	0.45	0.45	0.45	0.50	0.50	0.50	0.50	0.50
	5	0.40	0.45	0.45	0.45	0.45	0.45	0.45	0.50	0.50	0.50	0.50	0.50	0.50	0.50
	4	0.50	0.45	0.45	0.45	0.45	0.50	0.50	0.50	0.50	0.50	0.50	0.50	0.50	0.50
	3	0.60	0.55	0.50	0.50	0.50	0.50	0.50	0.50	0.50	0.50	0.50	0.50	0.50	0.50
	2	0.85	0.65	0.60	0.55	0.55	0.55	0.55	0.50	0.50	0.50	0.50	0.50	0.50	0.50
	1	1.35	1.00	0.90	0.80	0.75	0.75	0.70	0.70	0.65	0.65	0.60	0.55	0.55	0.55
11	11	−0.25	0.00	0.15	0.20	0.25	0.30	0.30	0.30	0.35	0.35	0.45	0.45	0.45	0.45
	10	−0.05	0.20	0.25	0.30	0.35	0.40	0.40	0.40	0.40	0.45	0.45	0.50	0.50	0.50
	9	0.10	0.30	0.35	0.40	0.40	0.40	0.45	0.45	0.45	0.45	0.50	0.50	0.50	0.50
	8	0.20	0.35	0.40	0.40	0.45	0.45	0.45	0.45	0.45	0.50	0.50	0.50	0.50	0.50
	7	0.25	0.40	0.40	0.45	0.45	0.45	0.45	0.45	0.45	0.50	0.50	0.50	0.50	0.50
	6	0.35	0.40	0.40	0.45	0.45	0.45	0.45	0.45	0.50	0.50	0.50	0.50	0.50	0.50
	5	0.40	0.45	0.45	0.45	0.45	0.50	0.50	0.50	0.50	0.50	0.50	0.50	0.50	0.50
	4	0.50	0.50	0.45	0.50	0.50	0.50	0.50	0.50	0.50	0.50	0.50	0.50	0.50	0.50
	3	0.65	0.55	0.60	0.50	0.50	0.50	0.50	0.50	0.50	0.50	0.50	0.50	0.50	0.50
	2	0.85	0.65	0.60	0.55	0.55	0.55	0.55	0.50	0.50	0.50	0.50	0.50	0.50	0.50
	1	1.35	1.05	0.90	0.80	0.75	0.75	0.70	0.70	0.65	0.65	0.60	0.55	0.55	0.55

n	j	0.1	0.2	0.3	0.4	0.5	0.6	0.7	0.8	0.9	1.0	2.0	3.0	4.0	5.0
12 以上	↓1	−0.30	0.00	0.15	0.20	0.25	0.30	0.30	0.30	0.35	0.35	0.40	0.45	0.45	0.45
	2	−0.10	0.20	0.25	0.30	0.35	0.40	0.40	0.40	0.40	0.40	0.45	0.45	0.45	0.50
	3	0.05	0.25	0.35	0.40	0.40	0.40	0.45	0.45	0.45	0.45	0.45	0.50	0.50	0.50
	4	0.15	0.30	0.40	0.40	0.45	0.45	0.45	0.45	0.45	0.45	0.45	0.50	0.50	0.50
	5	0.25	0.35	0.50	0.45	0.45	0.45	0.45	0.45	0.45	0.45	0.50	0.50	0.50	0.50
	6	0.30	0.40	0.50	0.45	0.45	0.45	0.45	0.50	0.45	0.45	0.50	0.50	0.50	0.50
	7	0.35	0.40	0.55	0.45	0.45	0.45	0.45	0.50	0.50	0.50	0.50	0.50	0.50	0.50
	8	0.35	0.45	0.55	0.45	0.50	0.50	0.45	0.50	0.50	0.50	0.50	0.50	0.50	0.50
	中间	0.45	0.45	0.55	0.45	0.50	0.50	0.45	0.50	0.50	0.50	0.50	0.50	0.50	0.50
	4	0.55	0.50	0.50	0.50	0.50	0.50	0.50	0.50	0.50	0.50	0.50	0.50	0.50	0.50
	3	0.65	0.55	0.50	0.50	0.50	0.50	0.50	0.50	0.50	0.50	0.50	0.50	0.50	0.50
	2	0.70	0.74	0.60	0.55	0.55	0.55	0.55	0.55	0.50	0.50	0.50	0.50	0.50	0.50
	↑1	1.35	1.05	0.90	0.80	0.75	0.70	0.70	0.70	0.65	0.65	0.60	0.55	0.55	0.55

附表 1.3　上、下层横梁线刚度变化对标准反弯点高度比 y_0 的修正值 y_1

I \ K	0.1	0.2	0.3	0.4	0.5	0.6	0.7	0.8	0.9	1.0	2.0	3.0	4.0	5.0
0.4	0.55	0.40	0.30	0.25	0.20	0.20	0.20	0.15	0.15	0.15	0.05	0.05	0.05	0.05
0.5	0.45	0.30	0.20	0.20	0.15	0.15	0.15	0.10	0.10	0.10	0.05	0.05	0.05	0.05
0.6	0.30	0.20	0.15	0.15	0.10	0.10	0.10	0.10	0.05	0.05	0.05	0.05	0	0
0.7	0.20	0.15	0.10	0.10	0.10	0.05	0.05	0.05	0.05	0.05	0	0	0	0
0.8	0.15	0.10	0.05	0.05	0.05	0.05	0.05	0.05	0	0	0	0	0	0
0.9	0.05	0.05	0.05	0.05	0	0	0	0	0	0	0	0	0	0

注：$\alpha_1=(i_1+i_2)/(i_3+i_4)$，当 $(i_1+i_2)>(i_3+i_4)$ 时，则 α_1 取倒数，即 $\alpha_1=(i_3+i_4)/(i_2+i_1)$，且 y_1 取负号；底层柱不考虑此修正，即 $y_1=0$。

附表 1.4　上、下层高度变化对标准反弯点高度比的修正值 y_2、y_3

α_2	α_3	0.1	0.2	0.3	0.4	0.5	0.6	0.7	0.8	0.9	1.0	2.0	3.0	4.0	5.0
2.0		0.25	0.15	0.15	0.10	0.10	0.10	0.10	0.05	0.05	0.05	0.05	0.05	0	0
1.8		0.20	0.15	0.10	0.10	0.10	0.05	0.05	0.05	0.05	0.05	0.05	0	0	0
1.6	0.4	0.15	0.10	0.10	0.05	0.05	0.05	0.05	0.05	0.05	0.05	0	0	0	0
1.4	0.6	0.10	0.05	0.05	0.05	0.05	0.05	0.05	0.05	0	0	0	0	0	0
1.2	0.8	0.05	0.05	0.05	0	0	0	0	0	0	0	0	0	0	0
1.0	1.0	0	0	0	0	0	0	0	0	0	0	0	0	0	0
0.8	1.2	−0.05	−0.05	−0.05	0	0	0	0	0	0	0	0	0	0	0
0.6	1.4	−0.10	−0.05	−0.05	−0.05	−0.05	−0.05	−0.05	−0.05	0	0	0	0	0	0
0.4	1.6	−0.15	−0.10	−0.10	−0.05	−0.05	−0.05	−0.05	−0.05	−0.05	−0.05	0	0	0	0
	1.8	−0.20	−0.15	−0.10	−0.10	−0.10	−0.05	−0.05	−0.05	−0.05	−0.05	−0.05	0	0	0
	2.0	−0.25	−0.15	−0.15	−0.10	−0.10	0.10	−0.10	−0.05	−0.05	−0.05	−0.05	−0.05	0	0

注：$\alpha_2=h_上/h$，$\alpha_3=h_下/h$，h 为计算层号，$h_上$ 为上一层层高，$h_下$ 为下一层层高；y_2 按 K 及 α_2 查表，对顶层不考虑该项修正；y_3 按 K 及 α_3 查表，对底层不考虑此项修正。